电工考证
一站式自学一本通

杨 锐 编著

化学工业出版社

·北京·

内 容 简 介

本书采用全彩图解+视频讲解的形式,详细介绍电工自学、考证、上岗相关的知识和技巧,主要内容包括电路基本理论、常用工具及仪表、常用电气元件、常用电子元器件、家用及室外线路的安装与接线、供电系统线路、电力变压器、电力电容器、电动机及其控制线路、变频器实训、电力安全生产及管理须知、PLC接线与应用、电工考试实训台的使用等。附录中还归纳总结了电工常用公式及定律、考证相关的实操题、判断题、选择题题库。

本书内容实用性强,围绕相关国家标准和考试大纲编写而成,同时配备丰富的学习资源,非常适合有志于从事电工工作的初学者、准备参加电工考试的考生自学使用,也可用作职业院校相关专业的教材及参考书。

图书在版编目(CIP)数据

电工考证一站式自学一本通 / 杨锐编著. — 北京:
化学工业出版社,2022.11
ISBN 978-7-122-42011-4

Ⅰ. ①电… Ⅱ. ①杨… Ⅲ. ①电工技术 – 资格考试 –
自学参考资料 Ⅳ. ①TM

中国版本图书馆 CIP 数据核字(2022)第 148291 号

责任编辑:耍利娜 　　　　　　　　　　　　文字编辑:师明远
责任校对:宋　玮 　　　　　　　　　　　　装帧设计:梧桐影

出版发行:化学工业出版社(北京市东城区青年湖南街 13 号　邮政编码 100011)
印　　装:北京尚唐印刷包装有限公司
787mm×1092mm　1/16　印张 19½　字数 397 千字　2023 年 10 月北京第 1 版第 1 次印刷

购书咨询:010-64518888 　　　　　　　　　　售后服务:010-64518899
网　　址:http://www.cip.com.cn
凡购买本书,如有缺损质量问题,本社销售中心负责调换。

定　　价:99.00 元 　　　　　　　　　　　　　版权所有　违者必究

前　言

　　电与我们的生产、生活息息相关，现代社会处处都离不了电，因此各行各业对电工这一工种的需求也很旺盛，不少人想要通过学习培训迈入电工大门，成为一名电工。

　　《中华人民共和国安全生产法》第二十七条规定：生产经营单位的特种作业人员必须按照国家有关规定进行专门的安全作业培训，取得相应资格，方可上岗作业。电工是一种特种作业工种，对于安全要求较高，需要持证上岗。对于想要从事电工这一行业的人来说，一定要先考取到电工上岗证书才可以。因此，我们组织专业人员编写了这本《电工考证一站式自学一本通》。

　　本书是笔者在总结现场操作经验和教学实践的基础上，针对电工自学、考证、上岗过程中的痛点、难点编写而成的。本书主要具有如下特色：

　　1.内容丰富，实用性强

　　本书基本涵盖了电工必备的各项知识和技能，不仅介绍了基础的理论知识、常用的电气和电子元器件，还介绍了常用电路的安装与接线，以及PLC与变频器的应用等。此外，本书还详细讲解了电工安全知识、电工考证的实训项目等，更具实操性和针对性，是初学者的好帮手。

2.全彩图解，一目了然

本书采用全彩印刷，示意图、电路图、实物接线图、软件界面图、PLC程序图等多种类型高清彩图结合，辅以简明扼要的文字说明，使读图更轻松。

3.视频教学，高效快捷

书中重要章节及知识点配有视频讲解，手机扫描对应的二维码，即可随时随地边学边看，从而更快更好地理解所学内容，大大提高学习效率。

本书由杨锐编著，泰安技师学院段慧龙主审。

在编写本书的过程中，编者查阅了大量文献资料，但由于水平和精力有限，书中疏漏之处在所难免，敬请广大读者批评指正。

编著者

目录

第 4 章 常用电子元器件
084

第5章　家用及室外线路的安装与接线　112

第6章　供电系统线路介绍　127

第12章 电力安全生产及管理须知 206

第 13 章　可编程控制器（PLC）的接线与应用　252

第 14 章　考试实训台的应用　285

附录　301

第1章

电路基础知识

1.1 电路

1.1.1 电路的概念

电路是由金属导线和电气以及电子部件组成的导电回路，也可理解为是电流流通的路径。最简单的电路由电源、负载、导线和开关等元件组成，按一定方式连接起来，为电荷流通提供了路径的载体，电路是电工技术和电子技术的基础。电路的作用有两点：一是可以实现能量的传输与转换；二是可以实现信号的传递和转换。如图1-1所示。

如果将图1-1的实际电路用标准的电路图形符号画出来，可得到如图1-2所示的电路原理图。

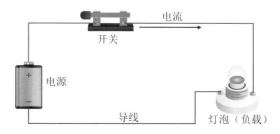

图1-1　基础电路

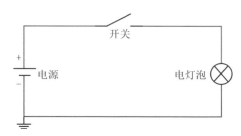

图1-2　直流回路电路图

图1-2为直流电路，如手电筒电路。如果将其中的电源更换成220V的交流电源，就是我们所熟知的电灯照明电路，如图1-3所示。

电路分为三种形式：通路、断路、短路。电路处处连通叫作通路。只有通路，电路中才有电流通过。电路某一处断开叫作断路或者开路。电路某一部分的两端直接接通，使这部分的电压变成零，叫作短路。如图1-4所示。

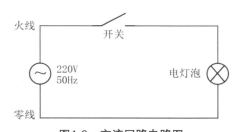

图1-3　交流回路电路图

通路

断路

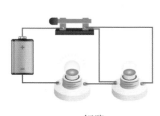

短路

图1-4　通路、断路和短路

每个电路都有它的作用、功能。电路有很多种，不同的电子（电气）设备中各个电路的作用可能各不相同。

电路的作用对象被称为负载。例如，喇叭是音频放大器的负载，手电筒灯泡是电池的负载。通常负载将电能转换成其他形式的能量。

1.1.2 电路的基本元素

电路基本组成要素有电源、负载、导线和控制开关。电源是提供电能的装置；负载是消耗电能的设备；导线是传输电能的载体，如水管是水流动的载体一样；控制开关是电能传输的控制装置，如水管阀门一样。以上的每一个组成部分即是电路元素，电路由多个不同的电路元素构成。如图1-5所示。

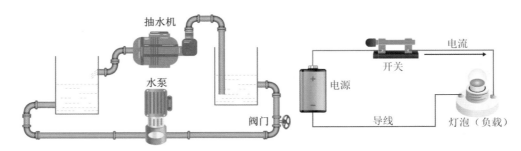

图1-5　电路的基本元素

1.1.3 电路中的"地"

"地"是与电路相关的一个重要概念，在电路图中，我们经常会看到"地"的电路图形符号，如图1-6所示。

图1-6　电路的地

"地"分为设备内部的信号接地和设备接大地，两者概念不同，目的也不同。电路的"地"又称"参考地"，就是零电位的参考点，也是构成电路信号回路的公共端，它为设备中的所有信号提供了一个公共参考电位。

在工程实践中，通常将设备的机壳与大地连在一起。设备接大地是为了保护人员安全而设置的一种接线方式。

不要将设备外壳的接地与电路中的"地"等同起来，也千万不要将设备外壳的接地与220V交流电中的零线等同起来。如果使设备外壳与零线等同，将会给操作人员带来致命的伤害。

1.2 **电压和电流**

1.2.1 **电压**

在电路中，任意两点之间的电位差被称为这两点的电压。例如一节1.5V的电池，其正极比负极高1.5V。电压用符号U表示。电压的单位是伏特，用V表示。电压还可用微伏（μV）、毫伏（mV）、千伏（kV）来表示。它们之间的换算关系为

$$1kV=1000V，1V=1000mV，1mV=1000μV$$

1.2.2 **电位**

如果在电路中选定一个参考点，则电路中某一个点与参考点之间的电压即为该点的电位。电位的单位也是V。电路中任意两点之间的电位差就等于这两点之间的电压，即$U_{ba}=U_b-U_a$，故电压又称电位差。如图1-7所示。

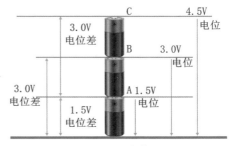

图1-7 电位

1.2.3 **电流**

在电源电压的作用下，导体内的自由电子（电荷）在电场力的作用下有规律地定向移动，即形成电流，如图1-8所示。

常用电流可分为直流电流和交流电流两种。方向保持不变的电流称为直流电流，简称直流，简写作DC。大小和方向均随时间变化的电流称为交变电流，简称交流，简写作AC。

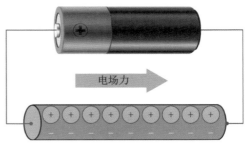

图1-8 电流方向

在不同的导电物质中，形成电流的运动电荷可以是正电荷，也可以是负电荷，规定正电荷移动的方向为电流的方向。

电流的大小取决于在一定时间内通过导体横截面的电荷量的多少。在相同时间内通过导体横截面的电荷量越多，就表示流过该导体的电流越强，反之越弱。通常规定电流的大小等于通过导体横截面的电荷量与通过这些电荷量所用的时间的比值。用公式表示为

$$I=q/t$$

式中　q——通过导体横截面的电荷量，单位为库仑（C）；

t——时间，单位为秒（s）；

I——电流，单位为安培，简称安（A）。

如果导体的横截面积上每秒有1C的电荷量通过，导体中的电流为1A。电流很小时，可使用较小的电流单位，如毫安（mA）或微安（μA）。

$$1mA=10^{-3}A，1μA=10^{-6}A$$

1.2.4 电阻

电阻就是在电流流通过程中遇到的阻力，电阻越大，阻力就越大，能通过电路的电流就越小，相反，电阻越小，就是阻力越小，通过电路的电流就越大。电阻存在于任何物体之中。电阻符号是R，单位为"欧姆"，简称为"欧"，用Ω来表示。电阻是电路中用得最多的元器件之一，可以在电路中起到分压、限流和消耗电能的作用。也正是因为有电阻的存在，我们才能控制电流的大小，更方便地在日常生活、工作中用电。

一个物体的导电性能好不好可以用电阻来衡量。当物体两端的电压保持稳定时，电阻的阻力越大，那么通过电路的电流就越小，导电性能就越差。导体电阻的大小与自身的材料、形状、体积和周围环境都有关系。用"ρ"表示电阻率（由导体材料和环境决定），"R"表示电阻，"S"表示导体的横截面积，"L"表示导体长度，导体的电阻与长度成正比，与导体横截面积成反比。公式为

$$R=\rho L/S$$

1.2.5 电阻、电压与电流的关系

电阻、电压与电流的关系如下式所示。

$$I=U/R$$

电阻一定时，电压越大，电流就越大。电压一定时，电阻越大，电流就越小。

著名的欧姆定律是用来表述电压、电流与电阻三者之间关系的。

欧姆定律：流过电阻的电流与其两端电压成正比，而与本身的阻值成反比。

1.3 电路的连接方式

1.3.1 串联方式

如果电路中多个负载首尾相连，那么称它们的连接状态是串联的，该电路称为串联电路。

如图1-9所示，在串联电路中，通过每个负载的电流是相同的，且串联电路中只有一个电流通路。当开关断开或电路的某一点出现问题时，整个电路将处于断路状态，如其中一盏灯损坏后，另一盏灯的电流通路也被切断，该灯不能点亮。

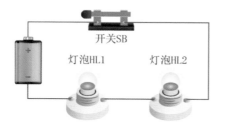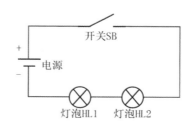

图1-9　串联电路

在串联电路中，流过每个负载的电流相同，各个负载分享电源电压。如图1-10所示，电路中有三个相同的灯泡串联在一起，那么每个灯泡将得到1/3的电源电压量。每个串联的负载可分到的电压量与它自身的电阻有关，即自身电阻较大的负载会得到较大的电压值。

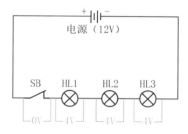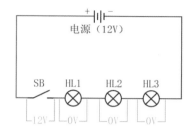

图1-10　串联负载电压大小

1.3.2 并联方式

两个或两个以上负载的两端都与电源两极相连，这种连接状态为并联，该电路即为并联电路。

如图1-11所示，在并联状态下，每个负载的工作电压都等于电源电压。不同支路中会有不同的电流通路，当支路某一点出现问题时，该支路将处于断路状态，照明灯会熄灭，但其他支路依然正常工作，不受影响。

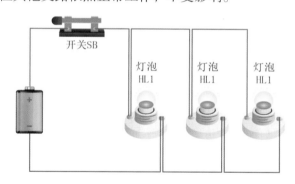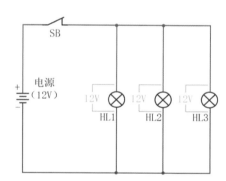

图1-11　电路的并联

1.3.3 混联方式

如图1-12所示，将电气元器件串联和并联连接后构成的电路称为混联电路。

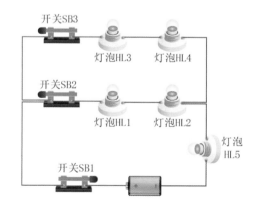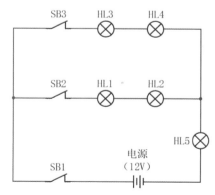

图1-12　电路的混联

1.4 电阻串并联计算

在电路中，电阻的应用较为广泛，电阻在电路中的连接分为串联、并联和混联。

1.4.1 电阻的串联

多个电阻首尾相连串接在电路中，称为电阻的串联。如图1-13所示。

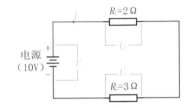

图1-13　电阻的串联计算

在图1-13所示电路中，两个串联电阻上的总电压为U；电阻串联后总电阻$R=R_1+R_2=5\Omega$；流过各电阻的电流$I=U/(R_1+R_2)=10V/5\Omega=2A$；电阻$R_1$上的电压$U_1=IR_1=2\times2(V)=4V$，电阻$R_2$上的电压$U_2=IR_2=2\times3(V)=6V$。

电阻串联的特点：

① 流过各串联电阻的电流相等，都为I。

② 电阻串联后的总电阻R增大，总电阻等于各串联电阻之和，即$R=R_1+R_2$。

③ 总电压U等于各串联电阻上电压之和，即$U=U_1+U_2$。

④ 串联电阻越大，两端电压越高，因为$R_1<R_2$，所以$U_1<U_2$。

1.4.2 电阻的并联

多个电阻头头相连、尾尾相接在电路中，称为电阻的并联，如图1-14所示。

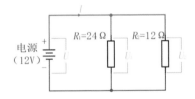

图1-14　电阻的并联计算

并联电阻R_1、R_2两端的电压相等，$U_1=U_2=U$，流过R_1的电流$I_1=U_1/R_1=12V/24\Omega=0.5A$，流过$R_2$的电流$I_2=U_2/R_2=12V/12\Omega=1A$，总电流为$I=I_1+I_2=1+0.5(A)=1.5A$；$R_1$、$R_2$并联总电阻为

$$R=R_1R_2/(R_1+R_2)=24\times12/(24+12)=8(\Omega)$$

电阻并联有以下特点：

① 并联的电阻两端的电压相等，即$U_1=U_2$。

② 总电流等于流过各个并联电阻的电流之和，即$I=I_1+I_2$。

③ 电阻并联总电阻减小，总电阻的倒数等于各并联电阻的倒数之和。

④ 在并联电路中，电阻越小，流过的电流越大，因为$R_1>R_2$，所以流过R_1的电流I_1小于流过R_2的电流I_2。

1.4.3 电阻混联的特点

一个电路中的电阻既有串联又有并联时，称为电阻的混联，如图1-15所示。

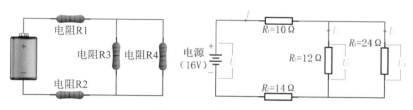

图1-15 电阻的混联

对于电阻混联电路，总电阻可以这样求：先求并联电阻的总电阻，然后再求串联电阻与并联电阻的总电阻之和，并联电阻R_3、R_4的总电阻为

$$R_并=R_3R_4/(R_3+R_4)=24×12/(24+12)=8(\Omega)$$

电路的总电阻为：

$$R_总=R_1+R_2+R_并=10+14+8=32(\Omega)$$

1.5 直流电的基本知识

直流电（DC）是指方向不随时间的变化而变化的电流。我们平常所使用的手电筒、手机、平板电脑等的电池都属于直流电，如图1-16(a)所示。直流电是相对于交流电的，交流电（AC）是指大小与方向随时间的变化而变化的电流。日常的照明用电就是交流电，如图1-16(b)所示。交流电是有频率的，通常电网接入供电为50Hz、220V。

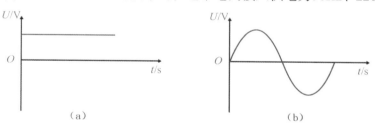

图1-16 直流电和交流电图形对比

直流电又分为脉动直流和恒定直流。脉动直流是指方向（正负极）不变，但大小随时间变化，如图1-17(a)所示。

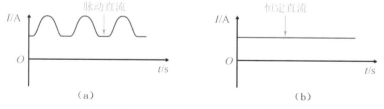

图1-17 脉动直流和恒定直流

在二极管整流电路中，50Hz的交流电经过整流二极管后得到的是典型脉动直流电。半波整流得到的是50Hz的脉动直流电，如果是全波整流或桥式整流得到的就是100Hz的脉动直流电，它们经过滤波（用电感或电容）以后能变成平直的直流电，当然其中仍存在脉动成分（用纹波系数衡量），大小视滤波电路的滤波效果。

1.6 交流电的基本知识

交流电的电压和电流都随着时间而变化。交流电和直流电相比有许多优点，可用变压器升降以便于传输，可驱动结构简单、运行可靠的感应电机，因此在工农业生产和日常生活中被广泛应用。

正弦交流电的表示方法：

① 数学表达式（瞬时）：$u=U_m\sin(\omega t+\phi)$，$i=I_m\sin(\omega t+\phi)$。

② 图形表示，如图1-18所示。

③ 矢量表示，如图1-19所示。

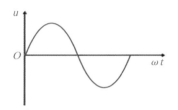
图1-18 正弦交流电图形表示法

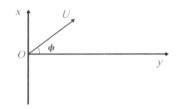
图1-19 正弦交流电矢量表示法

交流电的大小与方向随时间的变化做周期性的变化。工程上用的一般都是正弦交流电，即交流电的变化规律按正弦函数变化，如图1-20所示。

交流电完成一次周期性变化所需要的时间被称为周期。

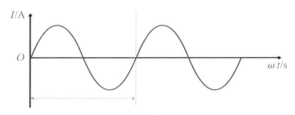
图1-20 交流电图形表示方法

频率f是指单位时间（1s）内信号发生周期性变化的次数。频率的国际单位是赫兹（Hz）。若信号在单位时间（1s）内只周期性变化一次，则信号的频率为1Hz，如图1-21(a)所示。若信号在单位时间内只周期性变化两次，则信号的频率为2Hz，如图1-21(b)所示。

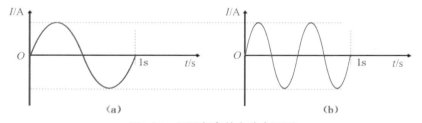
图1-21 不同频率的交流电图形

频率f与周期是互为倒数的关系，即

$$f=1/T$$

频率越高，周期越短；频率越低，周期越长。

数学表达式中的ω称为角频率。ω与T或f的关系为

$$\omega=2\pi/T=2\pi f$$

交流电周期可以根据角频率求出，即

$$T=2\pi/\omega$$

我国电力系统提供的交流电的频率是50Hz，即它在1s内会周期性变化50次。由于流过灯泡的电流的变化速度快，因此我们感觉不到它闪烁。

1.6.1 有效值

交流电电压的有效值是根据电流的热效应来规定的。让交流电与直流电通过同样阻值的电阻，如果它们在同一时间内产生的热量相等，就把这一直流电电压的数值称为这一交流电电压的有效值。交流电电压的有效值是其最大值的$1/\sqrt{2}$（0.707倍）。一般的交流电压表、电流表与万用表的读数都是有效值。通常所说的照明电路的电压是220V，就是指有效值为220V。

1.6.2 三相交流电

三相交流电是由三相交流发电机产生的。目前，我国生产、配送的都是三相交流电。三相交流电是由三相频率相同、最大值相等、相位角互差120°的交流电按一定方式组合的，如图1-22所示。

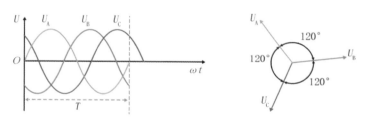

图1-22 三相交流电示意图

三相交流电有两种供电方式，即三相三线制供电、三相四线制供电。

三相发电机的每一个绕组都是独立的电源，均可单独给负载供电。实际上，三相电源是按照一定的方式连接后再向负载供电的。

发电机三相绕组的末端连接在一起，绕组的始端分别与负载相连，这种连接方法称为星形连接。三相电源通常采用星形连接方式。

以三条相线向负载供电的方式即为三相三线制供电。这种供电方式的配电变压器低压侧有三条相线（相线即通常所说的火线）引出，但没有中性线（零线）。三相三线制适用于高压配电系统，如变电所、高压三相电动机等。

在野外看到的输电线路通常为三条线（即三相），没有中性线，故为三相三线

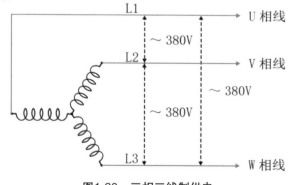

图1-23 三相三线制供电

制。电力系统高压架空线路一般采用三相三线制，三条线路分别为U、V、W。任意两条相线之间的电压被称为线电压，为380V，如图1-23所示。

图1-24中三个末端相连接的点称为中点或零点，用字母"N"表示。从中点引出的一条线称为中性线或零线。从始端引出的三条线称为端线或相线。

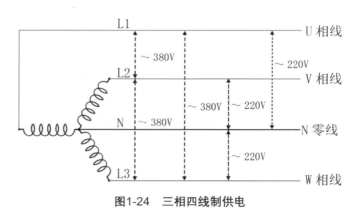

图1-24　三相四线制供电

相线俗称火线，与零线之间有220V的电压。

由三条相线、一条零线所组成的输电方式称为三相四线制。三相四线制供电是常用的低压电路供电方式。

1.6.3 三相电源的电压

三相四线制可提供两种电压：一种是相线与零线之间的电压，称为相电压，为 ~ 220V；另一种是相线与相线之间的电压，称为线电压，为 ~ 380V。

在日常生活中，我们接触到的负载，如电灯泡、电视机、电冰箱、电风扇等家用电器及单相电动机，它们工作时都是用两条导线接到电路中，都属于单相负载。在三相四线制供电时，多个单相负载应尽量均衡地分别接到三相线路中去，而不应把它们集中在其中的一相线路里。

在三相四线制供电的线路中，中性线起到保证负载相电压对称不变的作用。对于不对称的三相负载，中性线绝不能去掉，不能在中性线上安装熔断器或开关，而且要用力学性能较好的钢丝作中性线。

1.7 电路与磁路的关系

1.7.1 磁的概念

我们把物体吸引铁、钴、镍等物质的性质称为磁性。具有磁性的物体称为磁体，磁体分为天然磁体（磁铁矿石）和人造磁体（铁的合金制成）。人造磁体根据需要可以制成各种形状。实验中常用的磁体有条形、蹄形和针形等。

磁体两端磁性最强的区域称为磁极。任何磁体都具有两个磁极。小磁针由于受到地球磁场的作用，在静止时总是一端指向北一端指向南。指北的一端叫北极，用N表示；指南的一端叫南极，用S表示。

两个磁体靠近时会产生相互作用力，同性磁极之间互相排斥，异性磁极之间互相吸引。磁极之间的相互作用力不是在磁极直接接触时才发生，而是通过两磁极之间的空间传递的。传递磁场力的空间称为磁场。磁场是由磁体产生的，有磁体才有磁场。

磁体的周围有磁场，磁体之间的相互作用是通过磁场发生的。把小磁针放在磁场中的某一点，小磁针在磁场力的作用下发生转动，静止时不再指向南北方向。在磁场中的不同点，小磁针静止时指的方向不相同，因为磁场具有方向性。我们规定，在磁场中的任一点，小磁针北极受力的方向，亦即小磁针静止时北极所指的方向，就是那一点的磁场方向。

1.7.2 电流的磁效应

1820年，丹麦物理学家奥斯特偶然发现一条导线通电时，附近的小磁针发生了偏转，如图1-25所示。这一实验揭开了电和磁之间的神秘面纱，使人们认识到电和磁之间密切的关系。这说明不仅磁体可以产生磁场，电流也可以产生磁场。电流产生磁场的现象叫作电流的磁效应。

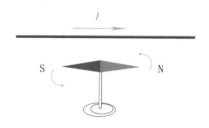

图1-25　电流的磁效应

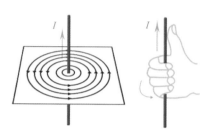

图1-26　直线电流的磁场

在奥斯特实验公之于众后，法国物理学家安培对电流的磁效应做了进一步的研究，结果发现电流磁场的磁感线都是环绕电流的闭合曲线。对于直线电流，磁感线在垂直于导体的平面内，是一系列的同心圆，如图1-26所示。电流和磁感线的方向服从右手螺旋定则：对直线电流而言，用右手握住直导线，让大拇指指向电流方向，则弯曲的四指所指的方向就是磁感线的方向。对环形电流而言，用右手握住圆环，让弯曲的四指指向电流方向，则与四指垂直的大拇指所指的方向，就是圆环内磁感线的方向，如图1-27所示。

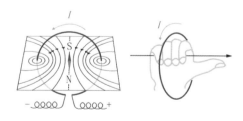

图1-27　环形电流的磁场

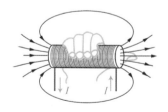

图1-28　螺线管的磁场

通电螺线管可看成是由多个环形电流串联而成的，其磁场方向也可以用右手定则确定。由图1-28可见，通电螺线管周围的磁场与条形磁体的磁场相似，磁感线的形状也相似。

与天然磁铁相比，电流磁场的强弱和有无易于调节和控制，因此在实践中有着广泛的应用。电动机、发电机、电磁起重机、回旋加速器、磁悬浮列车等，都离不开电流磁场。

1.7.3 磁感应强度

垂直于磁场方向的通电导线所受到的磁场作用力（安培力），等于导线中的电流强度、导线的长度和磁场的磁感应强度三者的乘积。

$$F=BIL$$

如果电流方向不跟磁场方向垂直，而跟磁场方向成任意角度，则可把B分解成跟导线平行的$B_{//}$和跟导线垂直的$B_\perp$如图1-29所示。因只有$B_\perp$使导线受到磁场的作用，故可用$B_\perp$代替B计算安培力。因为$B_\perp=B\sin\theta$，所以

$$F=BIL\sin\theta$$

上式表明，安培力的大小等于电流强度I、导线长度L、磁感强度B以及I和B的夹角θ的正弦的乘积，这个结论称为安培定律。

显然当$\theta=90°$时，安培力最大；当$\theta=0°$时，即导线跟磁场方向平行时，安培力是零。

磁场对通电导体的作用力F的方向可用左手定则确定：如图1-30所示，伸开左手，使大拇指跟其余四指垂直，且在一个平面内，让磁感线垂直穿入手心，使四指指向电流的方向，那么大拇指所指的方向就是通电导线所受安培力的方向。如果通电导线跟磁场方向不垂直，可把B分解成跟导线平行的$B_{//}$和跟导线垂直的$B_\perp$，因为只有$B_\perp$使导线受到力的作用，所以可用$B_\perp$代替B应用左手定则判断导线所受安培力的方向。

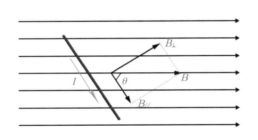

图1-29　电流方向与磁场方向不垂直

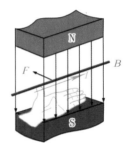

图1-30　左手定则

1.7.4 电磁感应

奥斯特实验表明，电流可以产生磁场，反之磁场能否产生电流呢？当时不少物理学家都开始探索如何利用磁体产生电流。但在相当长的时间内，都没取得预期的结果。英国物理学家法拉第经过十年坚持不懈的努力，终于在1831年发现了由磁场产生电流的条件和规律。

不论是闭合回路中一段导线做切割磁感线运动，还是闭合回路中磁场发生变化，穿过闭合回路的磁通量都有变化。由此可以得出如下结论：当穿过闭合回路的磁通量发生变化时，回路中就产生电流。这种利用磁场产生电流的现象称为电磁感应现象，产生的电流称为感应电流。

闭合回路中一部分导体做切割磁感线运动时产生感应电流的方向可用右手定则确定：

伸开右手，使拇指与其余四指垂直，且在同一水平面内，让磁感线垂直穿入手心，大拇指指向导体运动方向，则四指所指的方向就是导线中感应电流的方向，如图1-31所示。

实验中，闭合回路中产生了感应电流，则必然存在电动势。在电磁感应现象中产生的电动势称为感应电动势。不管回路是否闭合，只要穿过回路的磁通发生变化，回路中就有感应电动势产生。如果回路是闭合的，就有感应电流；如果回路是断开的，就没有感应电流，但仍然有感应电动势。下面介绍感应电动势的计算方法。

① 切割磁感线产生感应电动势　如图1-32所示，当处在均匀强磁场 B 中的直导线（长 L ）以速度v垂直于磁场方向做切割磁感线的运动时，导线中便产生了感应电动势，其表达式为

$$E = BL v$$

式中　E——导体中的感应电动势，V；

　　　　B——磁感应强度，T；

　　　　L——磁场中导体的有效长度，m；

　　　　v——导体运动的速度，m/s。

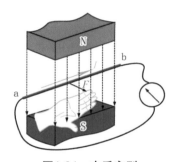

图1-31　右手定则

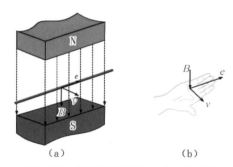

图1-32　切割磁感线产生感应电动势

② 法拉第电磁感应定律　当穿过线圈的磁通量发生变化时，产生的感应电动势用法拉第电磁感应定律来计算。线圈中感应电动势的大小与穿过线圈的磁通的变化率成正比。用公式表示为

$$E = \Delta\Phi/\Delta t$$

式中　$\Delta\Phi$——穿过线圈的磁通的变化量，Wb；

　　　　Δt——时间变化量，s；

　　　　E——线圈中的感应电动势，V。

如果线圈有 N 匝，每匝线圈内的磁通变化都相同，则产生的感应电动势为

$$E = N\Delta\Phi/\Delta t$$

公式变形为

$$E = N(\Phi_2 - \Phi_1)/\Delta t = (N\Phi_2 - N\Phi_1)/\Delta t$$

$N\Phi$ 表示磁通与线圈匝数的乘积，叫作磁链，用 Ψ 表示，即

$$\Psi = N\Phi$$

1.7.5 磁通

在均匀的磁场中，假设有一个与磁场方向垂直的平面，磁场的磁感应强度为B，平面的面积为S，磁感应强度B与面积S的乘积称为通过该面积的磁通量（简称磁通），用Φ表示磁通，那么

$$\Phi=BS$$

在国际单位制中，磁通的单位为韦［伯］(Wb)。

将磁通定义式变为

$$B=\Phi/S$$

可见，磁感应强度在数值上可以看成与磁场方向相垂直的单位面积所通过的磁通，因此磁感应强度又称为磁通密度，用Wb/m^2作单位。

1.7.6 楞次定律

当磁铁插入线圈时，穿过线圈的磁通量增加，这时产生的感应电流的磁场方向跟磁铁的磁场方向相反，阻碍线圈中原磁通量的增加，如图1-33中(a)所示。当磁铁从线圈中拔出时，

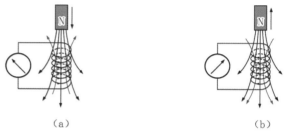

图1-33　观察磁通量变化产生的感应电流

穿过线圈的磁通量减小，这时产生的感应电流的磁场方向跟磁铁的磁场方向相同，阻碍线圈中磁通量减少，如图1-33中(b)所示。

当穿过闭合回路的磁通量增加时，感应电流的磁场方向总是与原来的磁场方向相反，阻碍磁通量的增加；当穿过闭合回路的磁通量减少时，感应电流的磁场方向总是跟原来的磁场方向相同，阻碍磁通量的减少。因此可得出如下规律：感应电流具有这样的方向，其磁场总是要阻碍引起感应电流的磁通量的变化。该规律最早是由俄国物理学家楞次在大量实验的基础上总结归纳出的，故称之为楞次定律。

1.8 常用电路定律

1.8.1 欧姆定律

（1）部分电路的欧姆定律

在一个电路中，不含电源，如图1-34所示，这种电路称之为部分电路。用万用表测图1-34所示的电压U、电流I和电阻R，从测量的结果中可知电路中的电流与电阻两端的电压U成正比，与电阻R成反比。这个规律叫作部分电路的欧姆定律，用公式表示为

$$I=U/R$$

式中　I——电路中的电流，A；

U——电阻两端的电压，V。

R——电阻，Ω。

电流与电压间的正比关系，称为电压与电流的伏安特性曲线。以电压U为横坐标，以电流I为纵坐标画出的关系曲线如图1-35(a)所示，这种曲线是直线时，称为线性关系，线性电阻组成的电路叫线性电路。欧姆定律只适用于线性电路。如果不是直线，则称为非线性电阻，如一些晶体管的等效电路就属于非线性电路，如图1-35(b)中伏安特性曲线所示。

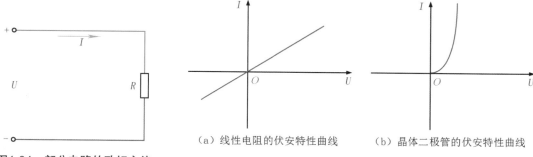

图1-34 部分电路的欧姆定律

（a）线性电阻的伏安特性曲线　　（b）晶体二极管的伏安特性曲线

图1-35 伏安特性曲线

（2）全电路欧姆定律

如图1-36所示，电路中电源的电动势为E，电源内部具有电阻r（电源的内阻），电源外部的电阻为R。通常把虚线框内电源内部的电路叫作内电路，虚线框外电源外部的电路叫作外电路。由电源和负载组成的闭合电路称为全电路。

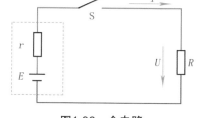

图1-36 全电路

当开关S闭合时，通过实验得知，全电路中的电流与电源电动势E成正比，与外电路电阻和内阻之和$(R+r)$成反比，这个规律称为全电路欧姆定律，用公式表示为

$$I=E/(R+r)$$

式中　I——闭合电路的电流，A；

　　　E——电源电动势，V；

　　　r——电源内阻，Ω；

　　　R——外电路电阻，Ω。

1.8.2 电功与电功率及焦耳定律

（1）电功

电流通过负载时，可以将电能转换为另一种不同形式的能量，如电流通过电炉时，电炉会发热，电流通过电灯时，电灯会发光（当然也要发热）。这些能量的转换现象都是电流做功的表现。因此，在电场力作用下，电荷定向移动形成的电流所做的功称为电功，也称为电能。

如果a、b两点间的电压为U，则将电量为q的电荷从a点移到b点时电场力所做的功为

$$W=Uq$$

因为$I=q/t$，$q=It$，所以$W=UIt=I^2Rt=(U^2/R)t$。

式中，电压单位为V，电流单位为A，电阻单位为Ω，时间单位为s，则电功单位为J。

在实际应用中，电功还有一个常用单位是kW·h。

（2）电功率

电功率是描述电流做功快慢的物理量。电流在单位时间内所做的功叫作电功率。如果在时间t内，电流通过导体所做的功为W，那么电功率为

$$P=W/t$$

式中　　P——电功率，W；

　　　　W——电能，J；

　　　　t——电流做功所用的时间，s。

在国际单位制中电功率的单位是瓦特，简称瓦，符号是W。如果在1s时间内，电流通过导体所做的功为1J，电功率就是1W。电功率的常用单位还有千瓦（kW）和毫瓦（mW），它们之间的关系为

$$1kW=10^3W \qquad\qquad 1W=10^3mW$$

对于纯电阻电路，电功率的公式为

$$P=UI=I^2R=U^2/R$$

（3）焦耳定律

电流通过导体时，导体内部会产生热量，于是导体的温度就会升高，并向周围传递热量，人们把电流通过导体发热的现象叫作电流的热效应。电流的热效应是把电能转化为内能的表现。

通过实验发现，电流流过导体，导体发出的热量与导体流过的电流、导体的电阻和通电的时间有关。焦耳定律的具体内容是：电流流过导体产生的热量，与电流的平方及导体的电阻成正比，与通电时间也成正比。

焦耳定律可用下面的公式表示：

$$Q=I^2Rt$$

案　例

一个电阻，阻值为30Ω，电阻两端的电压为24V，那么在10min内共产生多少热量？

首先计算电阻的电流为

$$I=U/R=24\div30=0.8A$$

在10min内共产生热量为

$$Q=I^2Rt=0.8^2\times30\times600=11520J$$

1.8.3 **电路名词**

（1）支路

指由一个或几个元件首尾相接构成的无分支电路。如图1-37中的AF支路、BE支路和CD支路。

（2）节点（结点）

指三条或三条以上支路的交点。图1-37中的电路只有两个节点，即B点和E点。

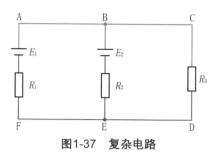

图1-37　复杂电路

（3）回路

指电路中任意的闭合电路。图1-37所示的电路中可找到三个不同的回路，它们是ABEFA、BCDEB和ABCDEFA。

（4）网孔

网孔是内部不包含支路的回路。如图1-37所示的电路中网孔只有两个，它们是ABEFA、BCDEB。

1.8.4 **基尔霍夫定律**

无法用串联、并联关系进行简化的电路称为复杂电路。复杂电路不能直接用欧姆定律求解，它的分析和计算可用基尔霍夫定律和欧姆定律。

（1）基尔霍夫电流定律

对任意节点，在任一瞬间，流入节点的电流之和等于流出节点的电流之和，即

$$\Sigma I_入 = \Sigma I_出$$

由公式分析，从图1-38中的电路可知

$$I_1 + I_2 = I_3$$

定律还可以描述为：在任一瞬间，流入一个节点的电流的代数和恒等于零，即

$$\Sigma I = 0（流入为正，流出为负）$$

由公式分析，从图1-38中的电路可知

$$I_1 + I_2 - I_3 = 0$$

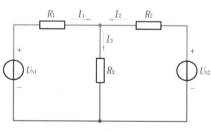

图1-38　复杂电路

（2）基尔霍夫电压定律

基尔霍夫电压定律又叫回路电压定律，内容是从一点出发绕回路一周回到该点各段电压（压降）的代数和等于零，即

$\Sigma U = 0$（沿顺时针压降为正电压，沿逆时针压降为负电压）。

如图1-39所示的电路，若各支路电流如图所

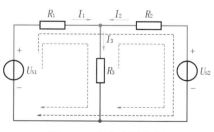

图1-39　复杂电路解析

示，回路绕行方向为顺时针方向，则有

$$-U_{S1}+I_1R_1+I_3R_3=0$$

$$-I_3R_3-I_2R_2+U_{S2}=0$$

$$-U_{S1}+I_1R_1-I_2R_2+U_{S2}=0$$

1.8.5 戴维南定理

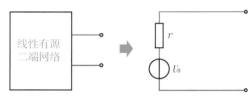

在分析电路时，我们常将电路称为网络。具有两个出线端钮与外部相连的网络称为二端网络。若二端网络是线性电路（电压和电流成正比的电路称为线性电路）且内部含有电源，则称该网络为线性有源二端网络，如图1-40所示。

图1-40　线性有源二端网络

一个线性有源二端网络一般可以等效为一个理想电压源和一个等效电阻的串联形式。

戴维南定理的内容：电压源电动势的大小就等于该二端网络的开路电压，等效电阻的大小就等于该二端网络内部电源不作用时的输入电阻。

所谓开路电压，也就是二端网络两端什么都不接时的电压U_0。计算内阻时要先假定电源不作用。所谓内部电源不作用，也就是内部理想电压源被视作短路，电流源视作开路，此时网络的等效电阻即为等效电源的内阻r。

1.9 电压源与电流源

在电路中，负载从电源取得电压或电流。一个电源对于负载而言，既可看成是一个电压提供者，也可看成是一个电流提供者。所以，一个电源可以用两种不同的等效电路来表示，一种是以电压的形式表示，称为电压源，另一种是以电流的形式表示，称为电流源。

（1）电压源

任何一个实际的电源，例如电池、发动机等，都可以用恒定电动势E和内阻r串联的电路来表示，叫作电压源。图1-41中的虚线框内表示电压源。

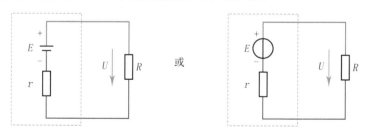

图1-41　电压源

电压源是以输出电压的形式向负载供电的，输出电压的大小为

$$U=E-Ir$$

当内阻$r=0$时，不管负载变化时输出电流I如何变化，电源始终输出恒定电压，即$U=E$。把内阻$r=0$的电压源叫作理想电压源，符号如图1-42所示。应该指出的是，由于电源总是有内阻的，所以理想电压源实际是不存在的。

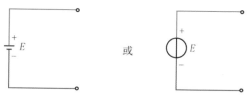

图1-42 理想电压源

（2）电流源

电源除用等效电压源来表示外，还可用等效电流源来表示

$$I_S=I_0+I$$

式中 I_S——电源的短路电流，A，大小为E/r；

      I_0——电源内阻r上的电流，A，大小为U/r；

      I——电源向负载提供的电流，A。

根据上式可画出图1-43所示电路，因此电流源可认为是以输送电流的形式向负载供电。电流源符号如图1-43虚线框中所示。

当内阻$r=\infty$时，不管负载的变化引起端电压如何变化，电源始终输出恒定电流，即

$$I=I_S$$

把内阻$r=\infty$的电流源叫作理想电流源，符号如图1-44所示。

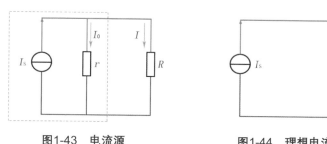

图1-43 电流源   图1-44 理想电流源

（3）电压源与电流源的等效变换

电压源和电流源对于电源外部的负载电阻而言是等效的，可以相互变换。

电压源与电流源之间的关系由下式决定

$$I_S=E/r\text{或}E=I_Sr$$

电压源可以通过$I_S=E/r$转化为等效电流源，内阻r数值不变，改为并联；反之，电流源可以通过$E=I_Sr$转化为等效电压源，内阻r数值不变，改为串联。如图1-45所示。

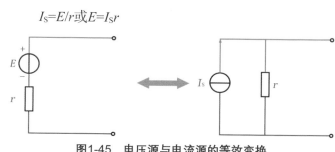

图1-45 电压源与电流源的等效变换

提　示

　　两种电源的互换只对外电路等效，两种电源内部并不等效；理想电压源与理想电流源不能进行等效互换；作为电源的电压源与电流源，它们的E和I的方向是一致的，即电压源的正极与电流源输出电流的一端相对应。

1.10 电气图形符号

　　电气图是电气工程中进行沟通、交流信息的载体。由于电气图所表达的对象不同，提供信息的类型及表达方式也不同，这样就使电气图具有多样性。电气图形符号是识图的基础，相关人员应熟练掌握。电气图形符号很多，这里介绍一些常见的电气图形符号，如表1-1所示。

表1-1　电气图形符号

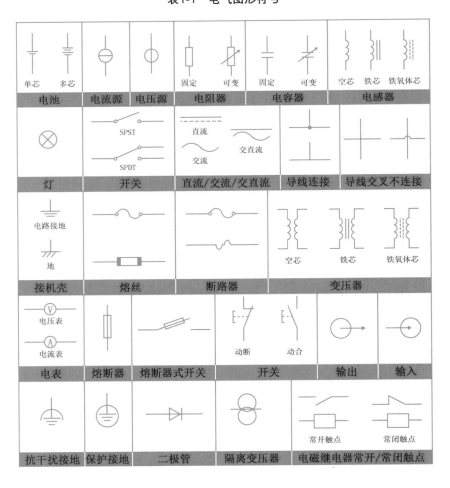

第2章

工具与仪表

2.1 电工工具的认识与使用

2.1.1 常用电工工具的使用

常用电工工具主要有测电笔、旋具（螺丝刀）、电工刀、钢丝钳、断线钳（斜口钳）、尖嘴钳、剥线钳等，本节结合实际经验讲解这些工具的使用方法及注意事项。

（1）电工工具箱（图2-1）

图2-1　电工工具箱的外形和工具的摆放

电工工具箱的使用注意事项：

① 电工工具箱中的工具应该分类、整齐排放。

② 如在高空作业时，须防止电工工具箱内的工具坠落。

（2）测电笔（图2-2）

① 作用：测量检验物件是否带电的常用工具。

② 种类（高压、低压）：钢笔式、螺丝刀式、电子式。

③ 结构（普通型）：主要由笔尖金属体、电阻、氖管、小窗、弹簧和笔尾金属体组成。

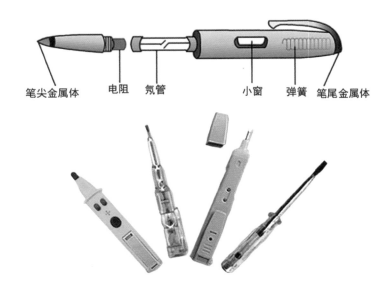

笔尖金属体　电阻　氖管　小窗　弹簧　笔尾金属体

图2-2　测电笔的结构及外形

使用时，必须手指触及笔尾的金属部分，并使氖管小窗背光且朝自己，以便观测氖管的亮暗，防止因光线太强造成误判断，其使用方法见图2-3。

当用测电笔检验带电体时，电流经带电体、测电笔、人体及大地形成通电回路，只要带电体与大地之间的电位差超过60V，测电笔中的氖管就会发光。低压测电笔检测的电压范围的60～500V。

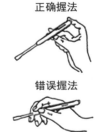

正确握法　正确握法

错误握法　错误握法

(a) 螺丝刀式握法　(b) 钢笔式握法

图2-3　测电笔的使用方法

注意事项：

① 使用前，必须在有电源处对测电笔进行测试，以证明该测电笔确实良好，可使用。

② 验电时，应使测电笔逐渐靠近被测物体，直至氖管发亮，不可直接接触被测体。

③ 验电时，手指必须触及笔尾的金属体，否则带电体也会被误判为非带电体。

④ 验电时，要防止手指触及笔尖的金属部分，以免造成触电事故。

（3）旋具（图2-4）

旋具（螺丝刀）是紧固或拆卸螺钉的工具。

① 分类："十"字和"一"字两种。

② 使用方法：应根据环境不同使用不同型号的螺丝刀，在使用时不可使用金属杆直通握柄顶部的螺丝刀，以防误触带电

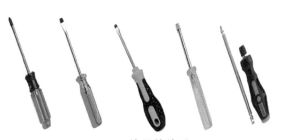

图2-4　旋具的外形

物体，造成伤亡事故。

使用螺丝刀时：

① 螺丝刀较大时，除大拇指、食指和中指要夹住握柄外，手掌还要顶住柄的末端以防旋转时滑脱。

② 螺丝刀较小时，用大拇指和中指夹着握柄，同时用食指顶住柄的末端用力旋动。

③ 螺丝刀较长时，用右手压紧手柄并转动，同时左手握住中间部分（不可放在螺钉周围，以免将手划伤），以防止滑脱。

注意事项：

① 带电作业时，手不可触及螺丝刀的金属杆，以免发生触电事故。

② 作为电工，不应使用金属杆直通握柄顶部的螺丝刀。

③ 为防止金属杆触到人体或邻近带电体，金属杆应套上绝缘管。

（4）电工刀

电工刀是电工用来削制木枕、剖削导线绝缘层的工具，如图2-5所示。

剖削导线绝缘层时，应使刀口向外剖，使刀面与导线呈较小的锐角，以免割伤导线。使用电工刀时应避免伤手，电工刀用毕，立即将刀身折进刀柄。电工刀刀柄若无绝缘层保护，不得用于带电作业，以免触电。其使用方法如图2-6所示。

图2-5　电工刀的外形

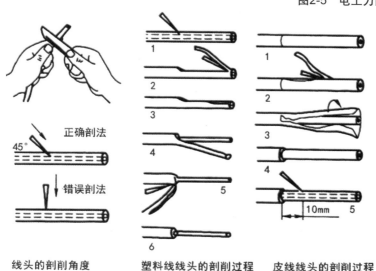

线头的剖削角度　　塑料线线头的剖削过程　皮线线头的剖削过程

图2-6　用电工刀剥离单芯导线绝缘层

在使用电工刀时：

① 不得用于带电作业，以免触电。

② 应将刀口朝外剖削，并注意避免伤及手指。

③ 剖削导线绝缘层时，应使刀面与导线成较小的锐角，以免割伤导线。

④ 使用完毕，随即将刀身折进刀柄。

（5）钢丝钳

钢丝钳由钳头和钳柄两部分组成，钳头由钳口、齿口、刀口和铡口四部分组成，如图2-7所示。

钢丝钳有铁柄和绝缘柄两种，电工用钢丝钳为绝缘柄，常用规格有150mm、170mm和200mm三种。

正确使用方法：钢丝钳用于接线或剪断导线，也可以用于勒掉导

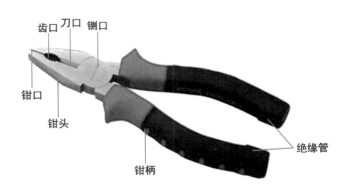

图2-7 钢丝钳的结构及外形

线的绝缘层，拧动螺钉或夹一般零件。当钢丝钳在剪铁丝或硬金属时，被剪物件应与钳头垂直。剪切带电导线时，不得用刀口同时剪切相线和零线，或同时剪切两条导线。钳头不可代替锤子作为敲打工具使用。

钢丝钳在电工作业时，用途广泛。钳口可用来弯绞或钳夹导线线头；齿口可用来紧固或起松螺母；刀口可用来剪切导线或剖削导线绝缘层；铡口可用来铡切导线线芯、钢丝等较硬线材。钢丝钳的使用方法如图2-8所示。

图2-8 钢丝钳的使用方法

注意事项：

① 使用前，使检查钢丝钳绝缘是否良好，以免带电作业时造成触电事故。

② 在带电剪切导线时，不得用刀口同时剪切不同电位的两条导线（如相线与零线、相线与相线等），以免发生短路事故。

（6）斜口钳

电工用的斜口钳为绝缘柄，一般绝缘柄的耐压为1000V。斜口钳主要用于剪断较粗的电线、金属丝及导线线缆，如图2-9所示。

图2-9 斜口钳的外形

（7）剥线钳

剥线钳是电工常用的工具之一，专供电工剥除电线头部的表面绝缘层用，如图2-10

所示。

图2-10　剥线钳的外形

剥线钳的使用方法：

① 根据需要选择好要剥线导线的长度。

② 要根据导线直径选用合适的剥线钳槽口或刀片孔径。

③ 将准备好的导线置于已选择的剥线钳的槽口中间。

④ 握住剥线钳的手柄，缓缓用力使导线的外部绝缘层慢慢剥落。

2.1.2 手动式电动工具的使用

电工常用的手动式电动工具主要有手电钻、电锤，见表2-1。

表2-1　手动式电动工具的使用

名称	图示	用途	使用及注意事项
手电钻		用于钻孔	在装钻头时要注意钻头与钻夹保持在同一轴线，以防钻头在转动时来回摆动。在使用过程中，钻头应垂直于被钻物体，用力要均匀，当钻头被被钻物体卡住时，应立即停止钻孔，检查钻头是否卡得过松，重新紧固钻头后再使用。在钻金属孔过程中，若温度过高，很可能引起钻头退火，为此，钻孔时要适量加些润滑油
电锤		用于打孔	电锤使用前应先通电空转一会儿，检查转动部分是否灵活，待检查电锤无故障后方能使用；工作时应先将钻头顶在工作面上，然后再启动，尽可能避免空打孔；在钻孔过程中，发现电锤不转时应立即松开开关，检查出原因并解决后再启动电锤。用电锤在墙上钻孔时，应先了解墙内有无电线，以免钻破电线发生触电。在混凝土中钻孔时，应注意避开钢筋

使用手电钻、电锤等手动电动工具时，应注意以下几点。

① 使用前首先要检查电源线的绝缘是否良好，如果导线有破损，可用电工绝缘胶布包缠好。电动工具最好使用三芯橡胶软线作为电源线，并将电动工具的外壳可靠接地。

② 检查电动工具的额定电压与电源电压是否一致，开关是否灵活可靠。

③ 电动工具接入电源后，要用测电笔测试外壳是否带电，如不带电方能使用。操作

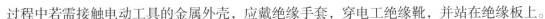

过程中若需接触电动工具的金属外壳，应戴绝缘手套，穿电工绝缘靴，并站在绝缘板上。

④ 拆装手电钻的钻头时要用专用钥匙，切勿用螺丝刀或手锤敲击电钻夹头，如图2-11所示。

⑤ 装钻头时要注意，钻头与钻夹应保持同一轴线，以防钻头在转动时来回摆动。

⑥ 在使用过程中，如果发现声音异常，应立即停止钻孔；如果因连续工作时间过长，电动工具发烫，要立即停止工作，让其自然冷却，切勿用水淋浇。

图2-11　手电钻换钻头的方法

⑦ 钻孔完毕，应将电源线绕在手动电动工具上，并放置在干燥处以备下次使用。

2.1.3　电气安全用具的使用

电气安全用具是指在电气作业中，为了保证作业人员的安全，防止触电、坠落、灼伤等工伤事故所必须使用的各种电工专用工具或用具。电气安全用具可按用途分为基本安全用具、辅助安全用具和一般防护安全用具。

（1）基本安全用具

基本安全用具是可以直接按触带电部分，能够长时间可靠地承受设备工作电压的工具。常用的有绝缘杆、绝缘夹钳等。

① 绝缘杆　专用于电力系统内的绝缘工具的统称，可以用于带电检修以及带电维护作业。

② 绝缘夹钳　用来安装和拆卸高压熔断器或执行其他类似工作的工具，主要用于35kV及以下电力系统。

（2）辅助安全用具

辅助安全用具是用来进一步加强基本安全用具的可靠性和防止接触电压及跨步电压危险的工具，常用的有绝缘手套、绝缘靴、绝缘胶垫等。

① 绝缘手套　一种用橡胶制成的五指手套，主要用于电工作业，具有保护手或人体的作用，可防电、防水、耐酸碱、防化、防油。

② 绝缘靴　又叫高压绝缘靴、矿山靴。所谓绝缘，是指用绝缘材料把带电体封闭起来，借以隔离带电体或不同电位的导体，使电流能按一定的通路流通。

③ 绝缘胶垫　又称为绝缘毯、绝缘垫、绝缘橡胶板、绝缘胶板、绝缘橡胶垫、绝缘地胶、绝缘胶皮、绝缘垫片等，是具有较大体积电阻率和耐电击穿的胶垫，用于配电等工作场合的台面或铺地绝缘。

（3）一般防护安全用具

一般防护安全用具包括临时接地线、遮栏、安全牌、标志牌等。

2.2 常用仪表的使用

2.2.1 万用表的使用

万用表又称多用表，主要用来测量电阻、交/直流电压、电流。有的万用表还可以测量晶体管的主要参数以及电容器的电容量等。

万用表是最基本、最常用的电工仪表，主要有指针式万用表和数字式万用表两大类。

2.2.1.1 指针式万用表

MF47指针式万用表功能介绍如图2-12所示。

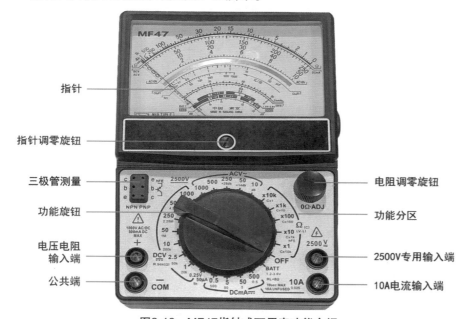

图2-12　MF47指针式万用表功能介绍

2.2.1.2 指针式万用表的结构

（1）指针式万用表的表盘

如图2-13所示为万用表的表盘，通过功能旋钮可改变指针万用表测量项目和测量的量程，测量值由表头指针指示读取。通过调节指针调零旋钮可以使万用表指针在静止时处在左零位置；电阻调零旋钮是在测量电阻时，用来使指针对准右零位，以保证测量数值的准确。

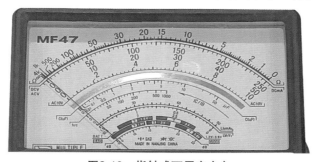

图2-13　指针式万用表表盘

（2）指针式万用表的表体

图2-14为指针式万用表表体。调节万用表功能旋钮可使万用表的挡位在电阻、交流电压、直流电压、直流电流和三极管挡之间进行转换，四个插孔分别用来插红黑表笔。电阻调零旋钮用来给欧姆挡调零。三极管插孔用来检测三极管的极性和放大系数。

图2-14　指针式万用表表体

2.2.1.3 指针式万用表的使用方法

（1）用指针式万用表测量电阻

① 首先进行机械调零，将表针调整到左零位置，如图2-15所示。

图2-15　指针式万用表功能介绍

② 将功能旋钮调到万用表的欧姆挡，并选择合适的量程（估计待测电阻阻值，使测量结束后指针静止位置大致在表盘的盘中）。

③ 对万用表进行精度校正，短接两表笔，然后调节电阻调零旋钮，使万用表的指针指到零刻度，如图2-16所示。

④ 测量时应将两表笔分别接触待测电阻的两极（接触稳定）观察指针偏转情况。如果指针太靠左那么需要换一个稍大的量程，如果指针太靠右那么需要换一个稍小的量程，直到指针落在表盘中部（因为表盘中部区域测量更精确）。读取指针读数，然后将指

针读数乘以所选择的量程倍数，如图2-17选用R×100挡，指针指示5.5，则被测电阻值为
100×5.5=550Ω=0.55kΩ。

图2-16　指针式万用表旋钮调零

图2-17　指针式万用表电阻测量

（2）用指针式万用表测量直流电压

① 把功能旋钮拨到直流电压挡，估计待测电压值，如果不确定待测电压值的范围需选择最大量程，初步估计待测电压的范围后改用合适的量程。

② 将万用表并接到待测电路上，黑表笔与被测电压的负极连接，红表笔与被测电压的正极连接。

③ 读数，这个取决于量程以及指针的偏转，如图2-18所示测量的为直流干电池。由图可知本次测量所选用的量程为0～2.5V，共10格，指针指到第6格，因此本次测量的读数为1.5V。

图2-18　指针式万用表直流电压测量

（3）用指针式万用表测量直流电流

① 把转换开关拨到直流电流挡，估计待测电流值，选择合适的量程，如果不确定待测电流值的范围需要选择最大量程，初步估计待测电流的范围后改用合适的量程。

② 断开被测电路，将万用表串接到被测电路中，不要将极性接反。

③ 根据指针稳定时的位置及所选量程正确读数。读出待测电流值的大小，如图2-19所示万用表的量程为5mA，共10格，指针指到5.9格，因此本次测量的电流值为2.95mA。

图2-19　指针式万用表直流电流测量

（4）用指针式万用表测量二极管的正向电阻

① 首先将功能旋钮拨到欧姆挡，选择合适的量程，进行欧姆调零。

② 将被测二极管两引脚擦拭干净，将万用表红黑两表笔分别接触两引脚，如此时指针偏转则表明黑表笔所接为该二极管的正极，红表笔所接为该二极管的负极（因为欧姆挡使用万用表内部电池供电，电池所接的正极是万用表的黑表笔插孔，负极接的是万用表的红表笔插孔）；如果表盘并未偏转则将两表笔调换后再次测量即可。

③ 读数。读数方法和电阻读数方法一样，表所测量的值为该二极管的正向电阻。如图2-20所示。

图2-20　指针式万用表二极管测量

（5）用指针式万用表"hFE"功能测量三极管

① 首先将万用表功能旋钮拨到R×10（hFE）挡，将红黑两表笔短接进行欧姆调零，以确保读数的精准。

② 将待测三极管分别插入表体的两种三极管插孔，一种为NPN三极管插孔，一种为PNP三极管插孔，直到表针向右偏转的时候停下进行读数。

③ 读数。表针偏转时所插入的孔所标注的类型就是该三极管的类型，三个孔所标识的字母就是三极管的三个电极，分别为c、b、e（集电极、基极、发射极），表盘中"hFE"对应的读数为三极管的放大系数。

如图2-21所示，可知该三极管为NPN型，引脚排列为e、b、c（发射极、基极、集电极），三极管的放大系数为325。

图2-21　指针式万用表测量三极管

（6）用指针式万用表测量电容

① 将万用表功能旋钮拨到欧姆挡，选择合适的量程，然后将红黑两表笔短接进行欧姆调零以保证读数的精准。

② 首先用一表笔短接待测电容将电容中的电荷放掉，然后将黑表笔接到有极性电容的正极，红表笔接负极（无极电容不需要区分正负极），不要接反，这时表针会向右偏

转，然后慢慢地归零，表明该电容基本正常。如果表针回转后指示的阻值很小，说明该电容已击穿；如果表针无偏转，则表明该电容已发生开路。电容放电如图2-22所示。

③ 读数。一个正常的电容，指针偏转最大时为该电容的容量（这个过程需要多测量几次才能看清楚，因为达到最大后表针会慢慢归零）。表盘C（μF）处所示为电容容量，读数时将倍数乘以指针的读数即可

注意：测量电容时的倍数和电阻时的正好相反，电阻时R×1是乘1而电容却是乘10倍，电阻时R×10k在测量电容时为乘1。

如图2-23所示，被测电容基本正常，首先偏转到最大后慢慢回到零位，该电容的容量读数方法为0.47×1=0.47μF。

图2-22　电容放电

图2-23　指针式万用表电容测量

2.2.1.4 指针式万用表使用时的注意事项

① 如果长时间不用，需要将电池取出，以免电池漏液腐蚀表内器件。

② 测量电流和电压时不能拨错挡位，如果误用电阻挡或电流挡测量电压，极容易将万用表烧毁。

③ 测量电流和电压时，要注意正负极性，发现表针反转则应立即调换表笔，以免表针损坏。

④ 如果不知道被测电流或电压的范围，应采用最大量程，然后根据测出的大致范围改换小量程来提高精度，避免将万用表烧毁。

⑤ 在测量时万用表需要水平放置，以免因为倾斜而造成误差。磁场变化同样会影响测量结果，测量时请注意。

⑥ 在用万用表对待测物进行检测时，不能用手去触摸表笔的金属部分，因为人是导体，会分走一部分电信号使测量数据失真，这样对人体也是不安全的。

⑦ 不能在测量的同时进行挡位的转换，尤其是在高电压或大电流的测量情况下更要注意，否则可能损坏万用表。如需要换挡，要断开表笔，换挡后重新调零。

2.2.1.5 数字万用表的使用

（1）测量电阻（图2-24）

第一步：红表笔插入VΩ孔，黑表笔插入COM孔。

第二步：把功能旋钮旋转到电阻的位置。

第三步：用表笔的两端连接电阻。

第四步：万用表的读数就是电阻的阻值。

注意：量程选小了显示屏上会显示"1."，此时应换用较之大的量程；反之，量程选大了，显示屏上会显示一个接近"0"的数，此时应换用较之小的量程。

图2-24 测量电阻

（2）测量直流电压（图2-25）

第一步：正确插入表笔，红表笔插入VΩ孔，黑表笔插入COM孔。

第二步：把万用表的功能旋钮旋转到直流电压的位置。

第三步：将表笔的两端和电池的正负极相对应。

第四步：读出显示屏上的数据。

注意：把旋钮转到比估计值大的量程挡，接着把表笔接电源或电池两端；保持接触稳定，数值可以直接从显示屏上读取。

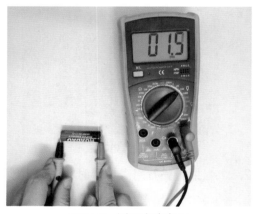

图2-25 测量直流电压

（3）测量交流电压（图2-26）

第一步：红表笔插入VΩ孔，黑表笔插入COM孔。

第二步：功能旋钮转到$\tilde{V}$适当位置。

第三步：将红黑表笔按如图2-26所示方式接入要测的端口。

第四步：读出显示屏上显示的数据。

注意：测试市电时一定要把挡位转到750V位置，测量挡位一定要比要测试量的电压大，如不了解要测量的电压是多少，先用大的挡位量，如测量的值太小，再慢慢往小挡位换。

图2-26 测量交流电压

（4）测量直流电流（图2-27）

第一步：断开电路。

第二步：黑表笔插入COM端，红表笔插入mA或20A端口。

第三步：功能旋钮旋转至$\overline{\overline{A}}$（直流），并选择合适的量程。

第四步：断开被测线路，将数字万用表串联入被测线路中。

第五步：接通电路。

第六步：读出显示屏上的数据。

注意：估计电路中电流的大小。若测量大于200mA的电流，则要将红表笔插入"20A"插孔并将旋钮转到直流"20A"挡；若测量小于200mA的电流，则将红表笔插入"mA"插孔并将旋钮转到直流200mA以内的合适量程。

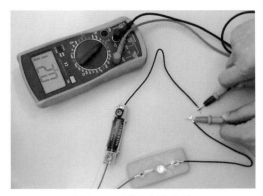

图2-27　测量直流电流

（5）测量交流电流（图2-28）

测量步骤与直流电流的测量步骤一样，只是将功能旋钮转到$\tilde{A}$（交流）。注意事项与直流电流的测量也一样。

（6）测量电容（图2-29）

第一步：将电容两端短接，对电容进行放电，确保数字万用表的安全。

第二步：将功能旋钮转至电容"F"测量挡，并选择合适的量程。

第三步：将红表笔插入F插孔，黑表笔插入Cx插孔。红黑表笔分别测量电容的正负极。

第四步：读出显示屏上的数据。

注意：测量前电容需要放电，否则容易损坏万用表；测量后也要放电，避免埋下安全隐患。

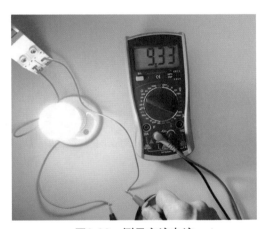

图2-28　测量交流电流

图2-29　测量电容

（7）测量二极管（图2-30）

第一步：红表笔插入VΩ孔，黑表笔插入COM孔。

第二步：功能旋钮转到二极管挡。

第三步：判断正负。

第四步：红表笔接二极管正，黑表笔接二极管负。

第五步：读出显示屏上的数据。

第六步：两表笔换位，若显示屏上为"1"，正常，否则此管被击穿。

注意：二极管正负好坏判断。红表笔插入VΩ孔，黑表笔插入COM孔，功能旋钮转到二极管挡然后颠倒表笔再测一次。

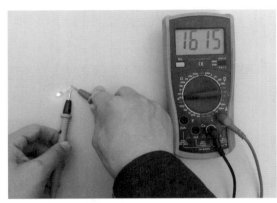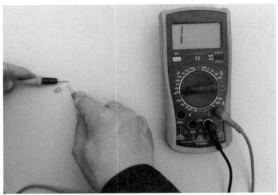

图2-30　测量二极管

（8）测量三极管（图2-31）

步骤一：红表笔插入VΩ孔，黑表笔插入COM孔。

步骤二：功能旋钮转到二极管挡。

步骤三：找出三极管的基极b。

步骤四：判断三极管的类型（PNP或NPN）。

步骤五：功能旋钮转到hFE挡。

步骤六：根据类型插入PNP或NPN插孔测β。

步骤七：读出显示屏中β值。

图2-31　测量三极管

注意：e、b、c引脚的判定。表笔插位同上，其原理同二极管。先假定A脚为基极，用黑表笔与该脚相接，红表笔与其他两脚分别接触，若两次读数均为0.7V左右，再用红表笔接A脚，黑表笔接触其他两脚，若均显示"1"，则A脚为基极，否则需要重新测量，且此管为PNP管。

2.2.2 钳形电流表的使用

钳形电流表（钳形表）是一种不需要中断负载运行（即不断开载流导线）就可测量低压线路上的交流电流的携带式仪表。它的最大特点是无需断开被测电路，就能够实现对被测电路中电流的测量，所以特别适合不便于断开线路或不允许停电的测量场合。钳形表的面板如图2–32所示。

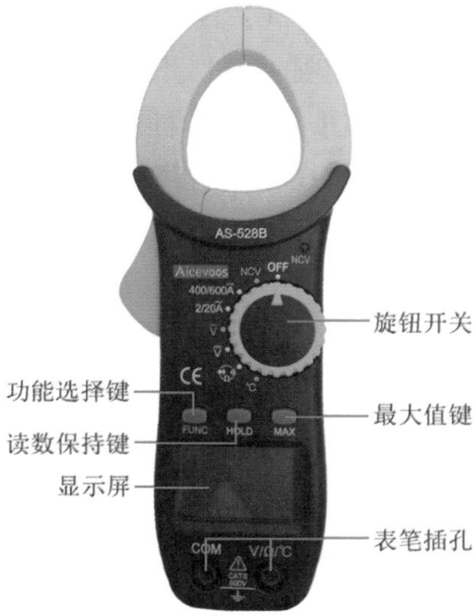

图2-32　钳形电流表的面板

（1）按键功能及自动关机

① HOLD　为读数保持键，以触发方式工作，功能为保持显示读数。触发一次此键，显示值被锁定，一直保持不变，再触发一次此键，锁定状态被解除，进入通常测量状态。

注意：在自动关机后，若按着HOLD键开机，自动关机功能将被取消。

② MAX　为最大值键，以触发方式工作，按此键后，A/D转换器会继续工作，显示值总是更新和保留最大值。

③ FUNC　为功能选择键，以触发方式工作，用此键可进行Ω/⊣▶⊢/•))的切换。

④ 自动关机　在测量过程中，功能按键和旋钮开关在15min内均无动作时，钳形表会“自动关机”（休眠状态），以节约电能；要取消自动关机功能，只需按着HOLD键开机。在自动关机状态下，按动功能选择键，钳形表会“自动开机”（工作状态）。

注意：在休眠状态下按HOLD键唤醒，自动关机功能被取消。

⑤ 蜂鸣器　在任一测量挡位按动任意功能按键，如果该键有效，蜂鸣器会发出一声“哔”，无效则不发声；自动关机前约1min蜂鸣器会连续发出5声警示；关机前蜂鸣器会发出一长声警示。

（2）数字钳形表的使用方法

① 直流电压的测量（图2–33）

第一步：红表笔插入V/Ω/℃孔，黑表笔插入COM孔。

第二步：把旋钮开关旋转到直流电压挡的位置。

第三步：用表笔的另一端分别测量开关电源的V+和V–。

第四步：读出显示屏上的数据。

② 交流电压的测量

第一步：红表笔插入V/Ω/℃孔，黑表笔插入COM孔。

第二步：旋钮开关转到$\tilde{V}$的适当位置。

第三步：将红黑表笔按如图2-34所示的方式接入到待测的端子上。

第四步：读出显示屏上显示的数据。

③ 电阻的测量（图2-35）

第一步：红表笔插入V/Ω/℃孔，黑表笔插入COM孔。

第二步：把旋钮开关旋转到电阻的位置。

第三步：读数就是该电阻的阻值。

④ 二极管的测量

第一步：红表笔插入V/Ω/℃孔，黑表笔插入COM孔

第二步：把旋钮开关旋转到二极管挡。

第三步：判断正负。

第四步：红表笔接二极管正极，黑表笔接二极管负极。

第五步：读出显示屏上的数据。

第六步：两表笔换位，若显示屏上为"1"，正常，否则此管被击穿。

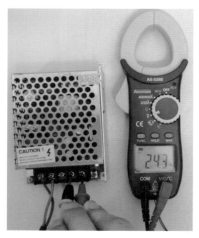 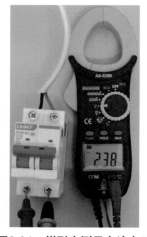 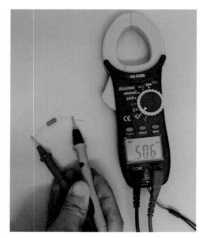

图2-33　钳形表测量直流电压　　　图2-34　钳形表测量交流电压　　　图2-35　钳形表测量电阻

⑤ 导通检测（图2-36）

第一步：红表笔插入V/Ω/℃孔，黑表笔插入COM孔。

第二步：把旋钮开关旋转到导通挡。

第三步：在导通测试中测量电阻小于10Ω时蜂鸣器会响，大于10Ω蜂鸣器可能响或不响。在完成所有的测量操作后，要断开表笔与被测电路的连接，并从输入端拿掉表笔。

⑥ 电流检测（图2-37）

第一步：将旋钮开关置于"2/20Ã"或"400/600Ã"测量挡。

第二步：用钳形表夹取待测导体，然后缓慢地放开扳机，直到钳头完全闭合，确定待测导体是否被夹取在钳头的中央。钳形表一次只能测量一个电流导体，若同时测量两个或两个以上的电流导体，测量读数是错误的。

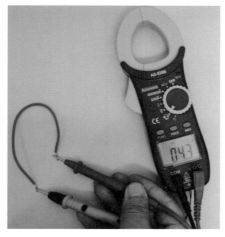

图2-36　钳形表测量导线通断

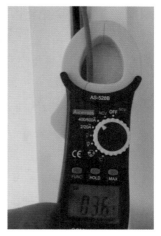

图2-37　钳形表测量交流电流

（3）使用注意事项

① 某些型号的钳形表附有交流电压刻度，测量电流、电压时应分别进行，不能同时测量。

② 钳形表钳口在测量时闭合要紧密，闭合后如有杂音，可打开钳口重合一次。若杂音仍不能消除，应检查磁路上各接合面是否光洁，有尘污时要擦拭干净。

③ 被测电路电压不能超过钳形表上所标明的数值，否则容易造成接地事故，或者引起触电危险。

④ 在测量现场，各种器材摆放应井然有序。测量人员应戴绝缘手套、穿绝缘靴，身体的各部分与带电体之间不得小于安全距离（低压系统安全距离为0.1～0.3m）。读数时，往往会不由自主地低头或探腰，这时要特别注意肢体，尤其是头部与带电部分之间的安全距离。

⑤ 测量回路电流时，应在有绝缘层的导线上进行测量，同时要与其他带电部分保持安全距离，防止相间短路事故发生。测量中禁止更换电流挡位。

⑥ 测量低压熔断器或水平排列的低压母线电流时，应将熔断器或母线用绝缘材料进行相间隔离，以免引起短路。同时应注意不得触及其他带电部分。

⑦ 对于数字式钳形表，尽管在使用前曾检查过电池的电量，但在测量过程中也应当随时关注电池的电量情况，若发现电池电压不足（如出现低电压提示符号），必须在更换电池后再继续测量。能否正确地读取测量数据，直接关系到测量的准确性。如果测量现场存在电磁干扰，必然会干扰测量的正常进行，故应设法排除干扰。

⑧ 对于指针式钳形表，首先认准所选择的挡位，其次认准所使用的是哪条刻度。观察表针所指的刻度值时，眼睛要正对表针和刻度以避免斜视，减小视差。数字式表头的显示虽然比较直观，但液晶屏的有效视角是很有限的，眼睛过于偏斜时很容易读错数字。还应当注意小数点及其所在的位置，千万不能被忽视。

⑨ 测量完毕，一定要把旋钮开关转至最大电流量程位置，以免下次使用时不小心造成仪表损坏。

钳形表的基本使用方法及注意事项可归纳为如下口诀。

操作口诀

不断电路测电流，电流感知不用愁。

测流使用钳形表，方便快捷算一流。

钳口外观和绝缘，用前一定要检查。

钳口开合应自如，清除油污和杂物。

量程大小要适宜，钳表不能测高压。

如果测量小电流，导线缠绕钳口上。

带电测量要细心，安全距离不得小。

2.2.3 摇表的使用

摇表又称兆欧表或绝缘电阻表，是电工常用的一种测量仪表，主要用来检查电气设备、家用电器或电气线路对地及相间的绝缘电阻，以保证这些设备、电器和线路工作在正常状态，避免发生触电伤亡及设备损坏等事故。工作原理：由机内电池作为电源经DC/DC变换产生的直流高压由E端输出，经被测试品到达L端，从而产生一个从E到L的电流，I/U变换经除法器完成运算直接将被测的绝缘电阻值由大表盘显示出来。摇表的大表盘及内部结构如图2-38所示。

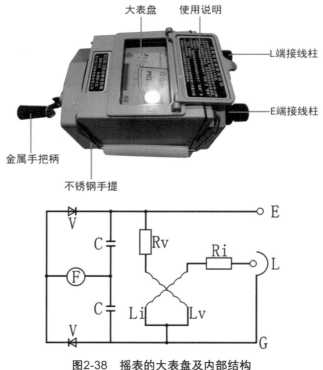

图2-38 摇表的大表盘及内部结构

（1）检测摇表的方法

使用前应该测试摇表是否正常工作，实物如图2-39所示。

以下情况表示仪表正常工作，反之表示仪表出现故障。

第一步：在无线的情况下，可顺时针摇动手柄。

第二步：在正常情况下，指针向右滑动停留在∞的位置，如图2-40所示。

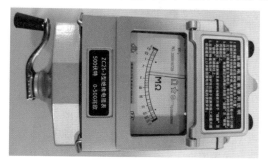

图2-39　摇表实物图

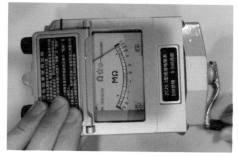

图2-40　摇表检测实物图

第三步：黑表笔接E端，红表笔接L端，E端、L端与测试夹对接测试，如图2-41所示。

第四步：顺时针缓慢转动手柄，指针会归零，如图2-42所示。

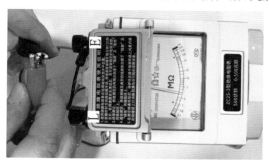

图2-41　摇表短接测试实物图

图2-42　摇表短接测量好坏实物图

第五步：松开短接的两支表笔，顺时针摇动手柄，指针接近无穷大，证明摇表是好的。

（2）用摇表测量电动机对地电阻值及相间绝缘值的方法

第一步：测量时最好把三相电动机的连接片去掉，外壳接地，三个绕组底部接线端从左到右编号U、V、W。如图2-43所示。

第二步：测三相输出端与外壳的绝缘电阻。E端接电动机外壳，L端分别接U、V、W三个接线端，以120r/min左右

图2-43　电动机端子实物图

的速度转动手柄，待指针稳定在无穷大时即为绝缘良好。如图2-44所示。

第三步：测三相电动机的相间绝缘。E端接三相中的一相如图2-45中U1，L端接三相中的另一相如图2-45中W1，以120r/min左右的速度转动手柄，待指针稳定在无穷大时即为相间绝缘良好。

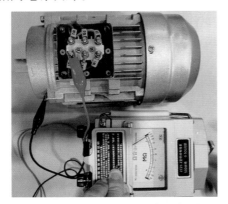

图2-44　电动机相线与外壳绝缘测量

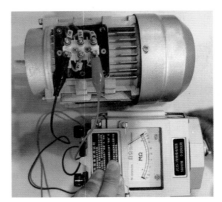

图2-45　电动机相线与相线测量

（3）使用注意事项

① 禁止在有雷电时或在高压设备附近测绝缘电阻，只能在设备不带电，也没有感应电势的情况下测量。

② 摇测过程中，被测设备上不能有人工作。

③ 兆欧表线不能绞在一起，要分开。

④ 兆欧表未停止转动之前或被测设备未放电之前，禁用手触及。拆线时，不要触及引线的金属部分。

⑤ 测量结束时，大电容设备要放电。

⑥ 兆欧表接线端引出的测量软线绝缘应良好，两条导线之间和导线与地之间应保持适当距离，以免影响测量精度。

⑦ 为了防止被测设备表面的泄漏电阻干扰，使用兆欧表时，应将被测设备的中间层（如电缆壳芯之间的内层绝缘物）接于保护环。

⑧ 要定期校验其准确度。

⑨ 在使用时电压等级一定要匹配，如380V的电路一般选择500V的表。

2.2.4 电能表的使用

电能表是用来测量电能的仪表，又称电度表、火表、千瓦小时表。

按用途可分为工业与民用表、电子标准表、最大需量表、复费率表。

按结构和工作原理可分为感应式（机械式）电能表、静止式（电子式）电能表、机电一体式（混合式）电能表。

按接入电源性质可分为交流表、直流表。

按准确级可分为0.2、0.5、1.0、2.0等等级的电能表。

按安装接线方式可分为直接接入式电能表、间接接入式电能表。

按用电设备可分为单相电能表、三相三线电能表、三相四线电能表。

2.2.4.1 单相电能表

（1）单相电能表的概念

单相电能表用于有功电量计量，计量准确、模块化、体积小，可以轻松安装在各类终端配电箱内。采用导轨式安装、底部接线，与微型断路器完美配合，直观易读的机械式显示，降低了意外停电丢失数据的风险，无需外部工作电源，工作温度范围宽。

（2）单相电能表的外观及技术参数

单相电能表的外观及技术参数如图2-46所示。

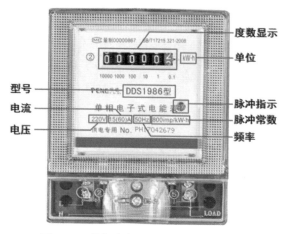

图2-46 单相电能表的外观及技术参数

（3）型号说明

单相电能表的型号说明如图2-47所示。

（4）电流参数的选择

电能表电流参数既不是越大越好，也不是越小越好，应该与耗电功率相对应。电流要计算所有用电器加起来的最大电流，电能表电流参数小了会烧坏。建议选用电流参数稍大些的电能表。单相电能表的电流参数选择如图2-48所示。

图2-48中，10(40)A括号前的10称为标定电流，是计算负载基数的电流值，括号内的40称为额定最大电流，是能使电能表长期正常工作，而误差与温升完全满足规定要求的最大电流值。

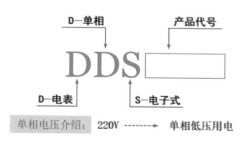

图2-47 单相电能表的型号说明

2.5（10）A 最大功率2200W	电灯、电视等小功率电器
5（20）A 最大功率4400W	1台空调、1台电磁炉及日常照明
10（40）A 最大功率8800W	2台空调、1台电磁炉及日常照明
15（60）A 最大功率13200W	3台空调、1台电磁炉及日常照明
20（80）A 最大功率17600W	4台空调、1台电磁炉及日常照明
30（100）A 最大功率22000W	5台空调、1台电磁炉及日常照明

图2-48 单相电能表的电流选择

（5）功能及特点

① 进行有功电能计量，长期工作不用调校。

② 在5%($I_b \sim I_{max}$)范围内有良好的线性误差。

③ 电能表内所有元器件均选用使用寿命长、可靠性高的电子电器件。

④ 显示方式：计度器。

⑤ 外围元器件少、功耗低、结构简单。

⑥ 采用内含数字乘法器的电能专用集成电路，大大提高过载能力。

（6）电量读取方法

一般的直进式的单相电能表和三相电能表，可直接将读取的数字减去上次读取的数字得出这一阶段的用电量。直进式的电能表进线较粗，应仔细观察有没有经过互感器连接。

用单相电能表计量三相电的电量时，电量读取方式是将从直进式连接的电能表读取的数字乘以3；若是通过互感器连接的电能表，要将读取的电能表数字乘以互感器电流倍数再乘以3。

（7）接线

单相电能表的接线如图2-49所示。

2.2.4.2 三相电能表

三相电能表用于测量三相交流电路中电源输出（或负载消耗）的电能。它的工作原理与单相电能表完全相同。

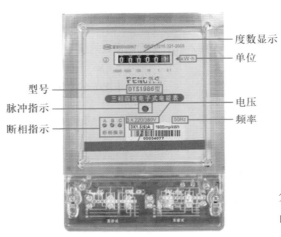

（1）三相电能表的外观及技术参数

三相电能表的外观及技术参数如图2-50所示。

（2）型号说明

三相电能表的型号说明如图2-51所示。

图2-49　单相电能表的接线

图2-50　三相电能表的外观及技术参数

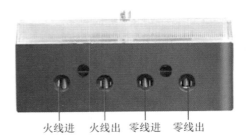

图2-51　三相电能表的型号说明

（3）三相电能表的分类

根据被测电能的性质，三相电能表可分为有功电能表和无功电能表；根据三相电路的接线形式不同，又有三相三线制和三相四线制之分。三相电能表电源如图2-52所示。

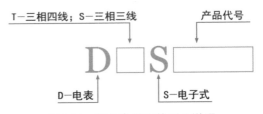

三相四线电压介绍		三相三线电压介绍	
3×220/380V	⋯⋯▶ 三相四线低压用电	3×100V	⋯⋯▶ 三相三线高压用电
3×57.7/100V	⋯⋯▶ 三相四线高压用电	3×380V	⋯⋯▶ 三相三线低压用电

图2-52　三相电能表电源

（4）电流参数的选择

电能表电流既不是越大越好，也不是越小越好，应与耗电功率相对应。电流要计算所有用电器加起来的最大电流，电能表电流参数小了会烧坏。建议选用电流参数稍大些的电能表。三相电能表的电流参数选择如图2-53所示。

3×1.5（6）A	没有功率限制，以互感器为准	3×15（60）A	最大功率39.6kW
3×5（20）A	最大功率13.2kW	3×20（80）A	最大功率52.8kW
3×10（40）A	最大功率26.4kW	3×30（100）A	最大功率66kW

图2-53　三相电能表的电流参数选择

（5）三相电能表的接线方法

在低压三相四线制或者三相三线制线路中，通常采用三元件的三相电能表。

若线路上负载电流未超过电能表的量程，电能表可接在线路上，其接线如图2-54所示。

若负载电流超过电能表的量程，须用电流互感器将电流变小，其接线如图2-55所示。

三相电能表接线槽盖内面有接线端子连接图，接线时应参照，每个接线柱有不止一个紧固螺钉，接线时应将导线头充分固定在它们下面。

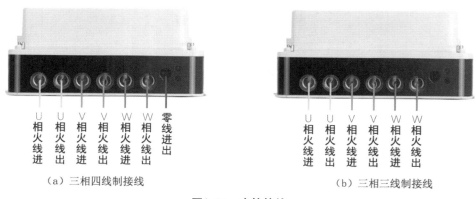

（a）三相四线制接线　　　　　　　（b）三相三线制接线

图2-54　直接接线

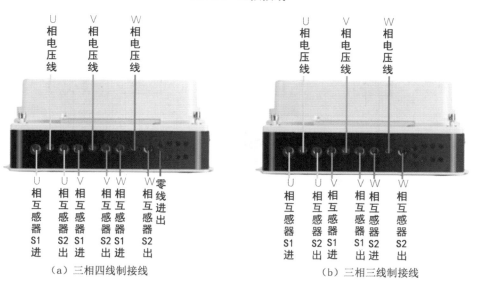

（a）三相四线制接线　　　　　　　（b）三相三线制接线

图2-55　接入电流互感器

2.2.5 电流测量电路

电路中常用的交流电流表是1T1-A型电磁式交流电流表，其最大量程为200A。在此范围内，电流表可以与负载串联，如图2-56(a)所示。

在低压电路中，当负载电流大于电流表的量程时，应采用电流互感器。将电流互感器一次绕组与电路中的负载串联，二次绕组接电流表，如图2-56(b)所示。在高压电路中，电流表的接线方法与图2-56(b)相同，但电流互感器必须为高压用电流互感器。

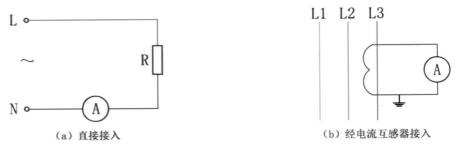

（a）直接接入　　　　　　　　　　（b）经电流互感器接入

图2-56　交流电流的测量

常用的电流测量电路接线有两种形式，如图2-57所示。图中CT1、CT2、CT3为互感器，每相一个。

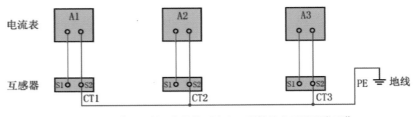

（a）互感器S2侧可靠接地更安全，不接地也可以正常工作

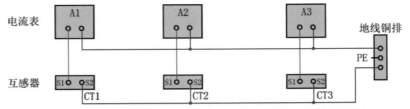

（b）这种接线方法更简单，一般电流表在控制柜门上面，互感器在柜内大线上，这样接，柜内到柜门的引线更少

图2-57　交流电流表的测量电路

图2-58所示为图2-57(b)的实物接线图。

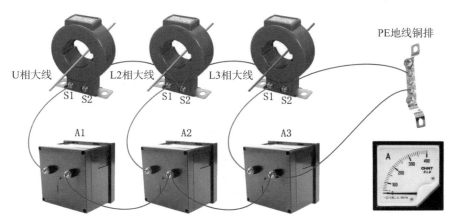

图2-58　电流测量电路的实物接线

2.2.6 电压测量电路

电压表是用来测量电路中电压的仪表。在强电领域,交流电压表常用来测量监视线路的电压大小。

交流电压表的接线是不分极性的,但在一个系统中,所有的电压表接线应是一致的,即电压表两端接线处接入被测电路两端的电压就可以测量。

电压表后面接线螺钉有两个,不分正负,可以接一条火线、一条零线,显示220V电压,也可以接任意两条火线,显示380V电压。三相交流电压测量的原理接线和实物接线如图2-59所示。

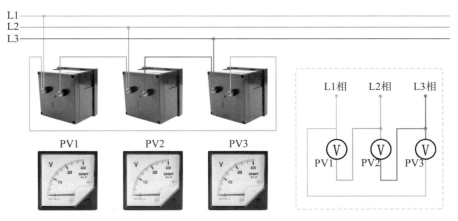

图2-59　三相交流电压测量的原理接线和实物接线

第3章
常用电气元器件

3.1 闸刀开关

闸刀开关又称为隔离开关（disconnector），即在分位置时，触点间有符合规定要求的绝缘距离和明显的断开标志；在合位置时，能承载正常回路条件下的电流及在规定时间内异常条件（例如短路）下的电流的开关设备。闸刀用于线路的最前端，起隔离电源、通断电流的作用，不可以带负荷开

图3-1　闸刀开关的外形

启。因其无专门的灭弧装置，故不宜频繁分、合电路。外形如图3-1所示。

（1）闸刀开关的结构

闸刀开关由瓷质手柄、动触点、出线座、瓷底座、静触点和外壳组成，一般都带有短路保护功能。结构如图3-2所示。

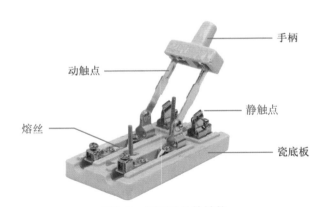

图3-2　闸刀开关的结构

（2）闸刀开关的电气符号

闸刀开关的图形符号和文字符号如图3-3所示。

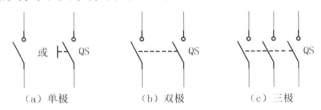

（a）单极　　　　　（b）双极　　　　（c）三极

图3-3　闸刀开关的图形符号

（3）闸刀开关的选用

① 闸刀开关的额定电压应等于或大于电路的额定电压。

② 额定电流应等于或稍大于电路的额定电流。若用闸刀开关控制电动机（一般只能用于5.5kW以下），考虑电动机的启动电流大，选用额定电流大一些的闸刀开关。此外，闸刀开关的通断能力、动稳定电流值、热稳定电流值均应符合电路的要求。

（4）闸刀开关的使用注意事项

① 安装方向。应垂直安装，最大倾斜度不要超过5°，并使动触点在静触点下方。

② 接线方式。接线时，应把电源进线接在开关上方的进线座端头上，用电设备的引线接到下方的出线座上。接线时应把螺钉拧紧，如接线端孔眼较大，而导线较细，可把线头的塞入部分弯成双段加粗，用钳子夹拢后塞入孔内再拧紧螺钉。如连接处松动，会产生高温而过热。

③ 接触方面。刀片与静触点间的接触应牢靠，大电流触点或刀片可适量加一些润滑油（脂）。双投刀开关在分闸位置时，刀片应可靠地固定。

④ 操作动作。有消弧触点的刀开关，各相的分闸动作要一致。

3.2 断路器

3.2.1 1P/2P/3P/4P的区别与功能

断路器外形和符号如图3-4、图3-5所示。

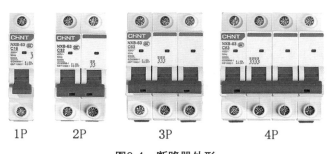

图3-4 断路器外形

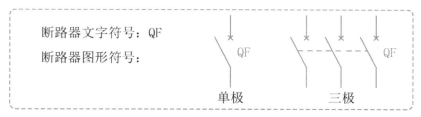

图3-5 断路器符号图

1P：单极空开，单进单出，只接火线不接零线，只断火线不断零线，用在220V的分支回路中，占位1位。电工常见叫法：单片单进单出，单片单极。

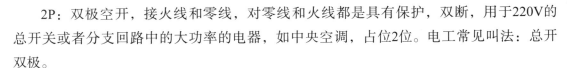
2P：双极空开，接火线和零线，对零线和火线都是具有保护，双断，用于220V的总开关或者分支回路中的大功率的电器，如中央空调，占位2位。电工常见叫法：总开双极。

3P：接三根火线，不接零线，用在380V的分支回路中的380V电器上面，占位3位。电工常见叫法：三相三线。

4P：接三根火线，一根零线，用在380V的线路中，占位4位。电工常见叫法：三相四线。

3.2.2 常见的C型和D型断路器的区别

C型和D型断路器区别说明如图3-6所示。

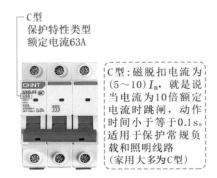

C型
保护特性类型
额定电流63A

C型：磁脱扣电流为(5～10)I_n，就是说当电流为10倍额定电流时跳闸，动作时间小于等于0.1s。适用于保护常规负载和照明线路（家用大多为C型）

D型
保护特性类型
额定电流40A

D型：磁脱扣电流为(10～20)I_n，就是说当电流为20倍额定电流时跳闸，动作时间小于等于0.1s。适用于保护具有很高冲击电流的设备、启动电流较大的负载，如直接启动的小电机

图3-6 断路器说明

3.2.3 断路器外部结构

断路器外部结构如图3-7所示。

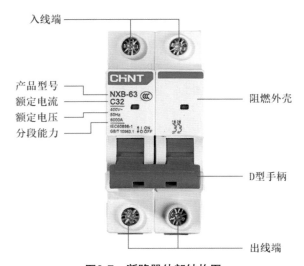

入线端

产品型号
额定电流
额定电压
分段能力

阻燃外壳

D型手柄

出线端

图3-7 断路器外部结构图

3.2.4 断路器内部结构

断路器内部结构如图3-8所示。

3.2.5 常见问题

① 断路器C型和D型使用上有什么区别？

答：C型主要用于配电控制与照明保护；D型主要用于电动机保护。

② 如何计算电器电流大小？

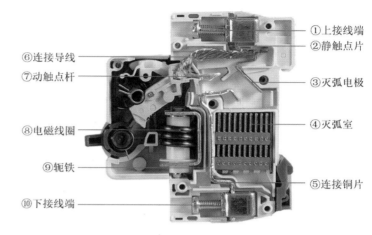

图3-8 断路器内部结构图

①上接线端
②静触点片
③灭弧电极
④灭弧室
⑤连接铜片
⑥连接导线
⑦动触点杆
⑧电磁线圈
⑨轭铁
⑩下接线端

答：电器功率除以电压等于电器的电流：$P(W)/U(V)=I(A)$。

③ 单极、双极、三极有什么区别？

答：单极（IP）220V切断火线，双极（2P）220V火线和零线同时切断，三极（3P）380V三相电全部切断。

④ 断路器上C6、C10、C25、C32、C63是什么意思？

答：C是断路器的分类，数字代表断路器的额定电流。

⑤ 如何选择合适的断路器？

答：在选择断路器时，应选择比导线承载电流能力小的断路器。如BV2.5导线承受电流20A，断路器应选择20A以下的。

3.2.6 家用型号选择

家用断路器型号选择如表3-1所示。

表3-1　家用断路器型号选择

序号	额定电流	铜芯线	负载功率	适用场景
1	1~5A	<1mm	<1100W	小功率设备
2	6A	≥1mm	≤1320W	照明
3	10A	≥1.5mm	≤2200W	照明
4	16A	≥2.5mm	≤3520W	照明；插座；1~1.5匹空调
5	20A	≥2.5mm	≤4400W	卧室插座；2匹空调
6	25A	≥4mm	≤5500W	厨卫插座；2.5匹空调
7	32A	≥6mm	≤7040W	厨卫插座；3匹空调；6kW快速热水器
8	40A	≥10mm	≤8800W	8kW快速热水器；电源总闸
9	50A	≥10mm	≤11000W	电源总闸
10	63A	≥16mm	≤13200W	电源总闸
11	80A	≥16mm	≤17600W	电源总闸
12	100A	≥25mm	≤22000W	电源总闸
13	125A	≥35mm	≤27500W	电源总闸

注意：断路器与导线和使用的功率范围都需要配套，否则容易出现频繁跳闸、接线柱烧毁等情况。

3.3 漏电保护器

漏电保护器外形、符号如图3-9、图3-10所示。

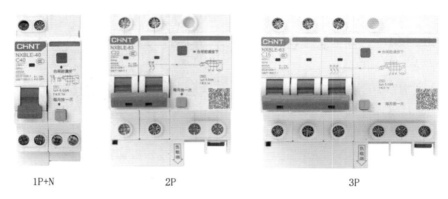

1P+N   2P   3P

图3-9　漏电保护器

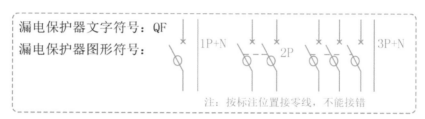

图3-10　漏电保护器符号图

3.3.1 漏电保护器的外部结构

漏电保护器的外部结构如图3-11所示。

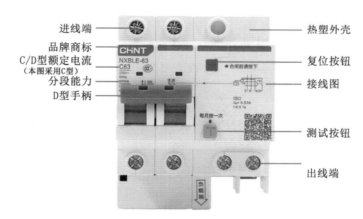

图3-11　漏电保护器外部结构

漏电保护器的功能：过载保护、短路保护、漏电保护。漏电保护器一般分为C型和D型，C型一般用于家庭用途，D型一般用于工业用途。

3.3.2 漏电保护器的使用方法

① 把██向上推，██没突出，为通电状态。此时，按一下██便可对漏电保护装置进行

测试。

② 如果 ▄▟▄ 自动向下跳动，并且 ▄ 自动弹起，此时处于断电状态，说明漏电保护装置能正常使用。

③ 如果按一下 ▄ 后手柄没有向下跳动，并且 ▄ 没有自动弹起，此时处于通电状态，说明漏电保护装置出现问题，不能起到保护作用，需要更换新漏电装置。

④ 检查完成后，如果漏电保护装置正常（手柄自动向下跳动，并且 ▄ 自动弹起），此时处于断电状态，可以先按下弹起的 ▄，再向上推手柄，就又可以正常通电了。

3.4 熔断器

熔断器外形及符号如图3-12、图3-13所示。

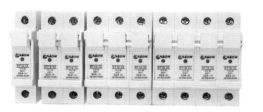

图3-12 熔断器外形

熔断器文字符号：FU
熔断器图形符号：

图3-13 熔断器符号图

熔断器（fuse）是一种当电流超过规定值时，以其自身产生的热量使熔体熔断，断开电路的电流保护器。熔断器广泛应用于高低压配电系统、控制系统以及用电设备中，作为短路和过电流保护器，是应用普遍的保护器件之一。

3.4.1 熔断器的结构

熔断器的结构如图3-14所示。

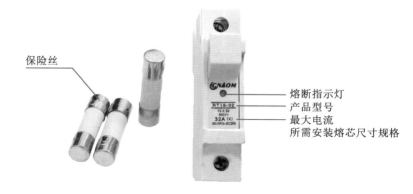

图3-14 熔断器的结构

3.4.2 保险丝常识

① 看——保险丝（熔丝、熔体等）两头有铜帽，有一头有刻字，比如F1A250V，表示是1A保险丝，A是电流单位，1A表示保险丝承受电流的数值。

② 量——长度20mm、直径5mm的是5×20保险丝，长度是30mm、直径6mm的是6×30保险丝。

③ 计算——如果不知道要几安保险丝，可以根据使用的电器功率计算出电流的大小，计算方法是：

$$P（电器的瓦数）/U（电压）=A（电流）$$

在实际中，可以适当地加大保险丝的可承受电流，比如500W的电器，电压220V，电流为500W/220V=2.27A，可以选择2.5A的保险丝。

3.5 热继电器

热继电器外形、符号如图3-15、图3-16所示。

图3-15　热继电器外形

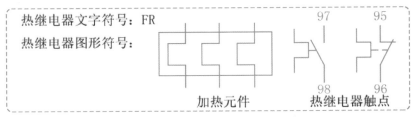

图3-16　热继电器符号

3.5.1 热继电器结构

热继电器结构如图3-17、图3-18所示。

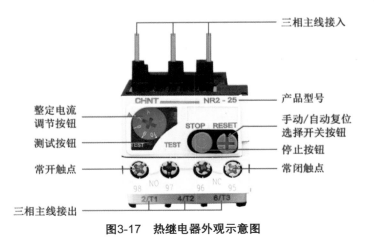

图3-17　热继电器外观示意图

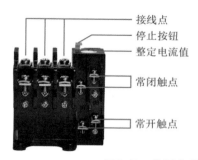

图3-18　热继电器端子与底面示意图

接线点
停止按钮
整定电流值
常闭触点
常开触点
测试按钮

3.5.2 热继电器工作原理

热继电器结构如图3-19所示。

电动机正常运行时,加热元件产生的热量虽能使主双金属片2弯曲,但不足以使热继电器动作,只有当电动机过载时,加热元件产生大量热量使双金属片弯曲加大,从而推动导板3左移,通过补偿双金属片14与簧片9将动触点连杆5和静触点4分开。动触点连杆5和静触点4是热继电器串接于接触器电气控制线路中的常闭触点,一旦两触点分开,就使接触器线圈断电。再通过接触器的常开主触点断开电动机的电源,使电动机获得保护。

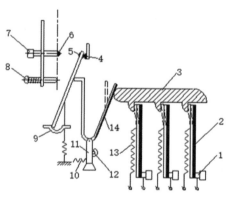

图3-19　热继电器结构

1—接线端子;2—主双金属片;3—推动导板;4—静触点;5—动触点连杆;6—常开触点;7—复位调节螺钉;8—复位按钮;9—簧片;10—弹簧;11—支撑件;12—偏心轮;13—热元件;14—补偿双金属片

3.5.3 热继电器的作用

热继电器作用具有断相保护能力的热继电器可以在三相中的任意一相或两相断电时动作,自动切断电气控制线路中接触器的线圈,从而使主电路中的主触点断开,使电动机获得断相保护。

电动机断相运行是电动机烧毁的主要原因。星形接法电动机绕组的过载保护采用三相结构热继电器即可;而对于三角形接法的电动机,断相时在电动机内部绕组中,电流较大的一相绕组的相电流将超过额定相电流,由于热继电器加热元件串接在电源进线位置,所以不会动作,导致电动机绕组因过热而烧毁,因此必须采用带断相保护的热继电器。

3.5.4 手动/自动复位原理

手动/自动复位旋钮如图3-20所示。

手动/自动复位旋钮是常闭触点复位方式调节旋钮。当手动/自动复位旋钮位置靠左时,电动机过载后,常闭触点断开,电动机停止后,热继电器双金属片冷却复位。常闭触点的动触点在弹簧的作用下会自动复位。此时热继电器为自动复位状态。将手动/自动复位旋钮顺时针旋转向右调到一定位置时，若这时电动机过载，热继电器的常闭触点断开，电动机断电停止后，动触点不能复位，必须按动复位按钮后动触点方能复位，此时热继电器为手动复位状态。若电动机过载是故障性的，为了避免再次轻易地启动电动机，热继电器宜采用手动复位方式。若要将热继电器由手动复位方式调至

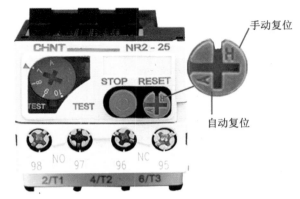

图3-20　热继电器手动/自动复位旋钮

自动复位方式，只需将手动/自动复位旋钮顺时针旋至适当位置即可。

3.5.5 热继电器选择方法

热继电器主要用于电动机的过载保护、断相保护及三相电源不平衡保护，对电动机有着很重要的保护作用，因此选用时必须了解电动机的情况，如工作环境、启动电流、负载性质、工作制、允许过载能力等，见表3-2。

① 原则上应使热继电器的安秒特性尽可能接近甚至重合电动机的过载特性或者在电动机过载特性之下，同时在电动机短时过载和启动的瞬间，热继电器应不受影响（不动作）。

② 当热继电器用于保护长期工作制或间断长期工作制的电动机时，一般按电动机的额定电流来选用。例如，热继电器的整定值可等于1.15～1.2倍的电动机额定电流，或者取热继电器整定电流的中值等于电动机的额定电流，然后进行调整。

③ 当热继电器用于保护反复短时工作制的电动机时，热继电器仅有一定范围的适应性。如果短时间内操作次数很多，就要选用带速饱和电流互感器的热继电器。

④ 对于正反转和通断频繁的特殊工作制电动机，不宜采用热继电器作为过载保护装置，而应使用接入电动机绕组的温度继电器或热敏电阻来保护。

表3-2　热继电器常用选型表

三相电动机功率/kW	热继电器应选规格/A	应设置保护电流值
0.4～0.5	0.68～1.1	
0.6～0.7	1.1～6	
0.8～1.1	1.5～2.4	
1.2～1.6	2.2～3.5	调整转盘数值至电动机的额定电流值——"kW"前面的数字乘2（可根据实际工作电流值设置得略微偏大一些，严禁设置过大于额定电流的值，否则热继电器将失去保护电动机的作用。如果设置小于电动机的额定电流的值，则会引起不必要的断电保护，因此应合理设置）
1.7～2.3	3.2～5	
2.4～3.4	4.5～7.2	
3.5～5	6.8～11	
5.5～7	10～16	
7.5～10	14～22	
10.5～14	20～32	
15～20	28～45	

使用注意事项：

① 热继电器主要应用于三相电动机的过载、断相保护。

② 热继电器通常要搭配交流接触器一起工作。

③ 若电动机为单相220V，因热继电器有断相保护功能，因此接线时要三相都接，跳线即可，否则不能正常工作，推荐使用单相220V电动机保护器。

④ 若设备为加热型而非电机类，则不建议用热继电器。热继电器是电流保护，加热设备需要温度保护。

⑤ 热继电器断电保护时电路正常工作，应合理设置保护电流数值。

⑥ 保护电动机更专业的产品推荐使用电动机保护器。

3.6 中间继电器

中间继电器符号如图3-21所示。

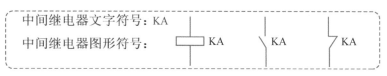

图3-21 中间继电器符号

中间继电器接线实物图（直流），如图3-22所示。

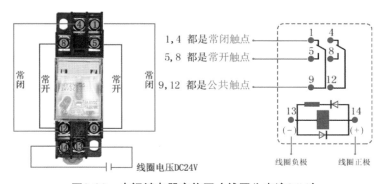

图3-22 中间继电器实物图（线圈为直流24V）

线圈电压为直流12V、24V、48V。线圈端子为13和14，14接正极，13接负极。此图为2组常开常闭，1组是9为公共触点，5为常开触点，1为常闭触点；另1组12为公共触点，8为常开触点，4为常闭触点。线圈14和13得电，常开触点导通，常闭触点断开。

中间继电器接线实物图（交流）如图3-23所示。

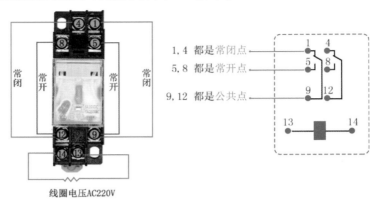

图3-23 中间继电器实物图（线圈为交流220V）

> 线圈电压为交流110V、220V、380V。线圈端子为13和14。此图为2组常开常闭，1组是9为公共触点，5为常开触点，1为常闭触点；另1组12为公共点，8为常开触点，4为常闭触点。线圈14和13得电，常开触点导通，常闭触点断开。

中间继电器说明：用于继电保护与自动控制系统中，以增加触点的数量及容量。它用于在控制电路中传递中间信号。中间继电器的结构和原理与交流接触器基本相同，与接触器的主要区别在于接触器的主触点可以通过大电流，而中间继电器的触点只能通过小电流，所以只能用于控制电路中。它一般是没有主触点的，因为过载能力比较小，所以它用的全部都是辅助触点，数量比较多。新国标中中间继电器的符号是K，旧国标是KA。它一般是直流电源供电，少数使用交流供电。

3.7 交流接触器

交流接触器是一种接通或切断电动机或负载主电路的自动切换电器。它是利用电磁力来使开关闭合或断开的电器，适用于频繁操作、远距离控制的强电电路，并具有低压释放的保护性能。如图3-24、图3-25所示。

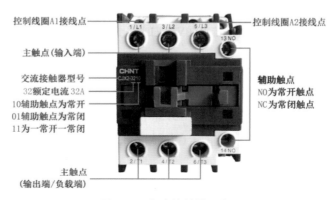

图3-24 交流接触器示意图

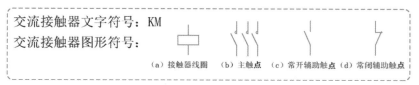

图3-25 交流接触器符号

① 线圈电压AC220V。常见交流接触器的线圈电压有24V、36V、220V、380V。

② 11表示一组常开辅助触点，一组常闭辅助触点；01表示一组常闭辅助触点；10表示一组常开辅助触点。

③ 32是额定电流32A（三组主触点，每组最大可以承载32A）。

④ 常开触点（13、14）是NO，常闭触点（21、22）是NC。

3.7.1 交流接触器面板介绍

交流接触器面板如图3-26所示。

图3-26 交流接触器面板

说　明

① 产品型号。CJX2-12 12为额定电流12A，即长期连续工作时允许电流。

② 认证标志。

③ 绝缘电压U_i：690V。

④ 约定自由空气发热电流I_{th}：20A。各部件的温度升高不超过规定极限值能承载的最大电流。

⑤ 额定工作电压、电流、功率。框中，220V工作电压下，电流12A可带3kW以内负载。

⑥ 符合的标准号。GB/T 14048.4，IEC/EN 60947-4-1。

3.7.2 交流接触器工作原理

交流接触器内部结构如图3-27所示。

交流接触器是根据电磁原理工作的，当电磁线圈5通电后产生磁场，使静铁芯6产生电磁吸力吸引动铁芯4向下运动，使主触点1（一般三对）闭合，同时常闭辅助触点2（一般两对）断开，常开辅助触点3（一般两对）闭合。当线圈断电时，电磁力消失，主触点在弹簧8作用下向上复位，各触点复原（即三对主触点断开、两对常闭辅助触点闭合、两对常开辅助触点断开）。

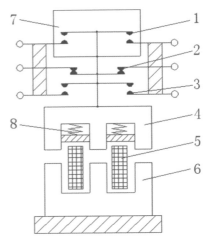

图3-27 交流接触器内部结构图

1—主触点；2—常闭辅助触点；3—常开辅助触点；4—动铁芯；5—电磁线圈；6—静铁芯；7—灭弧罩；8—弹簧

3.7.3 交流接触器选择

电动机与交流接触器型号选择对应表如表3-3所示。

表3-3 电动机与交流接触器型号选择对应表

功率/kW	电流/A	接触器/A	接触器型号	断路器/A
3	6	9	0910	16
4	8	12	1210	25
5.5	11	18	1810	32
7.5	15	25	2510	40
11	22	32	3210	50
15	30	40	4010	63
18.5	37	50	5010	80
22	44	65	6510	80
30	60	80	8010	100

断路器取1.5～2.5倍的电动机额定电流。

接触器取1.5～2倍的电动机额定电流。

接触器和热继电器一般搭配使用，热继电器取1.15～1.2倍的电动机额定电流。

3.8 时间继电器

时间继电器是从得到输入信号（线圈通电或断电）起，经过一段时间延时后触点才工作的继电器，其外形和符号如图3-28、图3-29所示，适用于定时控制，分为通电延时型和断电延时型。

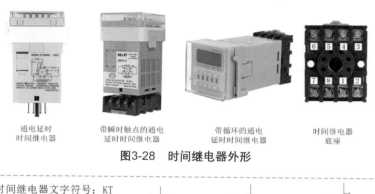

通电延时   带瞬时触点的通电   带循环的通电   时间继电器
时间继电器   延时时间继电器   延时时间继电器   底座

图3-28　时间继电器外形

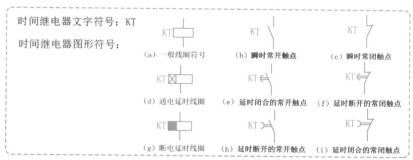

图3-29　时间继电器图形符号

通电延时型时间继电器通电后，经过延时，常闭触点断开，常开触点闭合，失电后复位。带瞬时触点的通电延时型时间继电器通电后，瞬时触点接通，经过延时后，常闭触点断开，常开触点闭合，失电后复位。

注意：不带复位功能的时间继电器需手动断电重启才能复位时间。

3.8.1 时间继电器面板介绍

时间继电器面板如图3-30所示。

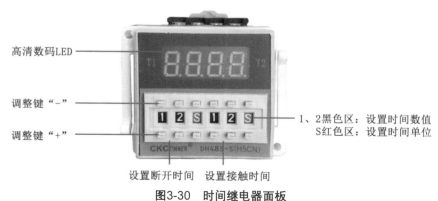

高清数码LED

调整键"－"

调整键"＋"

1、2黑色区：设置时间数值
S红色区：设置时间单位

设置断开时间　设置接触时间

图3-30　时间继电器面板

3.8.2 时间继电器时间设定

（1）循环时间设置方法

循环时间设置方法如图3-31所示。

示例：指示灯设置 06S08S
表示：指示灯亮 8s，灭 6s，再
亮 8s，如此循环

图3-31 循环型时间继电器循环时间设置方法

例如设定T1时间8s，T2时间6s，通电后T1开始进行延时，继电器处于不动作状态（释放），当T1延时到达8s时，时间继电器延时常开触点吸合，延时常闭触点断开；此时T2延时开始，当T2延时到达6s，时间继电器延时常开触点断开，延时常闭触点吸合；单次执行工作方式到此结束，若为周而复始工作方式，则T1继续延时，重复以上过程进行延时状态转换。

（2）通断时间设置方法

通断时间设置方法如图3-32所示。

示例：指示灯设置 00S08S
表示：指示灯亮 8s 就灭掉，
之后再也不亮

图3-32 循环型时间继电器通断时间设置方法

例如设定T1的时间为8s，通电后开始进行延时，继电器处于不动作状态（释放），当T1延时到达8s时，时间继电器延时常开触点吸合，延时常闭触点断开。

（3）复位继电器

在运行过程中任意时间切断电源大于1s或输入复位信号，时间即回到T1=0状态开始计时，同时继电器处于释放状态，重新开始工作。

（4）暂停继电器

在运行过程中任意时间输入暂停信号，时间继电器将暂停工作，取消暂停信号后，时间继电器将延续暂停前的动作继续工作。

3.8.3 时间继电器的使用及接线

时间继电器的底座端子如图3-33所示。

继电器接线：
②—⑦接入电源
⑧—⑥常开触点
⑧—⑤常闭触点
①—③复位
①—④暂停

图3-33　时间继电器底座端子介绍

① 控制220V，功率小于800W的阻性负载时可直接使用，具体接线如图3-34所示。

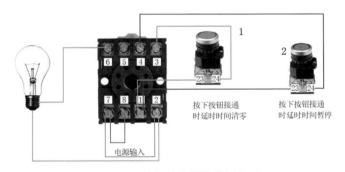

图3-34　时间继电器接线示意图

②和⑦接入电源AC220V。按下按钮1，①和③导通，时间复位清零。按下按钮2，①和④导通，时间暂停。灯泡一端接电源输入②号端子，另一端接⑥号端子。延时时间到，⑧和⑥导通，灯泡点亮。

注意：⑧、⑤端子也可以接另外一组负载，实现交替循环动作；①、③、④端子不能输入电压，否则产品会烧毁。

② 控制220V，功率大于800W的阻性负载时需要配套相应电流的接触器使用，具体接线如图3-35所示。

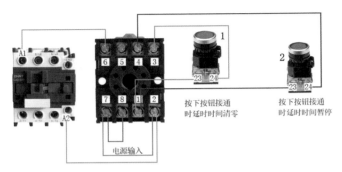

图3-35　时间继电器与交流接触器接线

②和⑦接入电源AC220V。按下按钮1，①和③导通，时间复位清零。按下按钮2，①和④导通，时间暂停。接触器线圈A2接电源输入②号端子，A1接⑥号端子。延时时间到，⑧和⑥导通，接触器吸合。

3.9　液位继电器

液位继电器是控制液面的继电器，其外观如图3-36所示，这是一种内部有电子线路的继电器。利用液体的导电性，当液面达到一定高度时，继电器就会动作，切断电源；当液面低于一定位置时，接通电源使水泵工作，达到自动控制的作用。自动控制由传感器和控制执行机构组成。液位控制器的传感器一般是导线，由于水的导电性较差，不能直接驱动继电器，所以要由电子线路将电流放大，以推动继电器工作。控制点分高、低、中三挡，高控制点为水位溢出点，自动控制水位高度，水位到此自动停止；中控制点为水位自动加水点，水位在这个点时自动启动加水装置。

图3-36　液位继电器

3.9.1 液位继电器接线

图3-37中①、⑧端子为继电器工作电源接线端子，电源有AC380V和AC220V两种，图中液位继电器电源为AC220V，即①端子接L1，⑧端子接N。

②、③、④端子输出液位继电器的自动控制信号，输出端子工作电压为AC220V，③端子为输出信号公共端，②和③之间输出

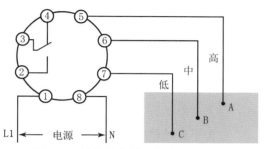

图3-37 液位继电器底座端子示意图

供水泵液位控制信号，③和④之间输出排水泵液位控制信号。⑤、⑥、⑦为水池中液位电极A、B、C对应的接线端子，液位电极端子间为DC24V的安全电压。

⑤端子接高水位电极A，⑥端子接中水位电极B，⑦端子接水池中位置最低的公共电极C。

3.9.2 液位继电器使用说明

"高"为水池上限液位控制点，水位上升达到高点水位，水与探头（电极）接触，控制器②、③触点断开，③、④触点接通。

"中"为水池下限液位控制点，水位下降至中点水位以下，水与探头（电极）脱离接触，②、③触点接通，③、④触点断开。

"低"为水池底线，放在水池的最低点，与水池底部接触。

（1）HHY1G（供水型）

接线及功能如图3-38所示。

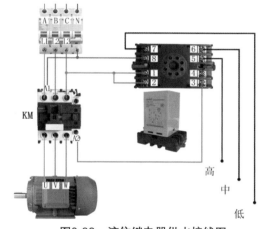

图3-38 液位继电器供水接线图

"中"为水池下限液位控制点，水位下降至中点水位以下，水与探头（电极）脱离接触，②和③常开触点导通，接触器吸合，控制器自动开泵，给水池加水。

"高"为水池上限液位控制点，水位上升达到高点水位，水与探头（电极）接触，②和③断开，接触器断开，控制器自动关泵，停止供水。

"低"为水池底线，必须低于水池下限液位控制点。

（2）HHY1P（排水型）

接线及功能如图3-39所示。

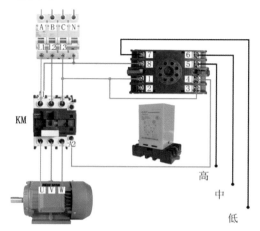

图3-39　液位继电器排水接线图

"高"为水池上限液位控制点，水位上升达到高点水位，水与探头（电极）接触，③和④常开触点导通，接触器吸合，控制器自动开泵，开始排水。

"中"为水池下限液位控制点，水位下降至中点水位以下，水与探头（电极）脱离接触，③和④断开，接触器断开，控制器自动关泵，停止排水。

"低"为水池底线，必须低于水池下限液位控制点。

注意：

① 220V继电器单独控制负载≤1000W，380V继电器单独控制负载≤1800W，超功率需要搭配交流接触器使用。

② 为避免继电器频繁开关，中水位探头最好置于中间，不要太靠近低水位或高水位探头。

③ KM为交流接触器，A1、A2为交流接触器的线圈。

3.10 速度继电器

速度继电器是利用电磁感应原理制作的，广泛用于机械运动部件的速度控制和反接控制快速停车，如车床主轴、铣床主轴等。速度继电器具有结构简单、工作可靠、价格低廉等特点，故有众多机械采用。速度继电器主要用于三相笼型电动机的反接制动电路，也可在异步电动机能耗制动电路中用于电动机停转后自动切断直流电源。

（1）速度继电器的结构及原理

速度继电器（图3-40）的转子2由永磁材料制成并与电动机同轴连接，电动机转动时永磁转子跟随电动机转动，笼型绕组4切割转子磁场产生感应电动势及环内电流，环内电流在转子磁铁作用下产生电磁转矩使笼型绕组套3跟随转子转动方向偏转，即转子顺时针转动时，笼型绕组套随之沿顺时针方向偏转，而转子逆时针方向转动时，笼型绕组套就随之沿逆时针方向偏转。

（2）速度继电器的电气符号

速度继电器的图形及文字符号如图3-41所示。

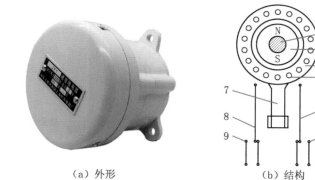

（a）外形　　　　　（b）结构

图3-40　速度继电器的结构图

1—转轴；2—永磁转子；3—绕组套；4—笼型绕组；5，8—簧片；6，9—静触点；7—摆锤

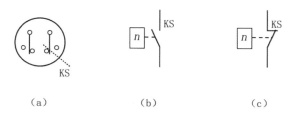

（a）　　　　　　（b）　　　　　　（c）

图3-41　速度继电器的图形及文字符号

（3）速度继电器的应用案例（图3-42）

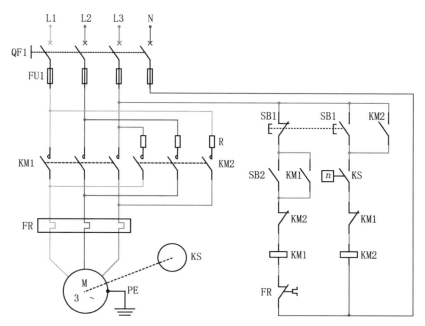

图3-42　速度继电器的反接制动

工作原理：电路分为主回路与控制回路，分两部分说明。

主回路：QF1闭合，KM1线圈得电，电动机正向转动，当KM1失电，KM2线圈得电，电动机反接制动。当电动机速度小于一定值时，反接制动停止，KM2线圈失电。

控制回路启动：按下启动按钮SB2，电动机正转，当电动机达到一定速度，KS常开触点闭合，常闭触点断开。

控制回路反接制动：按下停止按钮，SB1常开触点闭合，常闭触点断开，KM1失电，KM2线圈得电，电动机反接制动，当电机速度小于速度继电器的动作值时，常开触点断开，KM2线圈失电，电动机停止。

3.11　光电开关、接近开关

光电开关、接近开关如图3-43所示。

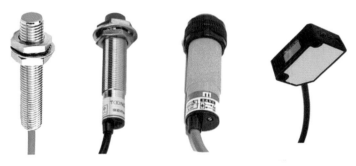

图3-43　光电开关、接近开关

光电开关是光电接近开关的简称，是利用被检测物对光束的遮挡或反射，由同步回路接通电路，从而检测物体的有无。物体不限于金属，所有能反射光线（或者对光线有遮挡作用）的物体均可以被检测。光电开关将输入电流在发射器上转换为光信号射出，接收器再根据接收到的光线的强弱或有无对目标物体进行探测。

接近开关：一种无需与运动部件进行机械直接接触就可以操作的位置开关，当物体接近接近开关的感应面到动作距离时，不需要机械接触及施加任何压力即可使开关动作，从而驱动直流电器或给控制器（PLC）等装置提供控制指令，广泛应用于机床、冶金、化工、轻纺和印刷等行业，在自动控制系统中可用于限位、计数、定位控制和自动保护等环节。如图3-44所示。

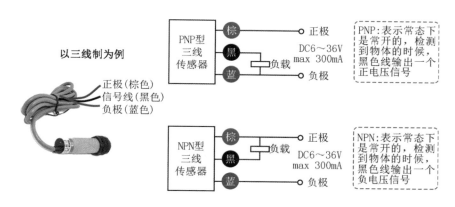

图3-44　PNP与NPN接线图

二线/三线/四线传感器接线如图3-45所示。

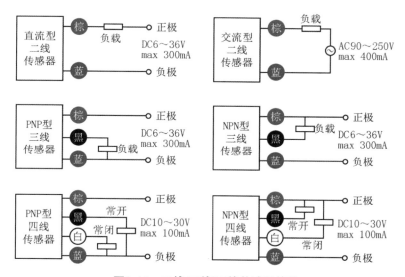

图3-45　二线/三线/四线传感器接线

NPN：表示共正电压，输出负电压。

PNP：表示共负电压，输出正电压。

NPN NO：表示常态下是常开的，检测到物体时黑色线输出一个负电压信号。

NPN NC：表示常态下黑色线是输出负电压信号，检测到物体时，断开输出信号。

PNP NO：表示常态下时常开的，检测到物体时黑色线输出一个正电压信号。

PNP NC：表示常态下黑色线是输出正电压信号，检测到物体时，断开输出信号。

3.12 按钮开关

按钮开关主要用于低压控制电路中，手动发出控制信号以控制接触器、继电器等。按钮开关的触点允许通过的电流较小，一般不超过5A。如图3-46、图3-47所示。

图3-46　按钮开关

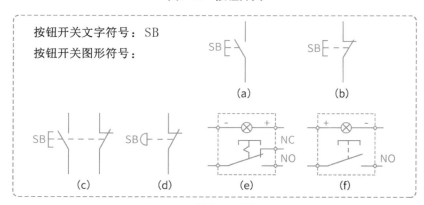

图3-47　按钮图形符号图

为便于识别各按钮开关的作用，避免误操作，在按钮帽上标有不同标志并采用不同颜色以示区别。一般红色表示停止按钮，绿色或黑色表示启动按钮。

不同场合使用的按钮开关应制成不同的结构，例如紧急式按钮装有凸出的蘑菇形按钮帽以便于紧急操作，旋钮式按钮通过旋转按钮进行操作，指示灯式按钮在透明的按钮帽内装有指示灯进行信号显示，钥匙式按钮必须用钥匙插入方可进行旋转操作。

3.12.1 复归型按钮开关

复归型按钮开关如图3-48所示。

复归：按下后，手离开按钮后按钮马上弹起。

图3-48　复归型按钮开关

3.12.2 自锁型按钮开关

自锁型按钮开关如图3-49所示。

自锁:按下后,按钮会陷下去,再按一下才会弹起来。

3.12.3 带灯按钮开关

带灯按钮开关如图3-50所示。

带灯按钮开关:有一组(23/24)常开触点和一组(X1/X2)指示灯,没有自锁功能。

图3-49 自锁型按钮开关　　图3-50 带灯按钮开关

3.12.4 急停按钮开关

急停按钮开关如图3-51所示。

急停按钮开关:有红色大蘑菇头钮头凸出于外,可以作为紧急时切断电源用的一种按钮开关,代号为J或M。

3.12.5 按钮开关的触点

双绿为两常开,双红为两常闭,一红一绿为一常闭一常开,如图3-52和图3-53所示。

图3-51 急停按钮开关

常闭触点
平常处于接通状态,
按下之后断开

常开触点
平常处于断开状态,
按下之后接通

图3-52 按钮开关底座

 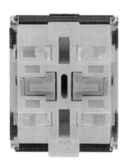 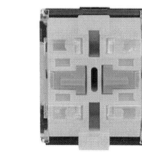

一开一闭　　　　　　两常开　　　　　　两常闭

图3-53 按钮开关的触点类型

按钮颜色的分类如表3-4所示。

表3-4　按钮颜色的分类

按钮颜色	含义	说明	应用示例
红	紧急	危险或紧急情况时操作	急停
黄	异常	异常情况时操作	干预制止异常情况
绿	正常	正常情况时启动操作	—
蓝	强制性	要求强制动作情况下操作	复位功能
白	未赋予特定含义	除紧急外的一般功能的启动	启动/接通（优先）、停止/断开
灰			启动/接通、停止/断开
黑			启动/接通、停止/断开（优先）

3.13 指示灯

指示灯外形及符号如图3-54所示。

指示灯文字符号：HL　　指示灯图形符号：⊗

图3-54　指示灯外形及符号

3.13.1 指示灯结构

指示灯结构如图3-55所示。

灯罩

灯芯

橡胶圈

紧固件

阻燃外壳

防尘盖

图3-55　指示灯的结构图

3.13.2 指示灯工作原理及主要参数

指示灯的接线如图3-56所示。

图3-56　指示灯的接线图

合上开关，指示灯亮。

断开开关，指示灯灭。

指示灯电压：AC12V/24V/220V/380V。

指示灯颜色：红、绿、黄、蓝。

红、绿指示灯的作用：

① 指示电气设备的运行与停止状态；

② 监视控制电路的电源是否正常；

③ 利用红灯监视跳闸回路是否正常，用绿灯监视合闸回路是否正常。

3.13.3 指示灯颜色代表的含义

指示灯的颜色含义如图3-57所示。

 红色—表示危险、告急、停止或断开，一般用HR、PL表示。

 黄色—表示注意或警告，一般用HY、YL表示。

 绿色—表示安全、正常或允许进行，一般用HG、GL表示。

 白色—无特定含义指示，用HW、WL表示。

 蓝色—表示按需要赋予的特定含义，一般用HB、BL表示。

图3-57　指示灯的颜色含义

3.14 行程开关

3.14.1 行程开关的外形及符号

行程开关的外形及符号如图3-58所示。

行程开关的外观　　　　　行程开关的文字符号及图形符号

图3-58　行程开关外形及符号

行程开关又称限位开关，工作原理与按钮开关类似，不同的是行程开关触点动作不靠手工操作，而是利用机械运动部件的碰撞使触点动作，从而将机械信号转换为电信号，再通过其他电器间接控制运动部件的行程、运动方向或进行限位保护等。

3.14.2 行程开关的结构和工作原理

行程开关的结构及工作原理如图3-59所示。

当运动机械的挡铁撞到行程开关的滚轮时，传动杠杆连同转轴一起转动，使凸轮推动撞块，当撞块被压到一定位置时，推动微动开关快速动作，使其常闭触点分断、常开触点闭合，当滚轮上的挡铁移开后，复位弹簧就使行程开关各部分恢复原始位置。这种单轮自动恢复的行程开关是依靠本身的复位弹簧来复原的。

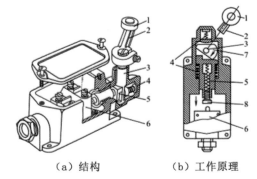

（a）结构　　（b）工作原理

图3-59　行程开关结构及工作原理示意图

1—滚轮；2—杠杆；3—转轴；4—复位弹簧；5—撞块；6—微动开关；7—凸轮；8—调节螺钉

3.14.3 行程开关的选用

行程开关选用时根据使用场合和控制对象确定行程开关种类。例如当机械运动速度不太快时通常选用一般用途的行程开关，在机床行程通过路径上不宜装直动式行程开关，而应选用凸轮轴转动式行程开关。行程开关的额定电压与额定电流应根据控制电路的电压与电流选用。

3.14.4 行程开关的应用

行程开关与交流接触器的接线如图3-60所示。

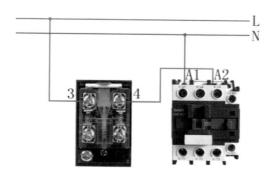

图3-60　行程开关与交流接触器接线图

3.15 浮球开关

浮球开关利用重力与浮力的原理设计而成，主要包括浮漂体，设置在浮漂体内的大容量微动开关和能将开关置于通、断状态的驱动机构，以及与开关相连的三芯电缆。当浮球在液体浮力的作用下随液位的上升或下降

图3-61　浮球开关

到与水平呈一定角度时，浮球体内的驱动机构驱动大容量微动开关，从而输出开（ON）或关（OFF）的信号，供报警提示或远程控制使用。如图3-61所示。

3.15.1 浮球开关的使用及接线

排水、供水的接线方式如下。

① 排水：使用棕色和黑色的电线（常开触点）。浮球在下液位时，接点是不通的状态，浮球在上液位时，接点是接通的状态。

② 供水：使用黑色和蓝色的电线（常闭触点）。浮球在上液位时，接点是不通的状态，浮球在下液位时，接点是接通的状态。如图3-62所示为PP材质电缆浮球液位开关工作时，浮球内部的微动开关示意图。液位在浮球下侧时，浮球下垂，黑色线（共线COM）与棕色线（常开NO）处于断开状态，黑色线与蓝色线（常闭NC）处于接通状态。当液位上升，浮球跟随浮起，并上扬28°左右（SUS材质开关为10°左右）时，棕色线与黑色线闭合，蓝色线与黑色线断开，从而达到控制目的。当液位下降时，浮球跟随下降直到浮球与水平线向下达28°左右（SUS材质开关为10°左右）时，各控制点恢复起始状态。

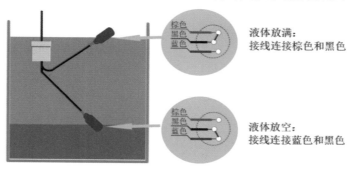

图3-62　浮球开关接线说明

3.15.2 重锤的使用方法

重锤安装在需要控制的水位的1/2处左右。如某用户水箱高2m，需要在水满的时候自动停水，那么重锤安装在1m处即可。如图3-63所示。

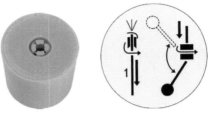

图3-63　浮球开关的重锤

重锤的安装方法：

① 将浮球开关的电线从重锤的中心凹圆孔处穿入后，轻轻推动重锤。使嵌在圆孔上方的塑胶环因电线头的推力而脱落。再将这个脱落的塑胶环套在电缆上所要固定的重锤上以设定水平位置，依次设置液位差。

② 轻轻推动重锤拉出电缆，直到重锤中心扣住塑胶环，重锤只要轻扣在塑胶环中便不会滑落。此塑胶环如有损坏或遗失，可用同径裸铜线扣入电缆代替。尽量避免使用中间接头，若不得已而有接头时，绝不可将电缆接头没入水中。

3.16 开关电源

开关电源（switch mode power supply，SMPS），又称交换式电源、开关变换器，是一种高频化电能转换装置，是电源供应器的一种。其功能是将一个位准的电压，通过不同形式的架构转换为用户端所需的电压或电流。开关电源的输入端多半是交流电源（如市电），而输出端多半是需要直流电源的设备（如个人电脑），开关电源就进行两者之间电压及电流的转换，如图3-64所示。

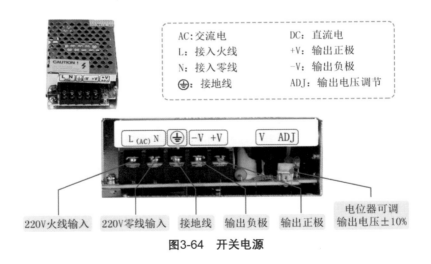

图3-64　开关电源

3.16.1 开关电源的组成

开关电源主要由主电路、控制电路、检测电路、辅助电源四大部分组成，如图3-65所示。

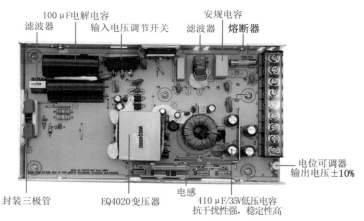

图3-65 开关电源内部结构图

（1）主电路

冲击电流限幅：限制接通电源瞬间输入侧的冲击电流。

输入滤波器：过滤电网存在的杂波及阻碍本机产生的杂波反馈回电网。

整流与滤波：将电网交流电源直接整流为较平滑的直流电。

逆变：将整流后的直流电变为高频交流电，这是高频开关电源的核心部分。

输出整流与滤波：根据负载需要，提供稳定可靠的直流电源。

（2）控制电路

一方面，从输出端取样，与设定值进行比较，然后去控制逆变器，改变其脉宽或频率，使输出稳定；另一方面，根据测试电路提供的数据，经保护电路鉴别，提供控制电路对电源的各种保护措施。

（3）检测电路

提供保护电路中正在运行的各种参数和各种仪表数据。

（4）辅助电源

实现电源的软件（远程）启动，为保护和控制电路（PWM等芯片）工作供电。

3.16.2 开关电源的基本参数

开关电源的基本参数如表3-5所示。

表3-5 开关电源基本参数

型号	S-50-24	输出功率/W	50
品名	开关电源	环境温度/℃	－10～+60
输入电压/V	AC86～132/AC186～264	电压可调	±10%
输出电压/V	24	产品尺寸	159mm×97mm×38mm

3.17 倒顺开关

倒顺开关也叫顺逆开关。它的作用是连通、断开电源或负载，可以使电动机正转或反转，主要是给单相、三相电动机做正反转控制用的电气元件。如图3-66所示。

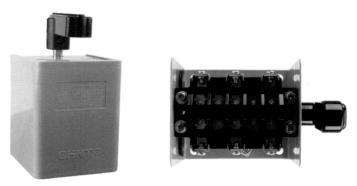

图3-66　倒顺开关

3.17.1 倒顺开关的示意图

倒顺开关示意图如图3-67所示。

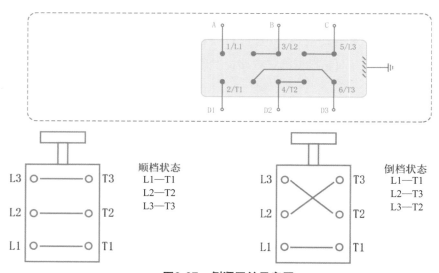

图3-67　倒顺开关示意图

倒顺开关接线：倒顺开关的L1、L2、L3接电源，T1、T2、T3接负载。

使用说明：倒顺开关有三个位置，即中间位停止、两侧位顺（正转）和倒（反转），正常选择顺挡位，电动机正转，选择倒挡位，电动机反转。

3.17.2 倒顺开关连接单相、三相电动机的示意图

连接示意图如图3-68所示。

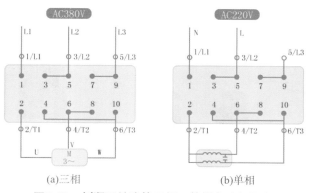

图3-68 倒顺开关连接三相、单相电动机示意图

3.17.3 倒顺开关连接三相电动机的实物图

连接实物图如图3-69所示。

图3-69 倒顺开关连接三相电动机实物图

3.18 电动机综合保护器

电动机综合保护器采用了先进的微机技术与高性能的集成芯片，整机功能强大、性能优越：测试精度高、线性度好、分辨率高、抗干扰能力强、保护动作可靠。如图3-70所示。

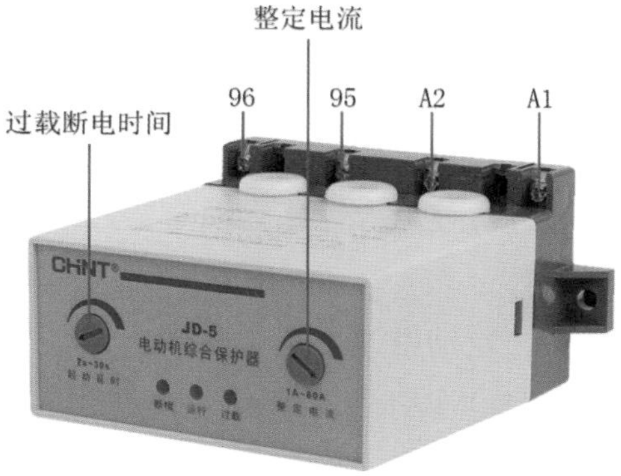

启动保护：在启动时间内，只对断相、过压、欠压、短路及三相电流不平衡进行保护。

过压保护：当工作电压高于工作电压的15%时，动作时间≤6s。

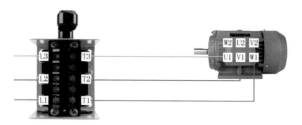

图3-70 电动机综合保护器

断相保护：当任何一相断相时，动作时间≤2s。

电动机综合保护器的常闭点95—96是闭合的，当线圈A1—A2得电，开始检测穿过互感器孔的三相电源线的电流大小，如检测到的电流超过设定电流或者某一相没有电流，保护器的常闭点95—96就会断开，切断主电源控制器，主电源断电保护电动机避免损坏。主回路三相电源线从电动机综合保护器三个互感器孔由上往下穿过。根据说明书上所标示的穿心匝数来穿。

3.18.1 电动机综合保护器接线图

接线如图3-71所示。

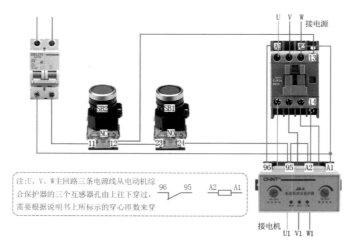

图3-71 电动机综合保护器接线图

控制说明：合上断路器，按下按钮SB1，接触器线圈A1和A2吸合，接触器常开辅助触点闭合，13、14接通，电动机综合保护器线圈A1和A2吸合，电动机综合保护器开始工作，电动机综合保护器的A2连接电动机综合保护器常闭触点95，96连接接触器的A1，从而实现自锁。

3.18.2 综合保护器常见问题及解决方法

① 过载怎么调？

启动时调大点，启动完毕，调至过载灯亮，再回调一点，过载灯似亮非亮状态下刚好。

② 电动机穿几匝？

1.5kW以上一次穿心；1.1kW的电动机穿2匝；0.22kW的电动机穿3匝。

③ 延时旋钮有什么用？

电动机启动时电流比较大，为了防止电动机因启动使电动机综合保护器误动作，应按电动机启动后到正常运行的时间调至所需的时间。

④ 缺相保护时间是多久？

缺相保护是瞬动，瞬动后不复位再次得电后复位。

⑤ 过载保护动作时间多久？

出厂默认脱扣等级为10级，也就是7.2倍的额定电流内5s内动作。过载灯亮才会在指定时间内跳闸。此参数可根据实际设定。

3.19 电接点压力表

电接点压力表的外形及图形符号如图3-72所示。

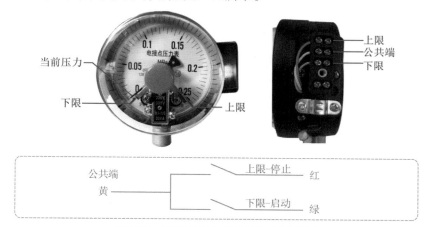

图3-72　电接点压力表外形及图形符号

电接点压力表有三个指针——上限指针、下限指针、当前压力指针。上限和下限都是常开点信号，当当前压力低于下限指示时，下限常开触点闭合；当当前压力高于上限指示时，上限常开触点闭合；如果当前压力在上下限范围内，上限、下限常开触点都是断开的状态。

3.19.1 电接点压力表供水控制回路接线图

接线如图3-73所示。

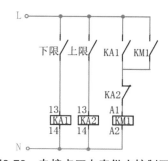

图3-73　电接点压力表供水控制回路

说明：电接点压力表的上、下限触点只能承受较小的电流，因此在使用的过程中，水泵的功率较大时要使用交流接触器进行过渡。如图3-73所示，使用KA2过渡。

3.19.2 电接点压力表常见问题

① 电接点压力表的工作原理。

首先电接点压力表有三个指针，分别是上限、下限、当前压力。压力表单位为MPa，设置好电接点压力表后，当压力达到设定压力时电动机停止工作。

② 如何区分电接点压力表的上限、下限，或者说常开、常闭？

这时可以使用万用表，将万用表打到蜂鸣挡，或者二极管挡，分别测电接点压力表的三条线，黄色为公共点，黄色和绿色是通的说明这是常闭触点，说明是下限。当实际压力低于设定的下限，电动机启动，实际压力到达设定的上限，电动机才会停止。用万用表继续测量红色和黄色线，发现没有阻值，说明这是常开触点，说明是上限，当实际压力到达设定的上限才会闭合。

3.20 固态继电器

固态继电器（solid state relay，SSR）是一种全部由固态电子元件组成的新型无触点开关器件，它利用电子元件（如开关三极管、双向晶闸管等半导体器件）的开关特性，可实现无触点、无火花接通和断开电路的目的，因此又被称为"无触点开关"。固态继电器是一种四端有源器件，其

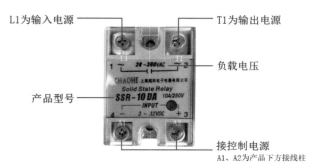

图3-74　固态继电器

中两个端子为输入控制端，另外两端为输出受控端，它既有放大驱动作用，又有隔离作用，很适合驱动大功率开关式执行机构，比电磁继电器可靠性更高，且无触点、寿命长、速度快，对外界的干扰也小，已得到广泛应用。如图3-74所示。

3.20.1 固态继电器的使用案例

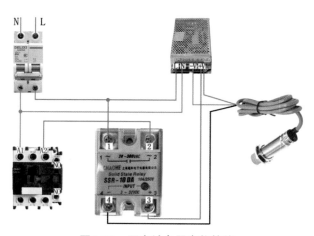

图3-75　固态继电器实物接线

如图3-75所示，当接近开关得电，固态继电器输入DC24V，触点1和2闭合，固态继电器的1接L，2接交流接触器的A2，交流接触器的A1接N，从而控制交流接触器的吸合。

3.20.2 选择固态继电器的方法

（1）选择类型

根据现场判断是交流控制交流、直流控制交流，还是直流控制直流。

（2）计算电流大小

$$设备电流 \div 系数 = 选型电流（系数：感性负载是20\%）$$

举例：一台额定电流是3A的电动机，电动机是感性负载，那么

$$3A \div 0.2 = 15A$$

选择15A的固态继电器。

（3）选择合适的散热器

固态继电器发热量较大，在负载电流高于10A时，必须使用散热器；须在固态继电器底板与散热器之间涂上导热硅脂（60A以上加风扇强冷或水冷）。

3.20.3 使用固态继电器应注意的事项

① 接线时要注意极性，以防接错造成产品损坏，导致无法使用。

② 多个固态继电器输入端可以串联和并联使用，应注意每个固态继电器触发电流大于5mA、关断电压小于DC1V。

③ 为防止负载短路或过流、过压导致产品损坏，应考虑外接保护措施。串接快速熔断保险丝（管）或空气开关等可以实现过流保护。

④ 产品内置RC吸收回路。固态继电器输出端关断时，仍有一定的漏电流输出，在使用或设计时请注意。感性负载较大的场合应用时，还需在外部再并联RC吸收回路以保护固态继电器。

⑤ 注意现场环境温度，温度过低或过高都会对固态继电器产生影响。若长时间在高温条件下和不同负载下，应加大固态继电器的电流额定余量（即固态继电器降额使用，见表3-6）。

表3-6　固态继电器与负载类型对应的降额系数

负载类型	电阻	电热	白炽灯	电磁铁	变压器	电机
降额系数	0.8	0.5	0.3	0.3	0.2	0.15

3.21 时控开关

时控开关（图3-76）广泛应用在生产和生活中，它能够根据用户设定的时间，自动打开和关闭各种用电设备的电源，控制对象可以是路灯、灯箱、霓虹灯、舞台控制灯、生产设备、农业养殖设施、仓库排风除湿设备、自动预热设备、广播电视设备等一切需要定时打开和关闭的电气设备和家用电器。

图3-76　时控开关

3.21.1 时控开关的使用方法

时控开关面板如图3-77所示。

图3-77 时控开关面板

（1）键盘锁

不按按键30s后自动锁定键盘，此时显示屏左下角出现一个"ᓬ"，表示键盘处于锁定状态。一经锁定，所有按键全部失效。按四下"取消/恢复"键解锁或上锁。

（2）时钟模式（设置当前时间）

直接按"星期""时""分"键便可设置当前时间，长按累加，设置"分"时"秒"会清零。

（3）定时模式（设置定时开启或关闭）

① 定时开启：按"定时"键，显示屏左下方出现"1开"字样（表示第一次开启时间），然后按"星期"键选择时控开关开启的星期（多种模式可选），再分别按"时""分"键设定好时控开关开启的时、分。

② 定时关闭：再按一次"定时"键，显示屏左下方出现"1关"字样（表示第一次关闭时间），其他操作同上。

③ 如果需要设置多组开、关时间，继续按"定时"键，显示屏左下方依次出现"2开""2关"…"16开""16关"字样，其他操作同上。

④ 以上操作完成后按"时钟"键确认。

"自动/手动"模式：以上操作完毕后按"自动/手动"键，将显示屏下方的"▼"符号调到"自动"位置，此时时控开关才能根据用户设定的时间自动开、关电路。若在使用过程中需要临时开、关电路，只需按"自动/手动"键将"▼"符号调到相对应"开"或"关"位置。

3.21.2 单双倒计时功能

单双倒计时功能：长按"定时"键+"时钟"键进入此功能。

（1）单倒计时模式

单倒计时模式见表3-7。

表3-7 时控开关单倒计时模式

步骤	按键	设定使用方法
1	直接按"时""分""星期"键	设定开启时间（时、分、秒均闪动）
2	按"自动/手动"键	时控开关开启，稳定显示进入倒计时状态，至0时0分0秒，时控开关关闭，显示器闪烁，显示步骤1设定值（初始值）

（2）双倒计时模式

双倒计时模式见表3-8。

表3-8　时控开关双倒计时模式

步骤	按键	设定使用方法
1	直接"时""分"，"星期"键	设定开启时间（时、分、秒均闪动）
2	按"时钟"键	进入关闭时间的设显示闪动的关（00:00:00）
3	按"时""分""星期"键	设定开启时间（时、分、秒均闪动）
4	按"自动/手动"	时控开关按开启和关闭设定的时、分、秒循环倒计时，只有按住"启动/暂停"键5s才结束循环和电平输出，进入步骤1显示状态

3.21.3 时控开关接线示意图

时控开关接线示意图如图3-78所示。

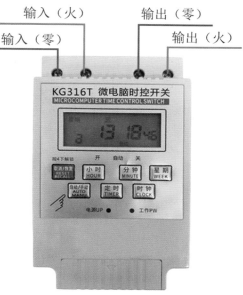

图3-78　时控开关接线示意图

3.21.4 时控开关控制交流接触器接线

时控开关控制交流接触器接线如图3-79所示。

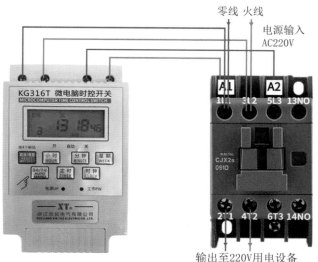

图3-79　时控开关控制交流接触器接线示意图

注意：小于600W，可直接使用时控开关控制；大于600W，需借助交流接触器。

第 4 章

常用电子元器件

4.1 电阻器件

电阻器（电阻）是电子设备中应用最多的元件之一，利用自身消耗电能的特性，在电路中起降压、限流等作用，在电路图里，通常用英文缩写"R"来代表电阻器。

4.1.1 电阻器的外形

电阻器是一种最基本的电子元件，外形如图4-1所示。

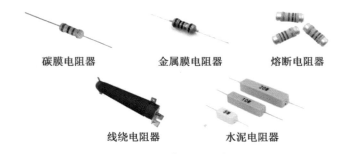

碳膜电阻器　　金属膜电阻器　　熔断电阻器

线绕电阻器　　　水泥电阻器

图4-1　电阻器的外形

电阻的表示符号：一般情况下，电阻常用R、RT、RF、FS等符号表示。在电路图中常见的电阻图形符号如图4-2所示。

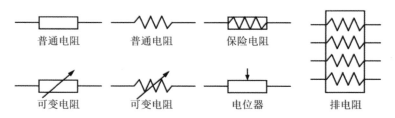

普通电阻　　　普通电阻　　　保险电阻　　　排电阻

可变电阻　　　可变电阻　　　电位器

图4-2　电阻器的图形符号

4.1.2 常见的电阻器类型

① 碳膜电阻器　采用高温真空镀膜技术将碳紧密附在瓷棒表面形成碳膜，然后加适当接头切割，并在其表面涂上环氧树脂密封保护而成的，表面一般为黄色。如图4-3所示。

特点：稳定，精密度较高；应用广泛，适用于直流、交流和脉冲电路。

图4-3　碳膜电阻器

② 水泥电阻器　用水泥（耐火泥）灌封的电阻器。将电阻丝绕在无碱性耐热瓷件上，外面加上耐热、耐湿及耐腐蚀材料保护固定，并把线绕电阻体放入方形瓷器框内，用特殊水泥充填密封而成。如图4-4所示。

特点：耐振、耐湿、耐热，价格低廉，完全绝缘，寿命长，防爆性能好。

图4-4　水泥电阻器

用途：水泥电阻通常用于功率大、电流大的场合，空调、电视机等基本上都会用到水泥电阻器。

③ 金属膜电阻器　用RJ作标志，是以特种金属或合金作电阻材料，用真空蒸发或溅射的方法，在陶瓷或玻璃基本上形成电阻膜层的电阻器。如图4-5所示。

特点：体积小、噪声小、稳定性好，但成本较高，在要求较高的通信机、雷达机、医疗和电子仪器中得到广泛应用，在收音机、录音机、电视机等民用电子产品中也得到较多应用。

④ 线绕电阻器　用电阻丝绕在绝缘骨架上构成的。特点是工作稳定，耐热性能好，误差范围小，阻值可精确到0.001Ω，价格较贵，多用于医疗设备和大功率设备，额定功率一般在1W以上。如图4-6所示。

图4-5　金属膜电阻器

图4-6　线绕电阻器

4.1.3　电阻器的主要参数

（1）区分电阻器的阻值

电阻器在出厂时会在表面标注阻值。标注在电阻器上的阻值称为标称阻值。电阻器的实际阻值与标称阻值往往有一定的差距，这个差距称为误差。电阻器标称阻值和误差的标注方法主要有直标法和色环法。

① 直标法　直标法是指用文字符号（数字和字母）在电阻器上直接标注出阻值和误差的方法。直标法的阻值单位有欧（Ω）、千欧（kΩ）和兆欧（MΩ）。

误差的表示一般有两种方式：一是用罗马数字Ⅰ、Ⅱ、Ⅲ分别表示误差为±5%、±10%、±20%，如果不标注误差，则误差为±20%；二是用字母来表示，各字母对应的误差见表4-1，如J、K分别表示误差为±5%、±10%。

表4-1　字母与阻值误差对照表

字母	对应误差
W	±0.05%
B	±0.1%
C	±0.25%
D	±0.5%
F	±1%
G	±2%
J	±5%
K	±10%
M	±20%
N	±30%

直标法常见形式主要有以下几种。

a.用"数值+单位+误差"表示。图4-7(a)中的四个电阻器都采用这种形式，它们分别标注12kΩ±10%、12kΩⅡ、12kΩ10%、12kΩK，虽然误差标注形式不同，但都表示电阻器的阻值为12kΩ，误差为±10%。

b.用单位代表小数点表示。图4-7(b)中的四个电阻器采用这种表示形式，1k2表示1.2kΩ，3M3表示

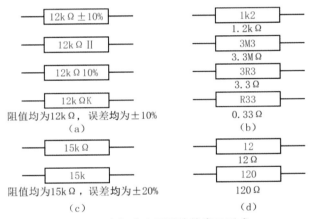

图4-7　直标法表示阻值的常见形式

3.3MΩ，3R3（或3Ω3）表示3.3Ω，R33（或Ω33）表示0.33Ω。

c.用"数值+单位"表示。这种标注法没标出误差，表示误差为±20%，图4-7(c)中的两个电阻器均采用这种方式，它们分别标注15kΩ、15k，表示的阻值均为15kΩ，误差均为±20%。

d.用数字直接表示。一般1kΩ以下的电阻器采用这种形式，图4-7(d)中的两个电阻器采用这种表示形式，12表示12Ω，120表示120Ω。

② 色环法　色环法是指在电阻器上标注不同颜色的圆环来表示阻值和误差的方法。图4-8、图4-9中的两个电阻器就采用了色环法来标注阻值和误差，其中一个电阻器上有四条色环，称为四环电阻器，另一个电阻器上有五条色环，称为五环电阻器。五环电阻器的阻值精度较四环电阻器更高。

a. 色环含义。要正确识读色环电阻器的阻值和误差，需先了解各种色环代表的意义。四环电阻器各色环代表的意义见表4-2。

表4-2 四环电阻器各色环代表的意义

颜色	第一环 有效数	第二环 有效数	第三环 倍乘数	第四环 允许误差数
棕	1	1	10^1	±1%
红	2	2	10^2	±2%
橙	3	3	10^3	—
黄	4	4	10^4	—
绿	5	5	10^5	±0.5%
蓝	6	6	10^6	±0.25%
紫	7	7	10^7	±0.1%
灰	8	8	10^8	
白	9	9	10^9	
黑	0	0	10^0	—
金	—	—	10^{-1}	±5%
银	—	—	10^{-2}	±10%
无色	—	—	—	±20%

b.四环电阻器的识读。四环电阻器阻值与误差的识读如图4-8所示。四环电阻器识读的具体过程如下。

第一步：判别色环排列顺序。

四环电阻器色环顺序判别规律如下：四环电阻器的第四条色环为误差环，一般为金色或银色，因此如果靠近电阻器一个引脚的色环颜色为金色或银色，该色环必为第四环，从该环向另一引脚方向排列的三条色环顺序依次为第三、二、一环。

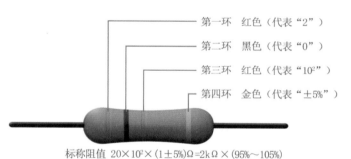

第一环 红色（代表"2"）
第二环 黑色（代表"0"）
第三环 红色（代表"10^2"）
第四环 金色（代表"±5%"）

标称阻值 $20×10^2×(1±5\%)Ω=2kΩ×(95\%～105\%)$

图4-8 四环电阻器阻值与误差的识读

对于色环标注标准的电阻器，一般第四环与第三环间隔较远。

第二步：识读色环。

按照第一、二环为有效数环，第三环为倍乘数环，第四环为允许误差数环，再对照表4-2各色环代表的数字识读出色环电阻器的阻值和误差。

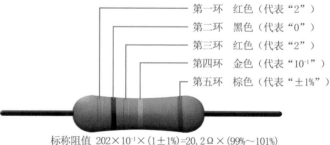

第一环 红色（代表"2"）
第二环 黑色（代表"0"）
第三环 红色（代表"2"）
第四环 金色（代表"10^{-1}"）
第五环 棕色（代表"±1%"）

标称阻值 $202×10^{-1}×(1±1\%)=20.2Ω×(99\%～101\%)$

图4-9 五环电阻器阻值与误差的识读

c.五环电阻器的识读：五环电阻器阻值与误差的识读方法与四环电阻器基本相同，不同之处在于五环电阻器的第一、二、三环为有效数环，第四环为倍乘数环，第五环为允许误差数环。另外，五环电阻器的允许误差数环颜色除了有金色、银色外，还可能是棕、红、绿、蓝和紫。五环电阻器阻值与误差的识读如图4-9所示。

（2）区分电阻器的额定功率

额定功率是指电阻器在特定环境温度范围内所允许承受的最大功率。在该功率限度以内，电阻器可以正常工作而不会改变其性能，也不会损坏。电阻器额定功率的标注方法如图4-10所示。

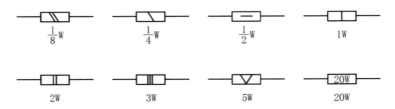

图4-10　电阻器额定功率标注方法

（3）电阻器温度系数

当工作温度发生变化时，电阻器的阻值也将随之相应变化，这对一般电阻器来说是不希望有的。电阻器温度系数用来表征电阻器工作温度每变化1℃时其阻值的相对变化量。显然，该系数愈小愈好。电阻器温度系数根据制造电阻器的材料不同，有正系数和负系数两种，前者随温度升高阻值增大，后者随温度升高阻值减小。热敏电阻器就是利用其阻值随温度变化而变化这一特性制成的电阻器。

4.2 电容器

电容器在电子电路中应用十分广泛。电容器是一种能够存储能量的电气元件。电容器在电路中主要有隔直通交的特点，因此在电路中常用于级间耦合、旁路、滤波、去耦信号的调谐等，也可以和电感元件组成振荡电路。电容器一般用字母C表示。电容器由金属电极、介质层和电极引线组成。各种字母所代表的介质材料见表4-3。

表4-3　各种字母所代表的介质材料

字母	电容介质材料	字母	电容介质材料
A	钽电解	L（LS）	极性有机薄膜（常在L后再加一字母区分具体材料）
B（BB、BF）	聚苯乙烯非极性薄膜（用B表示除聚苯乙烯外其他非极性薄膜，常在B后加一字母区分具体材料）	N	铌电解
C	高频陶瓷	O	玻璃膜
D	铝（普通电解）	Q	漆膜
E	其他材料电解	S、T	低频陶瓷
G	合金	V、X	云母纸
H	纸膜复合	Y	云母
I	玻璃釉	Z	纸介
J	金属化纸介		

4.2.1 电容器的外形

电容器是一种最基本的电子元件，外形如图4-11所示。

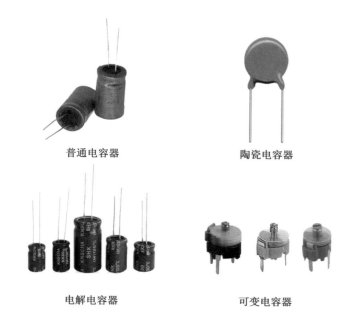

普通电容器　　　　　　　陶瓷电容器

电解电容器　　　　　　　可变电容器

图4-11　电容器的外形

4.2.2 常见的电容器类型

（1）铝电解电容器（有极性）

指用浸有糊状电解质的吸水纸夹在两条铝箔中间卷绕而成，薄的氧化膜作介质的电容器。因为氧化膜有单向导电性质，所以电解电容器具有极性，容量大，能耐受大的脉动电流，但容量误差大，漏电流大，不适于在低温下应用，不宜使用在25kHz以上频率，可用于低频旁路、信号耦合、电源滤波。如图4-12所示。

图4-12　铝电解电容器

电容量：0.47 ~ 10000μF。

额定电压：63 ~ 450V。

主要特点：体积小，容量大，损耗大，漏电大。

应用：电源滤波，低频耦合，去耦，旁路等。

（2）钽电解电容器、铌电解电容（有极性）（图4-13）

其用烧结的钽块作正极，电解质使用固体二氧化锰，温度特性、频率特性和可靠性均优于普通电解电容器，特别是漏电流极小，储存性良好，寿命长，容量误差小，而且体积小，单位体积下能得到最大的电容电压乘积，但对脉动电流的耐受能力差，若损坏易呈短路状态。

电容量：0.1 ~ 1000μF。

额定电压：6.3 ~ 125V。

主要特点：损耗、漏电流小于铝电解电容。

应用：在要求高的电路中代替铝电解电容。

图4-13　钽电解电容器

（3）纸介电容器（无极性）（图4-14）

其一般是用两条铝箔作为电极，中间以厚度为0.008 ~ 0.012mm的电容器纸隔开重叠卷绕而成，制造工艺简单，价格便宜，能得到较大的电容量。一般用在低频电路中，通常不能在高于3 ~ 4MHz的频率上运用。油浸电容器的耐压比普通纸介电容器高，稳定性也好，适用于高压电路。

（4）陶瓷电容器（无极性）（图4-15）

其用高介电常数的电容器陶瓷（钛酸钡一氧化钛）挤压成圆管、圆片或圆盘作为介质，并用烧渗法将银镀在陶瓷上作为电极制成。它又分高频瓷介和低频瓷介两种。具有小的正电容温度系数的电容器，用于高稳定振荡回路中。低频瓷介电容器只限于在工作频率较低的回路中作旁路或隔直流用，或对稳定性和损耗要求不高的场合（包括高频在内）。这种电容器不宜使用在脉冲电路中，因为其易于被脉冲电压击穿。高频瓷介电容器适用于高频电路。

图4-14　纸介电容器

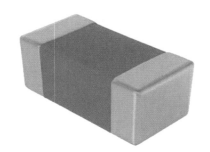

图4-15　陶瓷电容器

4.2.3　主要性能参数

电容器性能参数有许多，下面介绍几个常用的参数。

（1）电容量

电容器是一种储存电荷的"容器"，因而就有"容量"大小的问题。为了衡量电容器储存电荷的能力，确定了电容量（电容、容量、电容值）这个物理量。电容器必须在外加电压的作用下才能储存电荷。不同的电容器在电压作用下储存的电荷量也可能不相同。国际上统一规定，给电容器外加1伏特直流电压时，它所能储存的电荷量，为该电容器的电容量（即单位电压下的电量），电容量的基本单位为法拉。在1伏特直流电压作用下，如果电容器储存的电荷为1库仑（C），电容量就被定为1法拉，法拉用符号F表示，$1F=1C/V$。在实际应用中，电容器的电容量往往比1法拉小得多，常用较小的单位，如毫法（mF）、微法（μF）、纳法（nF）、皮法（pF）等，它们的关系是：1微法等于百万分之一法拉；1皮法等于百万分之一微法。

$$1F=10^6\mu F,\quad 1\mu F=1000nF=10^6pF$$

电容器的电容量标示方法主要有以下三种。

直标法：直标法是在电容的表面直接标出主要参数和技术指标，如电容的电压和容量。直标法中，常把小数点前的"0"省去，如.22μF表示0.22μF；有些用R表示小数点，如R33μF表示0.33μF。

文字符号法：文字符号法采用字母和数字结合的方式来标注电容器的主要参数。其中，表示容量有两种标注方法：一是省略F，用数字和字母结合进行表示，如10p代表10pF，3.3μ代表3.3μF，3p3代表3.3pF，8n2代表8200pF；二是用3位数字表示，其中第一、二位为有效数字位，表示容量的有效值，第三位为倍率，表示有效值后零的个数，电容量的单位为pF。如203表示容量为$20\times10^3pF=0.02\mu F$；222表示容量为$22\times10^2pF=2200pF$；334表示容量为$33\times10^4pF=0.33\mu F$。此法与电阻的3位数码标注法相似，不再多述。

文字符号法通常不用小数点，而是用单位中表示数量级的字母将小数部分隔开。如2p2=2.2pF，μ33=0.33μF，6n8=6.8nF=6800pF。另外，如果第三位数为9，表示10^{-1}，而不是10的9次方，例如479表达的就是$47\times10^{-1}pF=4.7pF$。

色标法：电容的色环标示与电阻相似。对于圆片或矩形片状等电容器，非引线端部的一环为第一环，以后依次为第二环，第三环……较远的是第五环或第六环，这两环往往代表电容特性或工作电压。第一、二（三、四）环是有效数字，第三（四、五）环是后面加的"0"的个数，第四（五、六）环是误差。各色环代表的数值与色环标示电阻一样，单位为pF。另外，若某一道色环的宽度是标准宽度的2倍或3倍，则表示这是相同颜色的2或3道色环。

快速记忆：前两环为有效数字；第三环为所加零的个数，则黑色为10～99pF，棕色为100～990pF，红色为1000～9900pF，橙色为0.01～0.09μF，黄色为0.1～0.9μF，绿色为1～9.9μF。

贴片电容器容量的识别：由于贴片电容器体积很小，故其容量标注方法与普通电容有些差别。贴片电容器的容量代码通常由3位数字组成，单位为pF。前两位是有效数字位，第三位为所加"0"的个数，若有小数点则用"R"表示。常用贴片电容器容量的识别见表4-4。

表4-4 常用贴片电容器容量的识别

代码	100	102	222	223	104	224	1R5	3R3
容量	10pF	1000pF	2200pF	0.022μF	0.1μF	0.22μF	1.5pF	3.3pF

（2）耐压

耐压是指电容器在电路中长期有效地工作而不被击穿所能承受的最大直流电压。对于结构、介质、容量相同的器件，耐压越高，体积越大。

在交流电路中，电容器的耐压值应大于电路电压的峰值，否则可能被击穿，耐压的大小与介质材料有关。当电容器两端的电压超过了它的额定电压，电容器就会被击穿损坏。一般电解电容器的耐压级别分为6.3V、10V、16V、25V、50V、160V、250V等。

（3）绝缘电阻

电容器的两极之间有一个电阻值，称为电容器的绝缘电阻，或者叫漏电电阻，用来表明漏电流大小。绝缘电阻的大小体现电容器介质性能的好坏，一般小容量的电容器绝缘电阻在几百兆欧或几千兆欧。电解电容器的绝缘电阻一般较小。相对而言，绝缘电阻越大越好，漏电流也小。

（4）温度系数

温度系数是在一定温度范围内，温度每变化1℃电容量的相对变化值。在实际应用中，温度系数越小越好。一般工作温度范围为−55 ~ 125℃。

（5）容抗

交流电是能够通过电容的，但是将电容器接入交流电路时，电容器极板上所带电荷对定向移动的电荷具有阻碍作用，物理学上把这种阻碍作用称为容抗，用字母X_C表示，单位为欧姆（Ω）。交流电容易通过电容，说明电容量大，电容的阻碍作用小；交流电的频率高，交流电也容易通过电容，说明频率高，电容的阻碍作用也小。

$$X_C=1/(2\pi fC)=1/(\omega C)$$

式中　X_C——电容容抗，Ω；

　　　f——频率，Hz；

　　　C——电容量，F；

　　　ω——角频率，rad/s。

由上式可知，频率越高、容量越大，则容抗越小。

4.3 电感器

电感器（inductor）是能够把电能转化为磁能并存储起来的元件。电感器具有一定的电感，它只阻碍电流的变化，在电路中起阻交通直的作用。在没有电流通过的状态下，电路接通时电感器将试图阻碍电流流过它；在有电流通过的状态下，电路断开时电感器将试图维持电流不变。电感器又称扼流器、电抗器、动态电抗器，因此电感常用于交流信号的轭流、电源滤波、谐振选频等。在电路中，其经常与电容组合成滤波电路。

4.3.1 电感器的外形

在实际应用中，电感器的种类非常多，常用的有固定电感器、可变电感器、微调电感器、色码电感器、集成电感器等。常见电感器的外形如图4-16所示。

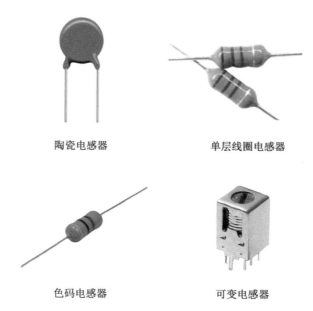

陶瓷电感器   单层线圈电感器

色码电感器   可变电感器

图4-16　常见电感器外形

（1）电感器的图形符号

电感的符号为L，电感的单位有亨（H）、毫亨（mH）、微亨（μH），$1H=10^3mH=10^6μH$。通常电感量的标示方法有直标法、色环法、文字符号法等。电感在使用的过程中无方向。检查电感好坏的

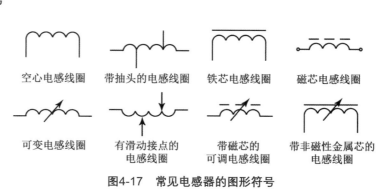

空心电感线圈　带抽头的电感线圈　铁芯电感线圈　磁芯电感线圈

可变电感线圈　有滑动接点的电感线圈　带磁芯的可调电感线圈　带非磁性金属芯的电感线圈

图4-17　常见电感器的图形符号

方法：用电感测量仪测量电感量，用万用表测量通断，好的电感电阻很小，近乎为零。

常见电感器的图形符号如图4-17所示。

（2）电感器的组成

电感器一般由骨架、绕组、磁芯与磁棒等组成。

①骨架：泛指制作线圈的支架，通常采用塑料、胶木、陶瓷等材料制作，根据电路设计的不同可调整形状。其中，小型电感器和空心电感器不需要骨架。

② 绕组：是电感器的基本组成部分，有单层、多层的区分，表现为一组线圈，是实现电感器功能的重要部分。

③ 磁芯与磁棒：通常被包裹在绕组的内部，有工字形和帽形等多种形状。

（3）电感器的工作原理

电流通过导线时，会以导线为中心产生同心圆形状的磁场，此时如果将导线弯成图4-18中的"弹簧形"，导线内部的磁通量将指向同一方向从而增强，通过调整圈数，可以产生与圈数成正比的磁通量。这就是电感器的原理。

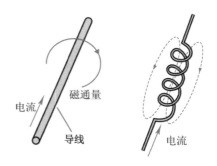

图4-18　电感器的原理

电流通过电感器会产生磁场，相反，磁场变化则会产生电流。

电磁感应定律：

$$E=L\mathrm{d}i/\mathrm{d}t$$

式中　L——电感器的自感系数；

　　　E——自感电动势。

电感器中产生的自感电动势E与单位时间的电流变化率$\mathrm{d}i/\mathrm{d}t$成正比，因此在恒定电流持续沿同一方向通过电感器时不会产生。也就是说，电感器对于直流电没有作用，只对交流电起到阻碍电流的作用。利用电感器的这一性质，在交流电路中可以将其用作电阻（阻抗）。电感器具备的阻抗Z（Ω）为

$$Z=\omega L=2\pi fL$$

式中　f——交流频率；

　　　L——电感器的自感系数。

4.3.2　常见电感器的类型

（1）单层线圈电感器

单层线圈电感器是用绝缘导线一圈挨一圈地绕在纸筒或胶木骨架上制成的，如晶体管收音机中波天线线圈。如图4-19所示。

图4-19　单层线圈电感器

（2）蜂房式线圈

如果所绕制的线圈，其平面不与旋转面平行，而是相交成一定的角度，这种线圈称为蜂房式线圈。其旋转一周，导线来回弯折的次数称为折点数。蜂房式绕法的优点是体积小，分布电容小，而且电感量大。蜂房式线圈都是利用蜂房绕线机来绕制的，折点越多，分布电容越小。如图4-20所示。

图4-20　蜂房式线圈

（3）铁氧体磁芯和铁粉芯线圈

线圈的电感量大小与有无磁芯有关。在空心线圈中插入铁氧体磁芯，可增加电感量和提局线圈的品质因数（Q）。如图4-21所示。

（4）铜芯线圈

铜芯线圈在超短波范围应用较多，利用旋动铜芯在线圈中的位置来改变电感量，这种调整比较方便、耐用。如图4-22所示。

（5）色码电感器

色码电感器是具有固定电感量的电感器，其电感量以色环来标示，同电阻、电容的标示方法。如图4-23所示。

图4-21　铁氧体磁芯和铁粉芯线圈　　　图4-22　铜芯线圈　　　　　图4-23　色码电感器

（6）阻流圈（扼流圈）

限制交流电通过的线圈称阻流圈，分高频阻流圈和低频阻流圈。如图4-24所示。

（7）偏转线圈

偏转线圈是电视机扫描电路输出级的负载。偏转线圈要求：偏转灵敏度高、磁场均匀、品质因数大、体积小。如图4-25所示。

图4-24　扼流圈　　　　　　　　　图4-25　偏转线圈

4.3.3 电感器的主要参数

电感器的主要参数有五个：电感量、允许偏差、品质因数、分布电容及额定电流。

（1）电感量

电感量是表示生自感应能力的物理量。

电感器电感量的大小与主线圈的圈数（匝数）、绕制方式、有无磁芯及磁芯的材料等有关。通常，线圈圈数越多、绕制的线圈越密集，电感量就越大；有磁芯的线圈比无磁芯的线圈电感量大；磁芯磁导率越大的线圈，电感量也越大。电感量的基本单位是亨利（简称亨），用字母"H"表示。常用的单位还有毫亨（mH）和微亨（μH），它们之间的关系是

$$1H=1000mH，1mH=1000\mu H$$

（2）允许偏差

允许偏差是指电感器上标称的电感量与实际电感的允许误差值。

一般用于振荡或滤波等电路中的电感器精度要求较高，允许偏差为±0.2%～±0.5%；而用于耦合、高频阻流等的电感器的精度要求不高，允许偏差为±10%～±15%。

（3）品质因数

品质因数也称 Q 值或优值，是衡量电感器质量的主要参数。它是指电感器在某一频率的交流电压下工作时，所呈现的感抗与其等效损耗电阻之比。电感器的 Q 值越大，其损耗越小，效率越高。电感器品质因数的大小与线圈导线的直流电阻、线圈骨架的介质损耗及铁芯、屏蔽罩等引起的损耗等有关。

（4）分布电容

分布电容是线圈匝与匝之间、线圈与磁芯之间存在的电容。电感器的分布电容越小，其稳定性越好。

（5）额定电流

额定电流是指电感器在正常工作时所允许通过的最大电流值。若工作电流超过额定电流，则电感器就会因发热而使性能参数发生改变，甚至还会因过流而烧毁。

4.3.4 电感器的作用

① 阻流：线圈中的自感电动势总是与线圈中的电流变化相对抗。阻流线圈主要可分为高频阻流线圈及低频阻流线圈。

② 调谐与选频：电感线圈与电容器并联可组成LC调谐电路。电路的固有振荡频率 f_0 与非交流信号的频率 f 相等，回路的感抗与容抗等值反向，于是电磁能量就在电感、电容之间来回振荡，这就是LC回路的谐振现象。谐振时由于电路的感抗与容抗等值又反向，因此回路总电流的感抗最小，电流量最大（指 $f=f_0$ 的交流信号），所以LC谐振电路具有选择频率的作用，能将某一频率 f 的交流信号选择出来。

③ 扼流：在低频电路中，用来阻止低频交流电、脉动直流电流向纯直流电路；扼流圈常用在整流电路输出端两个滤波电容的中间，与电容组成滤波电路。在高频电路中，用于防止高频电流流向低频端，在老式再生式收音机中得到应用。

④ 滤波：阻止整流后的脉动直流电流流向纯直流电路，由扼流圈（为简化电路、降低成本，用纯电阻替带扼流圈）和两个电容（电解电容）组成π式滤波电路。利用电容充放电作用和扼流圈通直流电、阻挡交流电特性来完成平滑直流电而得到纯正的直流电。

⑤ 振荡：整流是把交流电变成直流电，那么振荡就是把直流电变成交流电的反过程，因此把完成这一过程的电路叫作"振荡器"。振荡器的波形有正弦波、锯齿波、梯形波、方波、矩形波、尖峰波，频率由几赫兹至几十吉赫兹，在有线电、无线电领域应用非常广泛。

4.3.5 电感器的检测

电感器的常见故障有断路、短路等。为了保证电路正常工作，电感器在使用前必须进行检测。用万用表欧姆挡可以对电感器进行简单的检测，测出电感线圈的直流电阻，并与其技术指标相比较。若阻值比规定的阻值小得多，则说明线圈存在局部短路或严重短路情况；若阻值为∞，则表示线圈存在断路情况。

4.3.6 电感器的使用注意事项

（1）电感器使用的场合

潮湿与干燥、环境温度的高低、高频或低频环境、要让电感表现的是感性还是阻抗特性等，都要注意。

（2）电感器的频率特性

在低频时，电感器一般呈现感性，即只起储能、滤高频的特性。但在高频时，它的阻抗特性表现得很明显，有耗能发热、感性效应降低等现象。不同的电感的高频特性都不一样。

4.4 二极管的应用

4.4.1 二极管的外形

在大部分的电子电路中要用到二极管，它在许多电路中起着重要的作用，是诞生最早的半导体器件之一。早期的二极管为真空管，现今应用最普遍的是使用半导体材料如硅或锗制成的二极管。二极管有两个电极的元件，只允许电流由单一方向流过，许多的应用是应用其整流的功能。变容二极管则用来当作电子式的可调电容器。二极管所具备的电流单向特性通常称之为"整流（rectifying）"功能，就是只允许电流由单一方向通过（称为顺向偏压），反向时阻断（称为逆向偏压）。因此，二极管可以想象成电子版的逆止阀。不同类型的二极管有不同的作用，二极管的种类如图4-26所示。

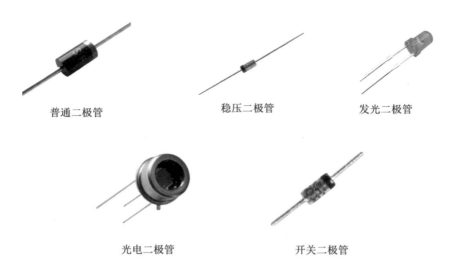

普通二极管　　　　　　稳压二极管　　　　　　发光二极管

光电二极管　　　　　　开关二极管

图4-26　二极管的种类

4.4.2 认识二极管

（1）结构及符号

晶体二极管内部有一个PN结，在PN结两端各引出一条引线，然后用外壳封装起来。P区引出的引线称为阳极（正极），N区引出的引线称为阴极（负极）。二极管具有单向导电性，它的结构及电路符号如图4-27所示。

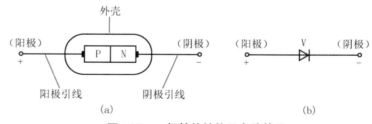

（a）　　　　　　　　　　　　　　　（b）

图4-27　二极管的结构及电路符号

二极管的实物如图4-28所示。

图4-28　二极管的实物图

常用二极管的符号如图4-29所示，字母符号为VD。

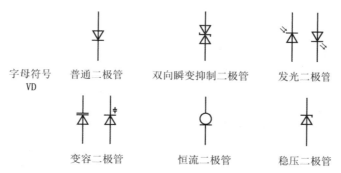

图4-29 常用二极管的符号

（2）种类

① 按结构不同，二极管可分为点接触型和面接触型两种。

点接触型二极管的结电容小，正向电流和允许加的反向电压小，常用于检波、变频等电路；面接触型二极管的结电容较大，正向电流和允许加的反向电压较大，主要用于整流等电路。面接触型二极管中用得较多的一类是平面型二极管。平面型二极管可以通过更大的电流，在脉冲数字电路中用作开关管。

② 按材料不同，二极管可分为锗二极管和硅二极管。

锗管与硅管相比，具有正向压降低（锗管为0.2 ~ 0.3V，硅管为0.5 ~ 0.7V）、反向饱和漏电流大、温度稳定性差等特点。

③ 按用途不同，二极管可分为普通二极管、整流二极管、开关二极管、发光二极管、变容二极管、稳压二极管、光电二极管等。

二极管加正向电压导通，加反向电压截止。单向导电性是二极管的最重要特性。

4.4.3 二极管的极性识别

① 手插二极管引脚极性的标注方法有三种：直标标注法、色环标注法和色点标注法，如图4-30所示。仔细观察二极管封装上的标记，一般可以看出引脚的正负极性。

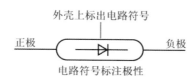

图4-30 二极管引脚极性识别

也有部分厂家生产的二极管采用符号标志 "P""N" 来确定二极管的极性。

② 贴片二极管有片状和管状两种。贴片二极管正、负极通常通过观察管子外壳标示判断。一般采用在一端用一条丝印的灰杠或者色环来表示负极，如图4-31所示。

③ 金属封装大功率二极管，可以依据其外形特征分辨出正负极，如图4-32所示。

图4-31　贴片二极管极性识别

图4-32　金属封装大功率二极管极性识别

④ 发光二极管的正负极可从引脚长短来识别，长脚为正，短脚为负。如果引脚一样长，发光二极管内部面积大点的是负极，面积小点的是正极，如图4-33所示。有的发光二极管带有一个小平面，靠近小平面的一条引线为负极。

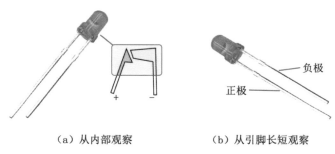

（a）从内部观察　　　　（b）从引脚长短观察

图4-33　发光二极管极性识别

4.4.4 二极管的主要特性

（1）伏安特性

半导体二极管的核心是PN结，它的特性就是PN结的特性——单向导电性。常利用伏安特性曲线来形象地描述二极管的单向导电性。

若以电压为横坐标，电流为纵坐标，用作图法把电压、电流的对应值用平滑的曲线连接起来，就构成二极管的伏安特性曲线，如图4-34所示（图中虚线为锗管的伏安特性，实线为硅管的伏安特性）。

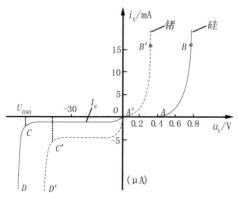

图4-34　二极管的伏安特性曲线

（2）正向特性

二极管两端加正向电压时，就产生正向电流，当正向电压较小时，正向电流极小（几乎为零），这一部分称为死区，相应的A（A'）点的电压称为死区电压或门槛电压（也称阈值电压），硅管约为0.5V，锗管约为0.1V，如图中OA（OA'）段。

当正向电压超过门槛电压时，正向电流就会急剧地增大，二极管呈现很小的电阻而处于导通状态。这时硅管的正向导通压降为0.6～0.7V，锗管为0.2～0.3V，如图中AB（$A'B'$）段。

二极管正向导通时，要特别注意它的正向电流不能超过最大值，否则将烧坏PN结。

（3）反向特性

二极管两端加上反向电压时，在开始很大范围内，二极管相当于非常大的电阻，反向电流很小，且不随反向电压而变化。此时的电流称为反向饱和电流I_R，见图中OC（OC'）段。

（4）反向击穿特性

二极管反向电压加到一定数值时，反向电流急剧增大，这种现象称为反向击穿。此时对应的电压称为反向击穿电压，用$U_{(BR)}$表示，如图中CD（$C'D'$）段。

（5）温度对特性的影响

由于二极管的核心是一个PN结，它的导电性能与温度有关，温度升高时二极管正向特性曲线向左移动，正向压降减小；反向特性曲线向下移动，反向电流增大。

4.4.5 二极管的主要参数

① 最大整流电流I_{OM} 是指二极管长时间工作时允许通过的最大正向平均直流电流值。

② 最高反向工作电压U_{RM} 是指二极管正常使用时所允许加的最高反向工作电压。

③ 反向电流I_R 是指二极管击穿时的反向电流值。其值越小，二极管的单向导电性越好。反向电流值与温度有密切关系，在高温环境中使用二极管时要特别注意这一参数。

④ 最高工作频率f_M 主要由PN结的结电容大小决定，超过此值，二极管的单向导电性将不能很好地体现。

（1）常用二极管的特点

常用二极管的特点见表4-5。在电路中，二极管常用于整流、开关、检波、限幅、钳位、保护和隔离等场合。

表4-5 常用二极管的特点

名称	特点	名称	特点
整流二极管	利用PN结的单向导电性，把交流电变成脉动的直流电	开关二极管	利用二极管的单向导电性，在电路中对电流进行控制，可以起到接通或关断的作用
检波二极管	把调制在高频电磁波上的低频信号检测出来	发光二极管	一种半导体发光器件，在电子电器中常用作指示装置
变容二极管	结电容随着加到管子上的反向电压的大小而变化，利用这个特性可取代可变电容器	稳压二极管	它是一种齐纳二极管，二极管反向击穿时两端的电压固定在某一数值，基本上不随电流的大小变化

（2）二极管整流电路

将交变电流转换成单方向脉动电流的过程称为整流。完成这种功能的电路叫整流电路，又叫整流器。常用的二极管单相整流电路有半波整流电路、全波整流电路和桥式整流电路，见表4-6。

表4-6　二极管单相整流电路性能比较

比较项目	电路名称		
	单相半波整流电路	单相全波整流电路	单相桥式整流电路
电路结构			
整流电压波形			
负载电压平均值U_o	$U_o=0.45U_2$	$U_o=0.9U_2$	$U_o=0.9U_2$
负载电流平均值I_o	$I_o=0.45U_2/R_L$	$I_o=0.9U_2/R_L$	$I_o=0.9U_2/R_L$
通过每个整流二极管的平均电流I_U	$I_U=0.45U_2/R_L$	$I_U=0.9U_2/R_L$	$I_U=0.9U_2/R_L$
整流管承受的最高反向电压U_{RM}	$U_{RM}=\sqrt{2}U_2$	$U_{RM}=2\sqrt{2}U_2$	$U_{RM}=\sqrt{2}U_2$
优缺点	电路简单，输出整流电压波动大，整流效率低	电路较复杂，输出电压波动小，整流效率高，但二极管承受反压高	电路较复杂，输出电压波动小，整流效率高，输出电压高
适用范围	输出电流不大，对直流稳定度要求不高的场合	输出电流较大，对直流稳定度要求较高的场合	输出电流较大，对直流稳定度要求较高的场合

二极管整流电路的口诀

整流电路有两类，半波整流和全波。

半波整流较简单，输出电压点四五。

全波整流较复杂，输出电压零点九。

二极管除了整流以外还有其他的功能，如下所述。

① 开关元件　二极管在正向电压作用下电阻很小，处于导通状态，相当于一个接通的开关；在反向电压作用下，电阻很大，处于截止状态，如同一个断开的开关。利用二极管的开关特性，可以组成各种逻辑电路。

② 限幅元件　二极管正向导通后，它的正向压降基本保持不变（硅管为0.7V，锗管为0.3V）。利用这一特性，其在电路中作为限幅元件，可以把信号幅度限制在一定范围内。

③ 续流二极管　在开关电源的电感中和继电器等感性负载中起续流作用。

④ 检波二极管　在收音机中起检波作用。

⑤ 变容二极管　用于电视机的高频头中。

⑥ 显示元件　用于VCD、DVD、计算器等显示器上。

⑦ 稳压二极管　其反向击穿电压恒定，且击穿后可恢复，利用这一特性可以实现稳压电路。

4.4.6　稳压电路

（1）稳压管稳压电路

利用稳压管的稳压特性可以组成最简单的稳压电路，如图4-35所示。图中，VD为稳压管，在电路中起稳压作用；R为限流电阻，在电路中起降压作用，同时可以限制负载电流，当流过负载的电流超过R允许的最大电流时，R会烧断。

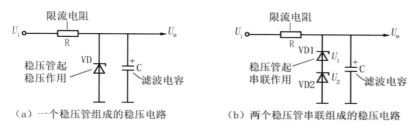

（a）一个稳压管组成的稳压电路　　（b）两个稳压管串联组成的稳压电路

图4-35　稳压管稳压电路

（2）串联型稳压电路

串联型稳压电路的基本结构如图4-36所示，三极管VT为调整管。由于调整管与负载相串联，因此这种电路称为串联稳压电路。

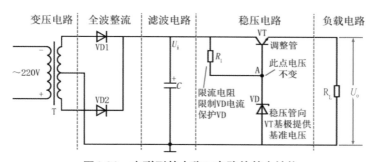

图4-36　串联型基本稳压电路的基本结构

稳压管VD为调整管提供基极电压，称为基准电压。

电路的稳压过程是

$$U_i\uparrow \rightarrow U_o\uparrow \rightarrow U_{BE}\uparrow \rightarrow I_B \rightarrow VT导通程度减弱 \rightarrow U_{CE}\uparrow \rightarrow U_o\downarrow$$

（3）三端集成稳压电路

三端集成稳压电路是以三端稳压器为核心构成的。三端稳压器是一种集成式稳压电路，它将稳压电路中的所有元件集成在一起，形成一个稳压集成块，它对外只引出3个引脚，即输入脚、接地脚和输出脚，如图4-37(a)所示。

使用三端稳压器后，可使稳压电路变得十分简洁，如图4-37(b)所示，它只需在输入端和输出端上分别加一个滤波电容就可以了。为了获得更大的输出电流，提高带负载能力，还可将三端稳压器并联使用，如图4-37(c)所示。表4-7为常用集成稳压器的应用情况。

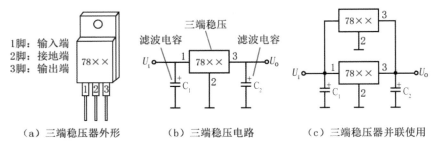

（a）三端稳压器外形　　　（b）三端稳压电路　　　（c）三端稳压器并联使用

图4-37　三端稳压电路

表4-7　常用集成稳压器的应用情况

	集成稳压器	引脚功能	输出电压/V	应用电路
固定式	CW78××正压	78×× 输 地 输 入 出	电压挡级：5、6、9、12、15、18、24	78×× U_i C_1 0.33μF C_2 0.1μF U_o
	CW79××负压	79×× 地 输 输 入 出	电压挡级：−5、−6、−9、−12、 −15、−18、−24	79×× U_i C_1 0.33μF C_2 0.1μF U_o
可调式	CW317正压	W317 调 输 输 整 入 出	调整范围：1.2～37	W317 U_i C_1 0.1μF 240Ω R_1 RP C_2 10μF U_o
	CW337负压	W337 调 输 输 整 入 出	调整范围：−1.2～−37	W337 U_i C_1 0.1μF 240Ω R_1 RP C_2 10μF C_3 1μF U_o

注意：三端稳压器的通用产品有78系列（正电源）和79系列（负电源），输出电压由具体型号中的后面两个数字代表，有5V、6V、8V、9V、12V、15V、18V、24V等。输出电流以78（或79）后面加字母来区分，L表示0.1A，M表示0.5A，无字母表示1.5A，如78L05表示5V/0.1A。

4.5 三极管及放大电路

4.5.1 三极管的外形

三极管的外形和常见符号如图4-38、图4-39所示。

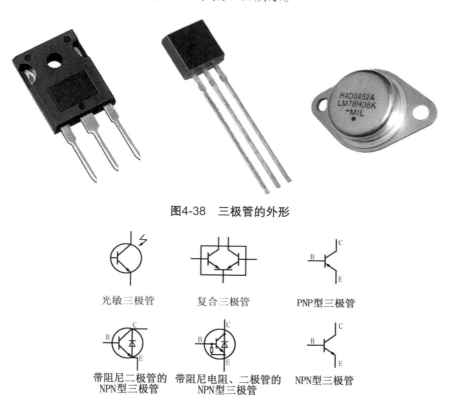

图4-38 三极管的外形

光敏三极管　　　　复合三极管　　　　PNP型三极管

带阻尼二极管的　　带阻尼电阻、二极管的　　NPN型三极管
NPN型三极管　　　　NPN型三极管

图4-39 常见三极管符号

4.5.2 认识三极管

① 三极管有两个PN结、3个区和3个电极。

例如，PNP型三极管的半导体排列顺序为P、N、P，它的中间层为N型半导体，上下层为P型半导体。引出三个电极分别是集电极、发射极和基极。

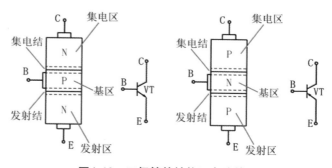

图4-40 三极管的结构及电路符号

无论NPN还是PNP都有三个区：集电区、基区、发射区。由三个区引出的电极分别称为集电极、基极、发射极。两个PN结分别称为发射结和集电结。如图4-40所示。

三极管的结构特点：发射区的掺杂浓度最高；集电区的掺杂浓度低于发射区，且面积大；基区很薄，一般在几个微米至几十个微米，且掺杂浓度最低。

在三极管的符号中，发射极上标的箭头代表其电流方向，即发射结加正向偏置时的电流方向。

② 三极管按内部3个区的半导体类型分，有NPN型三极管和PNP型三极管；按半导体材料分，有锗三极管和硅三极管等。

③ 常见三极管根据封装方式不同，可分为塑料封装三极管、金属封装三极管和贴片三极管。

各种封装方式的三极管的3个引脚排列有一定的规律可循，一般可通过外形来识别和判断，如图4-41所示。对于个别特殊三极管的引脚判断，不能完全依赖于外形识别，需要与万用表测试相结合。

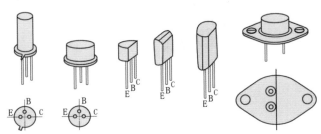

图4-41　常见三极管的封装及引脚排列

4.5.3 三极管的特性曲线

（1）输入特性曲线

指三极管在U_{CE}保持不变的前提下，基极电流I_B和发射结压降U_{BE}之间的关系。

由于发射结是一个PN结，具有二极管的属性，所以三极管的输入特性与二极管的伏安特性非常相似。一般说来，硅管的门槛电压约为0.5V，当发射结充分导通时，U_{BE}约为0.7V；锗管的门槛电压约为0.2V，当发射结充分导通时，U_{BE}约为0.3V。

（2）输出特性曲线

指三极管在输入电流I_B保持不变的前提下，集电极电流I_C和U_{CE}之间的关系，如图4-42所示。由图可见，当I_B不变时，I_C不随U_{CE}的变化而变化；当I_B改变时，I_C和U_{CE}的关系是一组平行的曲线族，它有截止、放大、饱和3个工作区。

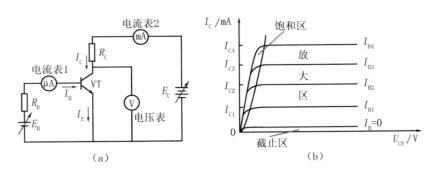

图4-42　三极管输出特性曲线

三极管三种工作状态的特点见表4-8所示。

表4-8　三极管三种工作状态比较

比较项	状态		
	截止	放大	饱和
在输出特性曲线上的位置	$I_B=0$以下的区域	曲线中平行且等距的区域	曲线左边陡直部分到纵轴之间的区域
PN结偏置状态	集电结反偏，发射结反偏	集电结反偏，发射结正偏	集电结正偏，发射结正偏
C、E间等效状态	相当于"开关"断开	受控的恒流源	相当于"开关"闭合
I_B与I_C的关系	$I_B=0$，$I_C≈0$	受控$I_C=\beta I_B$	I_B、I_C较大，但I_C不受I_B控制

4.5.4 三极管的主要参数

三极管的种类很多，从晶体管手册中可查出三极管的型号、主要参数、主要用途和外形等，这些技术资料是正确选用三极管的主要依据。总的来说，有以下几类常用参数。

① 交流电流放大倍数　包括共发射极电流放大倍数（β）和共基极电流放大倍数，它是表明三极管放大能力的重要参数。

② 集电极最大允许电流I_{CM}　指三极管的电流放大倍数明显下降时的集电极电流。

③ 集电极–发射极间反向击穿电压U_{CEO}　指三极管基极开路时，集电极和发射极之间允许加的最高反向电压。

④ 集电极最大允许耗散功率P_{CM}　指三极管参数变化不超过规定允许值时的最大集电极耗散功率。

在三极管的主要参数中，集电极最大允许电流I_{CM}、集电极–发射极间反向击穿电压U_{CEO}、集电极最大允许耗散功率P_{CM}是极限参数。在实际选用三极管时，电路中的实际值不允许超过极限参数，否则三极管会被损坏。集射间穿透电流I_{CEO}、电流放大倍数β是表示三极管性能是否优良的参数，尤其是集射间穿透电流I_{CEO}，要求越小越好。

注意：这些参数从不同侧面反映三极管的各种性能，是选用三极管的重要依据。在使用三极管时，绝对不允许超过极限参数。

⑤ 三极管的电流关系

$$I_E=I_B+I_C$$

$$I_C=\beta I_B$$

$$I_E=(1+\beta)I_B$$

4.5.5 三极管放大电路

一个完整的放大电路必须具备电流放大元件（三极管），同时还须满足直流条件（发射结正偏，集电结反偏）和交流条件（交流通路必须畅通）。对放大电路的分析，应先进行静态工作点分析，再进行动态分析。放大电路的三种组态比较见表4-9。

表4-9　放大电路三种组态比较

比较项	组态		
	共发射极放大电路	共集电极放大电路	共基极放大电路
电路形式			
电压放大倍数A_u的大小	$-\beta(R_C//R_L)/r_{BE}$（高）	约等于1（低）	$\beta(R_C//R_L)/r_{BE}$
输入输出信号相位	反相	同相	同相
电流放大倍数A_i	β（高）	$1+\beta$（高）	约等于1（低）
输入电阻r_i	r_{BE}（中）	$r_{BE}+(1+\beta)(R_C//R_L)$（高）	$r_{BE}/(1+\beta)$（低）
输出电阻r_o	R_C（高）	$\approx r_{BE}/\beta$（低）	R_C（高）
高频特性	差	较好	好
稳定性	较差	较好	较好
适用范围	多级放大器中间级、输入级	多级放大器输入级、输出级、缓冲级	高频电路、宽频带放大器

注意：三极管在实际的放大电路中使用时，需要加合适的偏置电路。

4.5.6 三极管引脚的判断

选用万用表的R×100（或R×1K）挡，先用红表笔接一个引脚，黑表笔接另两个引脚，可测出两个电阻值，然后再用红表笔接另一个引脚，重复上述步骤，又测得一组电阻值，这样测3次，其中有一组两个阻值都很小，对应测得这组值的红表笔接的为基极，且管子是PNP型；反之，若用黑表笔接一个引脚，重复上述做法，若测得两个阻值都很小，对应黑表笔为基极，且管子是NPN型。

4.6 晶闸管

晶闸管是晶体闸流管（thyristor）的简称，它是一种大功率开关型半导体器件，具有硅整流器件的特性，能在高电压、大电流条件下工作，且其工作过程可以控制，故又称为可控硅，广泛应用于可控整流、交流调压、无触点电子开关、逆变及变频等电子电路中。

4.6.1 识读晶闸管

晶闸管有单向晶闸管和双向晶闸管两种类型，是一种大功率的半导体器件。晶闸管从外形上分为螺栓形、平板形和平底形。常见晶闸管的外形和符号如图4-43所示。

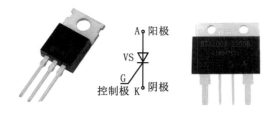

（a）单向晶闸管　　（b）双向晶闸管

图4-43　晶闸管外形

晶闸管是PNPN四层半导体结构（图4-44），它有三个极——阳极，阴极和门极（控制极）；晶闸管具有硅整流器件的特性，能在高电压、大电流条件下工作，且其工作过程可以控制，被广泛应用于可控整流、交流调压、无触点电子开关、逆变及变频等电子电路中。

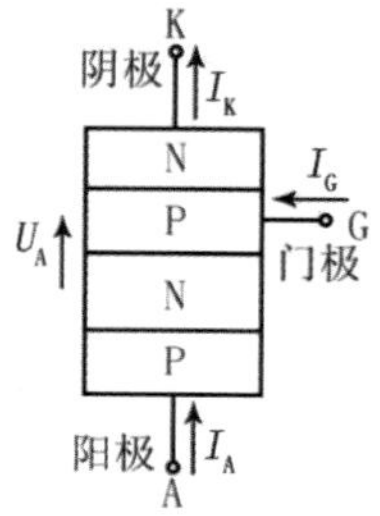

图4-44 晶闸管内部结构

4.6.2 晶闸管的导通条件

晶闸管在工作过程中，它的阳极（A）和阴极（K）与电源和负载连接，组成晶闸管的主电路，晶闸管的门极G和阴极K与控制晶闸管的装置连接，组成晶闸管的控制电路。

晶闸管为半控型电力电子器件，它的工作条件如下：

① 晶闸管承受反向阳极电压时，不管门极承受何种电压，晶闸管都处于反向阻断状态。

② 晶闸管承受正向阳极电压时，仅在门极承受正向电压的情况下晶闸管才导通，这时晶闸管处于正向导通状态，这就是晶闸管的闸流特性，即可控特性。

③ 晶闸管在导通情况下，只要有一定的正向阳极电压，不论门极电压如何，晶闸管保持导通，即晶闸管导通后，门极失去作用。门极只起触发作用。

④ 晶闸管在导通情况下，当主回路电压（或电流）减小到接近于零时，晶闸管关断。

4.6.3 晶闸管的主要参数

为了正确选用晶闸管元件，必须了解它的主要参数。

① 断态重复峰值电压U_{DRM} 在控制极断路和晶闸管正向阻断的条件下，可以重复加在晶闸管两端的正向峰值电压，其数值比正向电压小100V。

② 反向重复峰值电压U_{RRM} 在控制极断路时，可以重复加在晶闸管元件上的反向峰值电压，此电压数值规定比反向击穿电压小100V。通常把U_{DRM}与U_{RRM}中较小的一个数值标作器件型号上的额定电压。由于瞬时过电压也会使晶闸管遭到破坏，因而在选用的时候，额定电压应该为正常工作峰值电压的2～3倍。

③ 额定通态平均电流（额定正向平均电流）I_T 在环境温度不大于40°、标准散热即全导通的条件下，晶闸管可以连续通过的工频正弦半波电流（在一个周期内）的平均值，称为额定通态平均电流I_T，简称额定电流。

④ 维持电流I_H 在规定的环境温度和控制极断路的条件下，维持元件继续导通的最小电流称为维持电流I_H，一般为几十毫安至一百多毫安，其数值与元件的温度成反比，在120℃时维持电流约为25℃时的一半。当晶闸管的正向电流小于这个电流时，晶闸管将自动关断。

4.6.4 **双向晶闸管**

双向晶闸管是由NPNPN五层半导体材料制成的，对外也引出三个电极，其结构如图4-45所示。双向晶闸管相当于两个单向晶闸管的反向并联，但只有一个控制极。

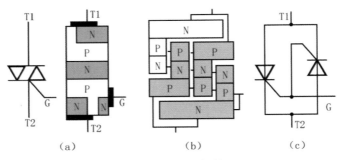

图4-45　双向晶闸管

双向晶闸管与单向晶闸管一样，也具有触发控制特性。不过，它的触发控制特性与单向晶闸管有很大的不同，这就是无论在阳极和阴极间接入何种极性的电压，只要在它的控制极上加上一个触发脉冲，也不管这个脉冲是什么极性的，都可以使双向晶闸管导通。由于双向晶闸管在阳、阴极间接任何极性的工作电压都可以实现触发控制，因此双向晶闸管的主电极也就没有阳极、阴极之分，通常把这两个主电极称为T1电极和T2电极，将接在P型半导体材料上的主电极称为T1电极，将接在N型半导体材料上的电极称为T2电极。由于双向晶闸管的两个主电极没有正负之分，所以它的参数中也就没有正向峰值电压与反向峰值电压，只有一个最大峰值电压。双向晶闸管的其他参数和单向晶闸管相同。

4.6.5 **晶闸管的导通条件**

晶闸管导通条件：一是晶闸管阳极与阴极间必须加正向电压，二是控制极也要加正向电压。以上两个条件必须同时具备，晶闸管才会处于导通状态。另外，晶闸管一旦导通，即使降低控制极电压或去掉控制极电压，晶闸管仍然导通。

晶闸管关断条件：降低或去掉加在晶闸管阳极至阴极之间的正向电压，使阳极电流小于最小维持电流。

4.6.6 **判断晶闸管的极性**

（1）电极判别

晶闸管电极可以用万用表检测，也可以根据晶闸管封装形式来判断。螺栓形晶闸管的螺栓一端为阳极A，较细的引线端为门极G，较粗的引线端为阴极K；平板形晶闸管的引出线端为门极G，平面端为阳极A，另一端为阴极K；金属壳封装（TO-3）的晶闸管，其外壳为阳极A。

① 单向晶闸管电极判断。如图4-46所示，将万用表拨至R×100挡，两支表笔各任意接两个电极。只要测得低电阻值，证明测的是PN结正向电阻，这时黑表笔接的是阴极，红表笔接的是控制极。这是因为G-A之间反向电阻趋于无穷大，A-K间电阻也总是无穷大，均不会出现低阻的情况。

② 双向晶闸管电极判断。如图4-47所示，将万用表拨至R×10挡，测出双向晶闸管相互导通的两个引脚，这两个引脚与第三个引脚均不通，即第三个引脚为T2极，相互导通的两引脚为T1极和G极。黑表笔接T1极，红表笔接控制极G所测得的正向电阻总要比反向电阻小一些，根据这一特性识别T1极和G极。

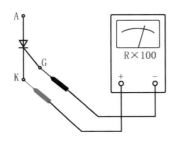

图4-46 用万用表判断单向晶闸管电极

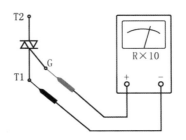

图4-47 用万用表判断双向晶闸管电极

（2）判别晶闸管质量好坏

① 判别单向晶闸管质量好坏。如图4-48所示，将万用表拨至R×1挡。开关S打开，单向晶闸管截止，测出的电阻值很大或为无穷大；开关S闭合时，相当于给控制极加上正向触发信号，单向晶闸管导通，测出的电阻值很小（几欧或几十欧），则表示该管质量良好。

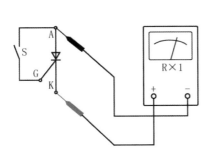

图4-48 用万用表判别单向晶闸管好坏

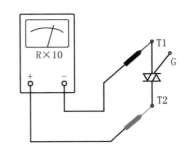

图4-49 用万用表判别双向晶闸管好坏

② 判别双向晶闸管质量好坏。如图4-49所示，将万用表拨在R×10挡，黑表笔接T2，红表笔接T1，然后将T2与G瞬间短路一下，立即分开，此时若表针有较大幅度的偏转并停留在某一位置上，说明T1与T2已触发导通；把红、黑表笔调换后再重复上述操作，如果T1、T2仍维持导通，说明这个双向晶闸管质量良好，反之则是坏的。

第5章

家用及室外线路的安装与接线

5.1 灯具的安装与电源的接线

5.1.1 灯具的控制

在家庭用电中，灯具是使用频率较高的用电设备之一，因为使用较多，所以发生事故的情况也多，因此为了安全，可以在入户的电源中安装熔断器作为短路保护，且在切断电源时，要切

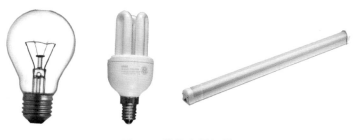

图5-1　常见家用灯具

断火线的电源。对于螺口灯座，应将中性线（零线、地线）与铜螺套连接，将火线与中心簧片连接。常见的家用灯具如图5-1所示。

白炽灯常用的安装形式为固定吊线式。吊灯的导线应采用绝缘软线，在挂线盒及灯座罩盖内将导线打结，以免导线线芯直接承受吊灯的重量而拉断。常用的灯具照明线路有以下几种：

① 单开单控：一个单联（单开）开关控制一个灯具，开关应接在相线上，以保证修理时的人身安全，如图5-2所示。

② 单开多控：一个单联开关控制多个灯具同时开/闭。连接多个灯具时应注意总容量不能超过开关的额定值，如图5-3所示。

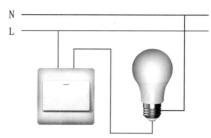

图5-2　单开单控

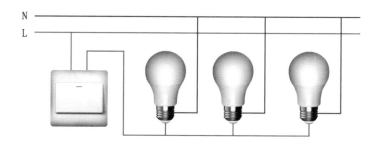

图5-3　单开多控

③ 单联加插座：一个单联开关控制一个灯具并与插座连接，如图5-4所示。

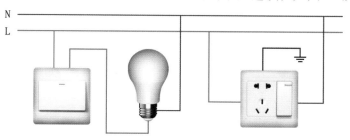

图5-4　单联加插座

④ 双联开关：用两个双联开关在两个地方控制一个灯具，适用于楼梯上下或走廊两端，如图5-5所示。

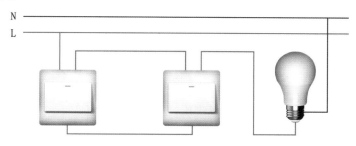

图5-5　双联开关

在家庭用电中，常出现以下错误接法，如图5-6所示。

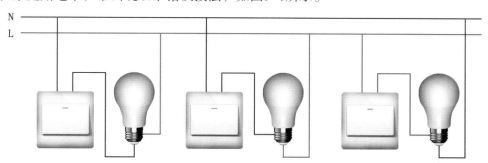

图5-6　常见灯具不安全（错误）接线

5.1.2 **照明灯具的悬挂高度**

① 潮湿、危险场所，相对湿度在85%以上，环境温度在40℃以上，或有导电尘埃、导电地面，灯头距地不得小于2.5m。

② 一般场所、办公室、商店，当白炽灯不大于60W、日光灯不大于40W时，灯头距地不得小于2m。

③ 灯头必须距地1m的照明灯具（工作台灯例外），需采用安全电压36V及以下。

④ 室外安装的灯具，距地面的高度不应小于3m，当在墙上安装时，距地面的高度不应小于2.5m。

各种照明器最低悬挂高度见表5-1。

表5-1　各种照明器最低悬挂高度

灯源种类	反射器类型	灯泡容量/W	最低悬挂高度/m
白炽灯	搪瓷反射器	100及以下	2.5
		150～200	3.0
		300～500	3.5
		500以上	4.0
	乳白玻璃漫射器	100及以下	2.0
		100～200	2.0
		300～500	3.0
荧光灯	无反射器	40及以下	2.0
金属卤化灯	搪瓷、铝抛光反射器	400	6.0
		1000	14.0以上
高压钠灯	搪瓷、铝抛光反射器	250	6
		400	7
卤钨灯	搪瓷、铝抛光反射器	500	6.0
		1000～2000	7.0
高压水银灯	搪瓷、铝抛光反射器	250及以下	5.0
		400及以上	6.0

5.1.3 灯头的接线

① 灯具组装时，必须分清相线与零线。螺口灯头，中心弹簧片经开关后接于相线；灯口螺纹接线端接于零线；软导线端应涮锡，顺时针盘圈接入。

② 灯头线不准有接头，一般环境导线绝缘强度不得低于250V，有爆炸性危险场所不得低于500V，工业厂房导线最小截面应不小于0.5mm^2。

③ 软线吊灯导线需套塑料管，吊链灯导线需编在吊链内；灯头与吊盒两端打保险扣，不应使线芯受力。

5.1.4 常用日光灯接法

普通日光灯由灯管、镇流器、启辉器组成，如图5-7所示。

普通日光灯接线如图5-8所示。安装时，开关应控制日光灯火线，并且应接在镇流器一端。零线直接接日光灯另一端。日光灯启辉器并接在灯管两端即可。

安装时，镇流器、启辉器必须与电源电压、灯管功率相配套。

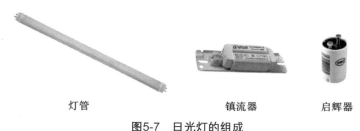

灯管　　　　　镇流器　　　启辉器

图5-7　日光灯的组成

　　LED日光灯发光效率高，荧光灯的发光效率是55～80lm/W，而LED的发光效率在100lm/W以上；且电源效率高，灯的寿命长，一般的LED日光灯的寿命可以达到5万小时；不含汞，无污染；安装简单，安装时将原有的日光灯取下换上LED日光灯，并将镇流器和启辉器去掉，让220V交流市电直接加到LED日光灯两端即可。接线图如图5-9所示。

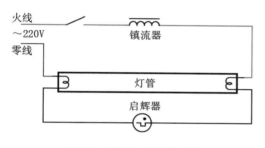

图5-8　普通日光灯的接法

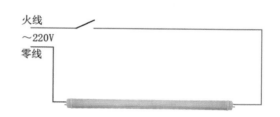

图5-9　LED日光灯的接法

5.1.5 普通日光灯的安装步骤

　　① 组装接线如图5-10所示：启辉器座上的两个接线端分别与两个灯座中的一个接线点连接，余下的接线点，其中一个与电源的中性线相连，另一个与镇流器一个出线头连接。镇流器的另一个出线头与开关的一个接线端连接，而开关的另一个接线端与电源中的一条相线相连。与镇流器连接的导线既可通过瓷接线柱连接，也可直接连接。接线完毕，要对照电路图仔细检查，以免错接或漏接。

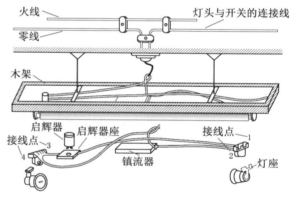

图5-10　组装接线

　　② 安装灯管如图5-11所示：安装灯管时，对插入式灯座，先将灯管一端灯脚插入带弹簧的一个灯座，稍用力使弹簧灯座活动部分向外退出一小段距离，另一端趁势插入不带弹簧的灯座；对开启式灯座，先将灯管两端灯脚同时卡入灯座的开缝中，再用手握住灯管两端头旋转约1/4圈，灯管的两个引脚即被弹簧片卡紧使电路连通。

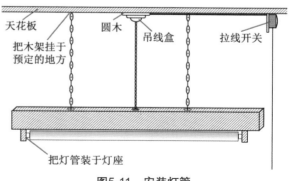

图5-11　安装灯管

③安装启辉器如图5-12所示。开关、熔断器等按白炽灯安装方法进行接线。在检查无误后，即可通电试用。LED日光灯安装方法与荧光日光灯类似，但不用安装启辉器和镇流器。

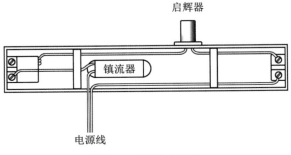

图5-12　安装启辉器

5.2 室外照明装置的安装要求

室外照明装置的安全要求比室内严格。室外环境恶劣，风吹日晒，线路绝缘易老化，漏电也较严重。在施工现场，照明装置移动性较大，可能与人接触，尤其是对非电气专业人员，更增加了电击的可能。为了从技术上尽可能减小电击事故，所以对室外照明及施工现场临时装置，除一般照明安全技术外，还需符合以下要求：

①室外照明装置用的灯具、控制箱和配电箱等电气设备应能适应所在室外场所的严酷环境条件。环境温度可按温度变化范围为-40～+50℃来考虑，环境相对湿度可按湿度变化范围为10%～100%和5%～95%来考虑。为防外来固体物和水的进入，电气设备的防护等级应满足IP33的防护要求，即能防直径大于2.5mm的固体物的进入和防淋水。

②室外照明装置一般不具备等电位连接条件，为减少电击事故的发生，应采用TT系统或局部TT系统。在室外照明装置内装设RCD或过电流防护电器作接地故障保护。

③室外照明装置内如装设有带裸露带电部分（如裸露的带电压的熔断器）的配电箱、柜，其门应用钥匙或工具才能开启，以防无关人员触及箱内带电部分。当灯具离地面的高度小于2.8m时，其光源应用遮栏或外护物来防止直接接触。

④明敷导线接入室外灯具时，应作防水弯，灯具有可能进水者，应打泄水孔。

⑤室外照明除各回路应有保护外，每一个灯具应单独装设熔断器保护。

⑥室外施工现场安装的碘钨灯、卤钨灯、投光灯等，应有稳固的支持支架，灯具安装应牢固，灯泡离易燃物应大于0.3m。其金属支架应可靠地接地（或接零）。

⑦室外照明配电箱、插座箱应制成密闭式或有安全可靠的防雨措施。

5.3 临时照明、移动照明的安装要求

①临时照明线路必须由现场电工按照电气安装规程妥善安装，不许私拉乱接，并且应经常检查，完工后立即拆除。

②施工现场照明电压规定如下：

a.施工现场固定安装的照明装置，采用220V；

b.一般场所工作手携行灯的局部照明应利用行灯变压器供电，采用36V；

c.工作面狭窄、特别潮湿场所和金属容器中，应采用12V或以下电压。

③经常搬动的碘钨灯，金属支架应平稳牢固，并应有可靠接地（接零）保护，或装

漏电保开关，其灯具距地面应不小于2.5m。

④ 临时用电线路应使用绝缘导线，室内临时线路的导线，必须安装在离地面2m以上的支架上，室外临时线路必须安装在距地面2.5m以上的支架上，导线中间连接头、终端连接头均需采取防拉断措施，系一个防拉断扣，接头要分线错开包扎。

5.4 开关与插座的安装

① 安装在同建筑物内的开关应采用同系列的产品，开关的通断位置应一致，且操作灵活、接触可靠。

② 拉线开关距地面应为2～3m，视房间高度面定，但距天棚应为0.3m为宜，距出入口水平距离应为0.15～0.2m。工业厂房里不宜用拉线开关。

③ 并列安装的相同型号开关距地面高度应一致，高度差不应大于1mm；同一室内安装的开关高度差不应大于5mm；并列安装的拉线开关的相邻间距不应小于20mm。

④ 扳把开关距地面应为1.2～1.4m，距出入口水平距离应为0.15～0.2m。扳把开关应使操作柄扳向下时接通电路，扳向上时断开电路，与空气开关恰巧相反，不要装反。

⑤ 火线应经开关控制，民用住宅严禁装设床头开关。

⑥ 明装插座距地面应不低1.8m，暗装插座应不低于0.3m，儿童活动场所应用安全插座，同一场所安装的插座高度应一致。

⑦ 车间及试验室的插座安装高度距地面不应小于0.3m，特殊场所暗装的插座不应小于0.15m，同一室内安装的插座高度差不应大于5mm，并列安装的相同型号的插座高度差不应大于1mm。

⑧ 落地插座应具有牢固可靠的保护盖板。

⑨ 插座的接线应符合下列要求：

a.单相三孔插座，面对插座的右孔与火线相接，左孔与中性线相接，如图5-13所示；

b.单相三孔、三相四孔及三相五孔插座的保护接地线均应接在上孔，插座内的接地端子不得与中性线端子连接；

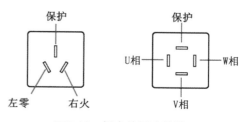

图5-13　插座的正确接线

c.当交流、直流或不同电压等级的插座安装在同一场所时，应有明显的区别，且必须选择不同结构、不同规格和不能互换的插座，其配套的插头应按交流、直流或不同电压等级区别使用；

d.同一场所的三相插座，其接线的相位必须一致；

e.有爆炸危险场所，应使用防爆插座；

f.有爆炸危险场所，应使用防爆开关；

g.施工现场，移动式用电设备，插座必须带保护接地（接零）线，室外应有防雨设施。

5.5 一般家庭电路的实物接线

5.5.1 单开单控开关

单开单控开关有两个接线柱，分别接进线和出线。在开关启/闭时，存在接通或断开两种状态，从而使电路变成通路或者断路。单开单控开关如图5-14所示。

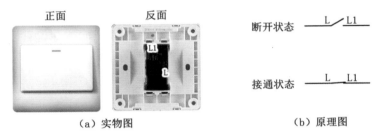

正面	反面		
（a）实物图		（b）原理图	

图5-14 单开单控开关实物外形及原理图

5.5.2 单开双控开关

单开双控开关有三个接线柱，分别接一个进线和两个出线。在开关启/闭时，存在接通或断开两种状态，从而使两个电路变成通路或者断路。单开双控开关实物外形及原理图如图5-15所示。

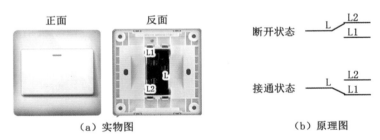

（a）实物图　　　　　　　　（b）原理图

图5-15 单开双控开关实物外形及原理图

5.5.3 单开多控开关

单开多控开关有六个接线柱，分为两组，每一组分别接一个进线和两个出线。在开关启/闭时，存在接通或断开两种状态，从而使四个电路变成通路或者断路。单开多控开关实物外形及原理图如图5-16所示。

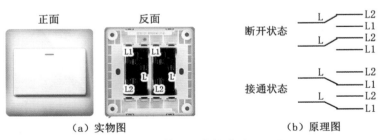

（a）实物图　　　　　　　　（b）原理图

图5-16 单开多控开关实物外形及原理图

5.5.4 **单开五孔插座开关**

单开五孔插座开关有五个接线柱，分为两组：一组单控开关有两个接线柱，分别接进线和出线，在开关启/闭时，存在接通或断开两种状态，从而使电路变成通路或者断路；另一组是五孔插座，分别是一条火线、一条零线和一条地线。单开五孔开关实物外形及原理图如图5-17所示。

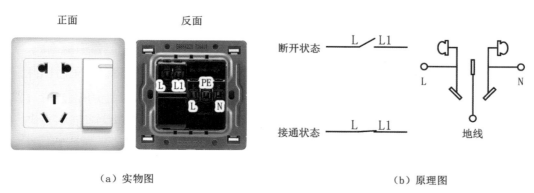

（a）实物图　　　　　　　　　　　　　　（b）原理图

图5-17　单开五孔开关实物外形及原理图

5.5.5 **单控灯**

一个单开单控开关控制一盏灯的接线图如图5-18所示，面板按钮开启时灯亮，面板按钮关闭时灯灭。

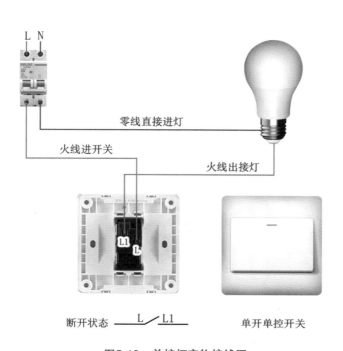

图5-18　单控灯实物接线图

5.5.6 双控灯

两个单开双控开关控制一盏灯的接线图如图5-19所示，两个面板按钮随意开启一个时灯亮，两个面板按钮随意关闭一个时灯灭。

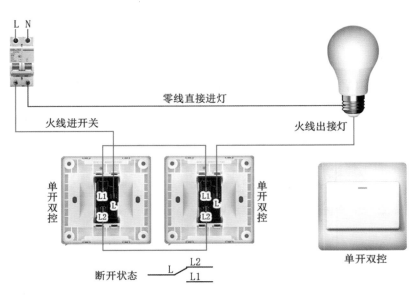

图5-19 双控灯实物接线图

5.5.7 三控灯

两个单开双控及一个单开多控开关控制一盏灯的接线图如图5-20所示，三个面板按钮随意一个开启时灯亮，三个面板按钮随意一个关闭时灯灭。

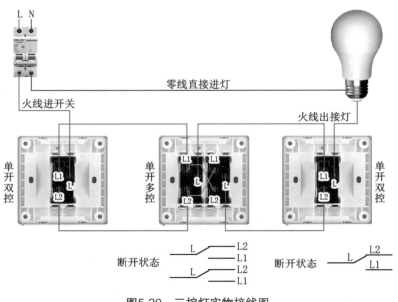

图5-20 三控灯实物接线图

5.5.8 四控灯

两个单开双控及两个单开多控开关控制一盏灯的接线图如图5-21所示，四个面板按钮随意一个开启时灯亮，四个面板按钮随意一个关闭时灯灭。

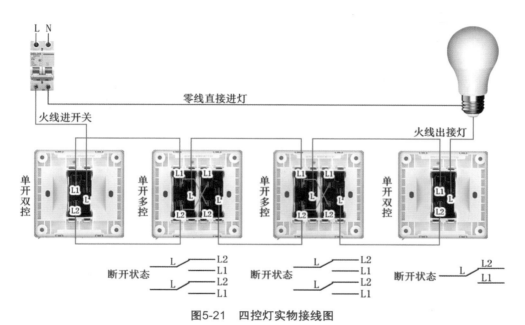

图5-21　四控灯实物接线图

5.5.9 五孔开关控制灯

单开五孔开关控制一盏灯的接线图如图5-22所示，面板按钮开启时灯亮，面板按钮关闭时灯灭，同时五孔插座一直带电。

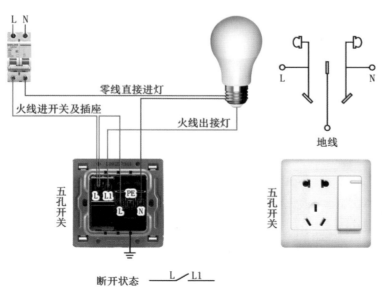

图5-22　五孔开关控制灯

5.5.10 五孔插座一键断电

单开五孔开关控制五孔插座的接线图如图5-23所示，面板按钮开启时五孔插座带电，面板按钮断开时五孔插座无电。

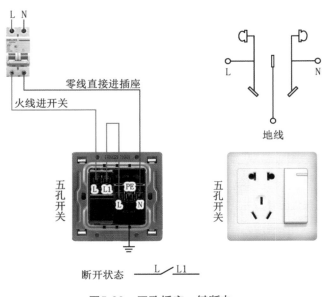

图5-23　五孔插座一键断电

5.5.11 触控开关

触控开关控制一盏灯如图5-24所示，面板感应区被接触时灯亮，无接触延时一段时间后灯灭。

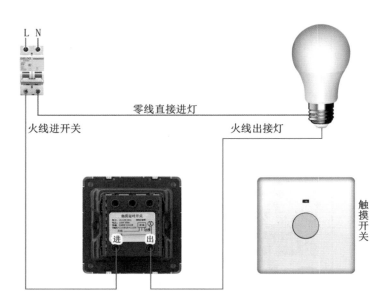

图5-24　楼道触控

5.5.12 声控开关

声控开关控制一盏灯如图5-25所示，在特定环境光线下，有声音的时候灯亮，无声音延时一段时间后灯灭。

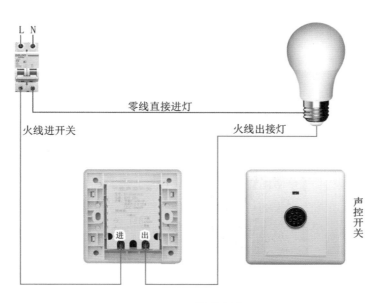

图5-25　楼道声控

5.5.13 双开双控开关控制一盏灯

双开双控开关控制一盏灯如图5-26所示，其中面板上一个按钮控制电灯火线，另外一个按钮控制电灯零线。此方法也可以用来解决LED灯"鬼火"的问题。

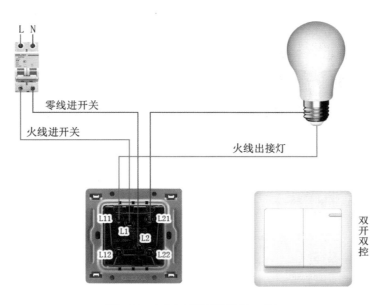

图5-26　双开双控开关控制一盏灯

5.5.14 **五孔插座带USB**

如图5-27所示，接线方法和传统的五孔插座一样，USB插口能用数据线直接给用电器充电。

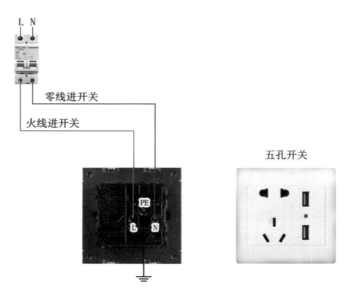

图5-27　五孔插座带USB

5.5.15 **感应卡取电**

如图5-28所示为感应卡取电实物接线图，将感应卡插入槽内部感应得电，将感应卡拔出延时15s断电。

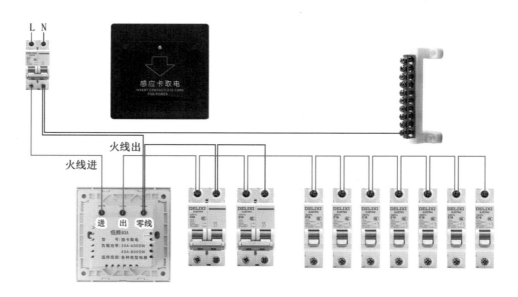

图5-28　感应卡取电实物接线图

5.5.16 卧室灯加床头灯带五孔插座

如图5-29所示，其中门口开关和一个床头开关两个面板按钮随意一个开启卧室大灯亮，两个面板按钮随意一个关闭卧室大灯灭；另外一个床头开关可以控制床头灯的亮灭，同时两个五孔插座一直带电。

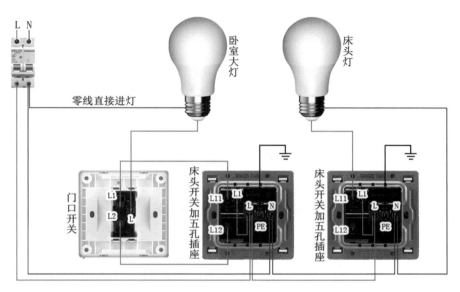

图5-29 卧室灯加床头灯带五孔插座实物接线图

5.5.17 双开单控带五孔插座

如图5-30所示，其中一个面板按钮控制电灯的亮灭；另外一个面板按钮控制五孔插座，面板开启插座有电，面板关闭插座无电。

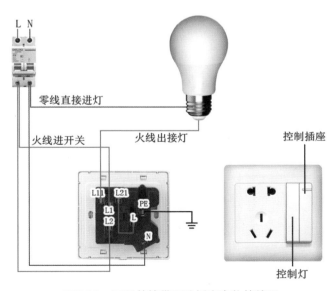

图5-30 双开单控带五孔插座实物接线图

5.5.18 三开双控开关控制三盏灯

如图5-31所示，三开双控开关控制三盏灯，两个面板六个按钮分成三组，一组为两个面板的左侧按钮，一组为两个面板的中间按钮，一组为两个面板的右侧按钮。两个面板左侧按钮随意一个开启蓝灯亮，两个面板左侧按钮随意一个关闭蓝灯灭。两个面板中间按钮随意一个开启红灯亮，两个面板中间按钮随意一个关闭红灯灭。两个面板右侧按钮随意一个开启黄灯亮，两个面板右侧按钮随意一个关闭黄灯灭。

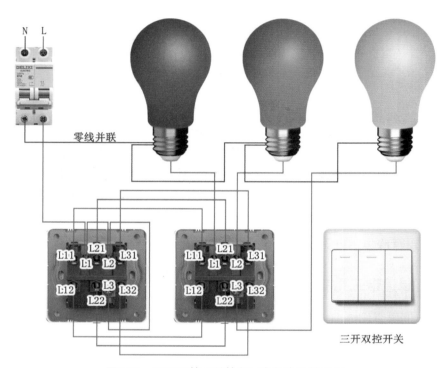

图5-31　三开双控开关控制三盏灯实物接线图

第6章
供电系统线路介绍

6.1 供电系统电力线路

供电系统电力线路主要指架空输电线路。架空输电线路的主要部件有导线和避雷线（架空地线）、杆塔、绝缘子、金具、杆塔基础、拉线和接地装置等。如图6-1所示。

6.1.1 导线和避雷线

导线是用来传导电流、输送电能的元件。输电线路一般都采用架空导线，每相一条，220kV及以上线路由于输送容量大，同时为了减少电晕损失和电晕干扰而采用相分裂导线，即每相采用两条及以上的导线。采用相分裂导线能输送较多的电能，而且电能损耗少，有较好的防振性能。

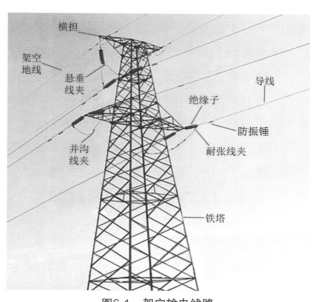

图6-1 架空输电线路

（1）架空导线的排列方式

导线在杆塔上的排列方式：对单回路线路可采用三角形、上字形或水平排列；对双回路线路可采用伞形、倒伞形、干字形或六角形。见图6-2。

导线在运行中受各种自然条件的考验，必须具有导电性能好、机械强度高、重量轻、价格低、耐腐蚀性强等特性。由于我国铝资源比铜丰富，加之铝和铜的价格差别较大，故架空输电线路几乎都采用钢芯铝线。

避雷线一般不与杆塔绝缘而是直接架设在杆塔顶部，并通过杆塔或接地引下线

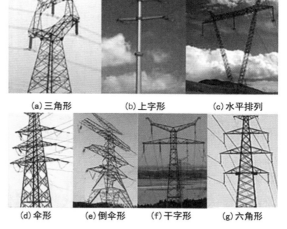

(a) 三角形　(b) 上字形　(c) 水平排列

(d) 伞形　(e) 倒伞形　(f) 干字形　(g) 六角形

图6-2 导线在杆塔上排列方式示意图

与接地装置连接。避雷线的作用是减小雷击导线的概率，提高耐雷水平，减少雷击跳闸次数，保证线路安全送电。

（2）导线、地线分类

导线、地线一般可按所用原材料或构造方式来分类。

① 按原材料分类　裸导线一般可以分为铜线、铝线、钢芯铝线、镀锌钢绞线等。

铜是导电性能很好的金属，能抗腐蚀，但密度大，价格高，且机械强度不能满足大档距的强度要求，现在的架空输电线路一般不采用。铝的电导率比铜的小，重量轻，价格低，在电阻值相等的条件下，铝线的质量只有铜线的一半左右，但缺点是机械强度较低，运行中表面形成氧化铝薄膜后，导电性能降低，抗腐蚀性差，故在高压配电线路用得较多，输电线路一般不用铝绞线；钢的机械强度虽高，但导电性能差，抗腐蚀性也差，易生锈，一般只用作地线或拉线，不用作导线。

目前架空输电线路导线几乎全部使用钢芯铝线。作为导体地线和载波通道用的地线，也采用钢芯铝线。钢的机械强度高，铝的导电性能好，导线的内部有几股是钢线以承受拉力，外部为多股铝线以传导电流，由于交流电的集肤效应，电流主要在导体外层通过，这就充分利用了铝的导电能力和钢的机械强度，取长补短，互相配合。

② 按构造方式分类　按构造方式的不同，裸导线可分为一种金属或两种金属的绞线。

一种金属的多股绞线有铜绞线、铝绞线、镀锌钢绞线等。由于输电线路采用较少，故这里不做介绍。

两种金属的多股绞线主要是钢芯铝线，绞线的优点是易弯曲。绞线的相邻两层绕向相反，一则不易反劲松股，再则每层导线之间距离较大，增大线径，有利于降低电晕损耗。钢芯铝线除正常型外，还有减轻型和加强型两种。见图6-3所示。

图6-3　钢芯铝线

6.1.2 杆塔

杆塔是电杆和铁塔的总称。杆塔的用途是支持导线和避雷线，以使导线之间、导线与避雷针、导线与地面及交叉跨越物之间保持一定的安全距离。水泥杆现场如图6-4所示。

（1）杆塔按材料分类

一般可以按原材料分为水泥杆和铁塔两种。

① 水泥杆（钢筋混凝土杆）　水泥杆是由环形断面的钢筋混凝土杆段组成，其特点是结构简单、加工方便，使用的砂、石、水泥等材料便于供应，并且价格便宜。混凝土有一定的耐腐蚀性，故水泥杆寿命较长，维

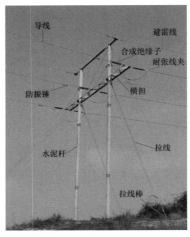

图6-4　水泥杆

护量少。与铁塔相比，钢材消耗少，线路造价低，但重量大，运输比较困难。

水泥杆有非预应力钢筋混凝土杆和浇制前对钢筋预加一定张力拉伸的预应力钢筋混凝土杆两种。目前，输电线路使用较多的是非预应力杆。

② 铁塔　铁塔是用钢材组装成的立体桁架，可根据工程需要做成各种高度和不同形式的铁塔。铁塔有钢管塔和型钢塔。铁塔机械强度大，使用年限长，维修工作量少，但耗钢材量大、价格较贵。在变电所进出线和通道狭窄地段35～110kV可采用双回路窄基铁塔。

（2）杆塔按用途分类

按用途分为直线杆塔、耐张杆塔、转角杆塔、终端杆塔和特种杆塔五种。特种杆塔又包括跨越通航河流、铁路等的跨越杆塔，长距离输电线路的换位杆塔、分支杆塔。

① 直线杆塔　直线杆塔［图6-2(a)、(g)］又叫中间杆塔。它分布在耐张杆塔中间，数量最多，在平坦地区，数量上占绝大部分。正常情况下，直线杆塔只承受垂直荷重（导线、地线、绝缘子串和覆冰重量）和水平的风压，因此直线杆塔一般比较轻便，机械强度较小。

② 耐张杆塔　耐张杆塔［图6-2(d)、(e)］也叫承力杆塔。为了防止线路断线时整条线路的直线杆塔顺线路方向倾倒，必须在一定距离的直线段两端设置能够承受断线时顺线路方向的导线、地线拉力的杆塔，把断线影响限制在一定范围以内。两个耐张杆塔之间的距离叫耐张段。

③ 转角杆塔　线路转角处的杆塔叫转角杆塔［图6-2(b)］。正常情况下转角杆塔除承受导线、地线的垂直荷重和内角平分线方向风力水平荷重外，还要承受内角平分线方向导线、地线全部拉力的合力。转角杆塔的角度是指原有线路风方向的延长线和转角后线路方向之间的夹角，有转角30°、60°、90°之分。

④ 终端杆塔　线路终端处的杆塔叫终端杆塔。终端杆塔是装设在发电厂或变电所的线路末端杆塔。终端杆塔除承受导线、地线垂直荷重和水平风力外，还要承受线路一侧的导线、地线拉力，稳定性和机械强度都应比较好。

⑤ 特种杆塔　特种杆塔主要有换位杆塔、跨越杆塔和分支杆塔等。超过10km以上的输电线路要用换位杆塔进行导线换位；跨越杆塔设在通航河流、铁路、主要公路及电线两侧，以保证跨越交叉垂直距离；分支杆塔也叫"T"形杆塔或叫"T接杆"，它用在线路的分支处，以便接出分支线。

（3）水泥杆的规格

水泥杆有等径环形水泥杆和锥形水泥杆两种。

等径环形水泥杆的梢径和根径相等，有300mm和400mm两种，一般制作成9m、6m和4.5m等三种长度，使用时以电、气焊方式进行连接。

锥形水泥杆一般用在配电线路中，输电线路的转角杆塔、耐张杆塔、终端杆塔和直线杆塔均采用等径环形水泥杆。锥形水泥杆的梢径有190mm和230mm两种。

（4）横担（图6-4）

杆塔通过横担将三相导线分隔一定距离，用绝缘子和金具等将导线固定在横担上，此外，还需和地线保持一定的距离。因此，要求横担要有足够的机械强度，使导线、地线在杆塔上的布置合理，并保持导线各相间和对地（杆塔）有一定的安全距离。

横担按材料分为铁横担、瓷横担。横担按用途分为直线横担、耐张横担、转角横担。

6.1.3 绝缘子

绝缘子是一种隔电产品，一般是用电工陶瓷制成的，又叫瓷瓶。另外，还有钢化玻璃制作的玻璃绝缘子和用硅橡胶制作的合成绝缘子。

绝缘子的用途是使导线之间以及导线和大地之间绝缘，保证线路具有可靠的电气绝缘强度，并用来固定导线，承受导线的垂直荷重和水平荷重。换句话说，绝缘子既要能满足电气性能的要求，又要能满足机械强度的要求。

按照机械强度的要求，绝缘子可组装成单串、双串、V形串。对超高压线路或大跨越等，由于导线的张力大，机械强度要求高，故有时采用三串或四串绝缘子。绝缘子串基本有两大类，即悬垂绝缘子串和耐张绝缘子串。悬垂绝缘子串用于直线杆塔上，耐张绝缘子串用于耐张杆塔、转角杆塔、终端杆塔上。

图6-5　普通型悬式瓷绝缘子

（1）普通型悬式瓷绝缘子

普通型悬式瓷绝缘子（图6-5）按金属附件连接方式可分为球形连接和槽形连接两种。输电线路多采用球形连接。

（2）针式绝缘子

针式绝缘子（图6-6）主要用于线路电压不超过35kV、导线张力不大的直线杆塔或小转角杆塔。优点是制造简易、价廉，缺点是耐雷水平不高，容易闪络。

图6-6　针式绝缘子

（3）耐污型悬式瓷绝缘子

普通瓷绝缘子只适用于正常地区，也就是说比较清洁的地区，如在污秽区使用，因其绝缘爬电距离较小，易发生污闪事故，所以在污秽区要使用耐污型悬式瓷绝缘子（图6-7），以达到与污秽区等级相适应的爬电距离，防止污闪事故发生。

图6-7　耐污型悬式瓷绝缘子

（4）悬式钢化玻璃绝缘子

悬式钢化玻璃绝缘子（图6-8）具有重量轻、强度高、耐雷性能和耐高低温性能均较好等特点。当绝缘子发生闪络时，其玻璃伞裙会自行爆裂。

图6-8　悬式钢化玻璃绝缘子

（5）瓷横担

瓷横担（图6-9）绝缘水平高，自洁能力强，可减少人工清扫；能代替钢横担，节约钢材；结构简单，安装方便，价格较低。

（6）合成绝缘子

合成绝缘子（图6-10）是一种新型的防污绝缘子，尤其适合污秽地区使用，能有效地防止输电线路污闪事故的发生。它和耐污型悬式瓷绝缘子比较，具有体积小、重量轻、清扫周期长、污闪电压高、不易破损、安装运输省力方便等优点。

图6-9　瓷横担绝缘子

6.1.4　电力线路金具

输电线路导线的自身连接及绝缘子连接成串，导线、绝缘子自身保护等所用附件称为线路金具。线路金具在气候复杂、污秽程度不同的环境条件下运行，故要求金具应有足够的机械强度、耐磨性和耐腐蚀性。

金具在架空电力线路中主要用于支持、固定和接续导线及将绝缘子连接成串，亦用于保护导线和绝缘子。按主要性能和用途，金具可分为以下几类。

图6-10　合成绝缘子

（1）线夹类

线夹是用来握住导线、地线的金具。根据使用情况，线夹分为耐张线夹（图6-11）和悬垂线夹（图6-12）两类。

耐张线夹用于耐张、转角或终端杆塔，承受导线、地线的拉力，用来紧固导线的终端，使其固定在耐张绝缘子串上，也用于避雷线终端的固定及拉线的锚固。

悬垂线夹用于直线杆塔上悬吊导线、地线，并对导线、地线有一定的握力。

图6-11　耐张线夹

图6-12　悬垂线夹

（2）联结金具类

联结金具（图6-13）主要用于将悬式绝缘子组装成串，并将绝缘子串连接、悬挂在杆塔横担上。线夹与绝缘子串的连接、拉线金具与杆塔的连接，均要使用联结金具，常用的联结金具有球头挂环、碗头挂板，分别用于联结悬式绝缘子上端钢帽及下端钢脚，还有

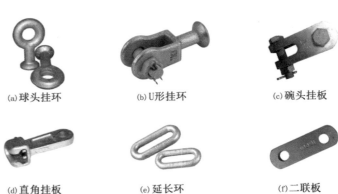

(a)球头挂环   (b)U形挂环   (c)碗头挂板

(d)直角挂板   (e)延长环   (f)二联板

图6-13　联结金具

直角挂板（一种转向金具，可按要求改变绝缘子串的连接方向）、U形挂环（直接将绝缘子串固定在横担上）、延长环（用于组装双联耐张绝缘子串等）、二联板（用于将两串绝缘子组装成双联绝缘子串）等。

联结金具型号的首字按产品名称首字而定，如W—碗头挂板，Z—直角挂板。

（3）接续金具类

接续金具（图6-14）用于接续各种导线、避雷线的端头。接续金具承担与导线相同的电气负荷，大部分接续金具承担导线或避雷线的全部张力，以字母J表示。根据使用和安装方法的不

(a)钳压接续管   (b)液压接续管

图6-14　接续金具

同，接续金具分为钳压、液压、爆压及螺栓连接等几类。

（4）防护金具类

防护金具分为机械和电气两类。机械类防护金具是为防止导线、地线因振动而造成断股，电气类防护金具是为防止绝缘子因电压分布严重不均匀而过早损坏。机械类有防振锤（图6-15）、预绞丝护线条（图6-16）、重锤等；电气类金具有均压环（图6-17）、屏蔽环等。

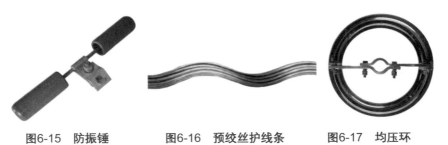

图6-15　防振锤　　　图6-16　预绞丝护线条　　　图6-17　均压环

6.1.5 杆塔基础

架空电力线路杆塔的地下装置统称为基础。基础用于稳定杆塔，使杆塔不致因承受垂直荷载、水平荷载、事故断线张力和外力作用而上拔、下沉或倾倒。杆塔基础分为电杆基础和铁塔基础两大类。

（1）电杆基础

电杆基础一般采用底盘、卡盘、拉线盘，即"三盘"。"三盘"通常用钢筋混凝土预制而成，也可采用天然石料制作。底盘用于减少杆底部地基承受的下压力，防止电杆下沉。卡盘用于增加电杆的抗倾覆力，防止电杆倾斜。拉线盘用于增加拉线的抗拔力，防止拉线上拔。

（2）铁塔基础

铁塔基础根据铁塔类型、塔位地形、地质及施工条件等具体情况确定。常用的基础有现场浇制基础、预制钢筋混凝土基础、灌注桩式基础、金属基础、岩石基础。

（3）铁塔地脚螺栓保护帽的浇制

地脚螺栓保护帽是为了防止因丢失地脚螺母或螺母脱落而发生倒塔事故。直线杆塔组立后即可浇制保护帽，耐张杆塔在架线后浇制保护帽。

6.1.6 拉线

拉线用来平衡作用于杆塔的横向荷载和导线张力。它一方面提高杆塔的强度，承担外部荷载对杆塔的作用力，以减少杆塔的材料消耗量，降低线路造价；另一方面，连同拉线棒和托线盘，一起将杆塔固定在地面上，以保证杆塔不发生倾斜和倒塌。

拉线材料一般用镀锌钢绞线。拉线上端通过拉线抱箍和拉线相连接，下部通过可调节的拉线金具与埋入地下的拉线棒、拉线盘相连接。

6.1.7 接地装置

架空地线在导线的上方，它通过每座杆塔的接地线或接地体与大地相连，当雷击地线时可迅速地将雷电流向大地中扩散，因此，输电线路的接地装置的主要作用是泄导雷电流，降低杆塔顶电位，保护线路绝缘不致击穿闪络。接地装置与地线密切配合，对导线起到了屏蔽作用。接地体和接地线总称为接地装置。

（1）接地体

接地体是指埋入地中并直接与大地接触的金属导体，分为自然接地体和人工接地体两种。为减少相邻接地体之间的屏蔽作用，接地体之间必须保持一定距离。为使接地体与大地连接可靠，接地体必须有一定的长度。

（2）接地线

架空电力线路杆塔与接地体连接的金属导体叫接地线。对非预应力钢筋混凝土杆塔可以利用内部钢筋作为接地线；预应力钢筋混凝土杆塔因其钢筋较细，不允许通过较大的接地电流，可以通过爬梯或者从避雷线上直接将引下线与接地体连接。铁塔本身就是导体，故将扁钢接地体和铁塔腿进行连接即可。

6.2 室外供电线路的基本规则

6.2.1 导线架设要求

① 导线在架设过程中，应防止发生磨损、断股、弯折等情况。

② 导线受损伤后，同一截面内，损伤面积超过导电部分截面积的17%应锯断后重接。

③ 同一档距内，同一根导线的接头，不得超过1个，导线接头位置与导线固定处的距离必须大于0.5m。

④ 不同金属、不同规格的导线严禁在档距内连接。

⑤ 1~10kV的导线与拉线、电杆或构架之间的净空距离不应小于200mm，1kV以下配电线路不应小于50mm。1~10kV引下线与1kV以下线路间的距离不应小于200mm。

6.2.2 导线对地距离及交叉跨越要求

① 水平排列时，档距在40m以内时为30cm，档距在40m以外时为40cm。

② 垂直排列时为40cm。

③ 导线为多层排列时，接近电杆的相邻导线间水平距离为60cm。高、低压同杆架设时，高、低压导线间最小距离不小于1.2m。

④ 不同线路同杆架设时，要求高压线路在低压动力线路的上端，弱电线路在低压动力线路的下端。

⑤ 低压架空线路与各种设施的最小距离见表6-1。

表6-1　低压架空线路与各种设施的最小距离

1	距凉台、台阶、屋顶的最小垂直距离	2.5m
2	导线边线距建筑物的凸出部分和无门窗的墙	1m
3	导线至铁路轨顶	7.5m
4	导线至铁路车厢、货物外廓	1m
5	导线距交通要道垂直距离	6m
6	导线距一般人行道地面垂直距离	5m
7	导线经过树木时，裸导线在最大弧垂和最大偏移时，最小距离	1m
8	导线通过管道上方，与管道的垂直距离	3m
9	导线通过管道下方，与管道的垂直距离	1.5m
10	导线与弱电线路交叉不小于1.25m，平行距离	1m
11	沿墙布线经过里巷、院内人行道时，至地面垂直距离	3.5m
12	距路灯线路	1.2m

⑥ 沿墙敷设：绝缘导线应水平或垂直敷设，导线对地面距离不应小于3m，跨越人行道时不应小于3.5m。水平敷设时，零线设在最外侧。垂直敷设时，零线在最下端。跨越通车道路时，导线距地面不应小于6m。沿墙敷设的导线间距离20～30cm。

6.3 电缆线路

6.3.1 电力电缆的基本结构

不论是何种电力电缆，其最基本的组成有三部分，即导体、绝缘层和护层。对于中压及以上电压等级的电力电缆，导体在输送电能时具有高电位。为了改善电场的分布情况，减小导体表面和绝缘层外表面处的电场畸变，避免尖端放电，电缆还要有内外屏蔽层。总体来说，电力电缆的基本结构必须有导体（也可称线芯）、绝缘层、屏蔽层和保护层四部分。这四部分在组成和结构上的差异，就形成了不同类型、不同用途的电力电缆。多芯电缆绝缘线芯之间还需要添加填芯和填料，以利于将电缆绞制成圆形，便于生产制造和施工敷设。

（1）导体（或称导电线芯）

其作用是传导电流，有实心和绞合之分。材料有铜、铝、银、铜包钢、铝包钢等，主要用的是铜与铝。铜的导电性能比铝要好得多。

（2）耐火层

只有耐火型电缆有此结构。其作用是在火灾中电缆能经受一定时间，给人们逃生时多争取一些用电的时间。

（3）绝缘层

绝缘层包覆在导体外，其作用是隔绝导体，承受相应的电压，防止电流泄漏。

绝缘材料多种多样，有的介电常数小，可以减少损耗，有的有阻燃性能或能耐高温，有的电缆在燃烧时不会或少产生浓烟和有害气体，有的能耐油、耐腐蚀，有的柔软等。

（4）屏蔽层

屏蔽层在绝缘层外，外护层内，作用是限制电场和电磁干扰。

对于不同类型的电缆，屏蔽材料也不一样，主要由铜丝编织、铜丝缠绕、铝丝（铝合金丝）编织、铜带、铝箔、铝（钢）塑带、钢带等绕包或纵包等。

（5）填充层

填充层的作用主要是让电缆圆整、结构稳定，有些电缆的填充物还起到阻水、耐火等作用。主要材料有聚丙烯绳、玻璃纤维绳、石棉绳、橡皮等，种类很多，但有一个主要的性能要求——非吸湿性材料，当然还不能导电。

（6）内护层

内护层的作用是保护绝缘线芯不被铠装层或屏蔽层损伤。

内护层有挤包、绕包和纵包等几种形式。对要求高的采用挤包形式，要求低的采用绕包或纵包形式。

（7）铠装层

铠装层的作用是保护电缆不被外力损伤。最常见的是钢带铠装与钢丝铠装，还有铝带铠装、不锈钢带铠装等。钢带铠装主要是抗压，钢丝铠装主要是抗拉用。根据电缆的大小，铠装用的钢带厚度是不一样的，这在各电缆的标准中都有规定。

（8）外护层

外护层在电缆最外层起保护作用，主要有三类：塑料类、橡皮类及金属类。

其中，塑料类最常用的是聚氯乙烯塑料、聚乙烯塑料，根据电缆特性有阻燃型、低烟低卤型、低烟无卤型等。

电缆的基本结构如图6-18所示。

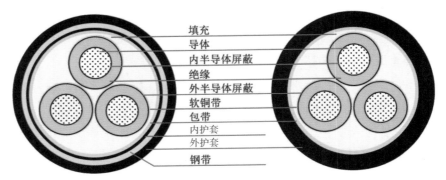

图6-18　10kV电力电缆的基本结构

6.3.2　电力电缆的分类

（1）按电压等级分类

按电压等级可分为①低压电力电缆（1kV）；②中压电力电缆（6～35kV）；③高压电力电缆（110kV）；④超高压电力电缆（220～500kV）。

（2）按导体芯数分类

电力电缆导体芯数有单芯、二芯、三芯、四芯和五芯共5类。

（3）按绝缘材料分类

①挤包绝缘电力电缆。挤包绝缘电力电缆包括聚氯乙烯绝缘电力电缆、聚乙烯绝缘电力电缆、交联聚乙烯绝缘电力电缆、橡胶绝缘电力电缆。

②油浸纸绝缘电力电缆。油浸纸绝缘电力电缆包括普通黏性油浸纸绝缘电缆、不滴流油浸纸绝缘电缆、充油电缆、气压油浸纸绝缘电缆。

（4）按功能特点和使用场所分类

阻燃电力电缆和耐火电力电缆。

6.3.3 几种常用电力电缆的结构

（1）挤包绝缘电力电缆

① 聚氯乙烯绝缘电力电缆。

② 交联聚乙烯绝缘电力电缆。

包括：35kV及以下交联聚乙烯绝缘电力电缆、110kV及以上交联聚乙烯绝缘电力电缆、橡胶绝缘电力电缆。

（2）油浸纸绝缘电力电缆

① 油浸纸绝缘统包型电力电缆。

② 油浸纸绝缘分相铅包电力电缆。

③ 自容式充油电力电缆。

6.4 电气线路的安全

6.4.1 导电能力

导线的导电能力受发热、电压损失和短路电流三方面的影响。

（1）发热

为防止线路过热，保证线路正常工作，导线运行最高温度不得超过表6-2规定的限值。

表6-2　导线运行最高温度限值

导线类型	最高温度限值/℃	导线类型	最高温度限值/℃
橡胶绝缘线	65	裸线	70
塑料绝缘线	70	铅包或铝包电缆	80
塑料电缆	65		

（2）电压损失

电压损失是受电端电压与供电端电压之间的代数差。电压损失太大，不但用电设备不能正常工作，而且可能导致电气设备和电气线路发热。

我国有关标准规定，对于供电电压，10kV及以下动力线路的电压损失不得超过额定电压的±7%，低压照明线路和农业用户线路的电压损失不得超过-10%～7%。

（3）短路电流

为了短路时速断保护装置能可靠动作，短路时必须有足够大的短路电流，这也要求导线截面不能太小。另一方面，由于短路电流较大，导线应能承受短路电流的冲击而不被破坏。特别是在TN系统中，相线与保护零线回路的阻抗应该符合保护接零的要求。单相短路电流应大于熔断器熔体额定电流的4倍（爆炸危险环境应大于5倍）或大于低压断路器瞬时动作过电流脱扣器整定电流的1.5倍。

6.4.2 机械强度

运行中的导线将受到自重、风力、热应力、电磁力和覆冰重力的作用，因此必须保证足够的机械强度。

按照机械强度的要求，架空线路导线截面积最小值见表6-3；低压配线截面积最小值见表6-4。

表6-3　架空线路导线截面积最小值　　mm²

类别	铜	铜	铜
单股	6	10	6
多股	6	16	10

特别提醒：移动式设备的电源线和吊灯引线必须使用铜芯软线。除穿管线之外，其他形式的配线不得使用软线。

表6-4　低压配线截面积最小值　　mm²

类别		最小截面		
		铜芯软线	铜线	铝线
移动式设备电源线	生活用	0.2	—	—
	生产用	1.0	—	—
吊灯引线	民用建筑，室内	0.4	0.5	1.5
	工业建筑，室内	0.5	0.8	2.5
	室外	1.0	1.0	2.5
支点间距离为d的支持件上的绝缘导线	$d \leqslant 1m$，室内	—	1.0	1.5
	$d \leqslant 1m$，室外	—	1.5	2.5
	$d \leqslant 2m$，室内	—	1.0	2.5
	$d \leqslant 2m$，室外	—	1.5	2.5
	$d \leqslant 6m$，室内	—	2.5	4.0
	$d \leqslant 6m$，室外	—	2.5	6.0
接户线	$d \leqslant 10m$	—	2.5	6.0
	$d \leqslant 25m$	—	4.0	10.0
穿管线		—	1.0	2.5
塑料护套线		—	1.0	1.5

6.4.3 导线的识别和连接

（1）导线的识别

① 截面积25mm²及以下导线截面积与直径的关系如表6-5所示（铝线最小截面积为2.5mm²）。

表6-5　导线截面积与直径对照

截面积/mm²	1.5	2.5	4	6	10	16	25
直径/mm	1.37	1.76	2.24	2.73	7×1.33	7×1.68	7×2.11

由表6-5可看出，10mm²导线单根直径（1.33mm）与1.5mm²导线直径（1.37mm）近似。16mm²导线单根直径（1.68m）与2.5mm²导线直径（1.76mm）近似，25mm²导线单根直径（2.11mm）与4mm²导线直径（2.24mm）近似，因此，会识别1.5mm²、2.5mm²、4mm²导线，也就等于会识别10mm²、16mm²、25mm²导线。

② 单芯导线截面积（S）与直径（D）的换算

$$S=\pi R^2=\pi(D/2)^2$$

即

$$截面积=圆周率×(直径/2)^2$$

③ 根据给定设备的功率（或负载功率）估算选择导线截面积。

导线截面积选择可按下列公式计算：

$$S=I_e/(J×0.8)$$

即

$$截面积=负荷电流(A)/[安全电流密度(A/mm^2)×0.8]$$

导线安全载流量估算经验口诀

十（10）下五，百（100）上二；二五（25）、三五（35），四、三界；七零（70）九零（90），两倍半。穿管、高温，八、九折；裸线加一半；铜线升级算。

口诀的前三句是指铝导线、明敷设、环境温度为25℃时的安全截流量。口诀的后三句是指条件变化时的安全载流量。

例如：某三相异步电动机额定功率为10kW，额定电流为20A，其导线截面积根据安全载流量口诀可知，10mm²以下铝导线每平方毫米安全电流密度为5A，又知导线穿管时载流量打八折计算，可得

$$S=20/(5×0.8)=5(mm^2)$$

由于导线没有5mm²这个规格，因此10kW三相电动机应选用6mm²铝线或4mm²铜线。

特别提醒：

① 穿管用绝缘导线，铜线最小截面积为1mm²，铝线最小截面积为2.5mm²。

② 各种电气设备的二次回路（电流互感器二次回路除外），虽然电流很小，但为了保证二次线的机械强度，常采用截面积不小于1.5mm²的绝缘铜线。

（2）导线绞合连接

连接导线有绞合连接、焊接、压接等多种连接方式。

导线连接必须紧密。原则上导线连接处的机械强度不得低于原导线机械强度的80%；绝缘强度不得低于原导线的绝缘强度；接头部位电阻不得大于原导线电阻的1.2倍。

① 单股铜芯线连接　可分为直线连接和T形连接两种，其工艺与技术要求见表6-6。

表6-6　单股铜芯线的连接工艺与技术要求

类型		操作示意图	操作工艺与技术要求
直线连接	小截面单股铜芯线		① 将去除绝缘层和氧化层的两股芯线交叉，互相在对方上绞合2~3圈 ② 将两线头自由端扳直，每个自由端在对方芯线上缠绕，缠绕长度为芯线直径的6~8倍。这就是常见的绞接法 ③ 剪去多余线头，修整毛刺
	大截面单股铜芯线		① 在两股线头重叠处填入一条直径相同的芯线，以增大大接头处的接触面 ② 用一条截面积在1.5mm²左右的裸铜线（绑扎线）在上面紧密缠绕，缠绕长度为导线直径的10倍左右 ③ 用钢丝钳将芯线线头分别折回，将绑扎线继续缠绕5~6圈后剪去多余部分并修剪毛刺 ④ 如果连接的是不同截面的铜导线，先将细导线的芯线在粗导线上紧密缠绕5~6圈，再用钢丝钳将粗导线折回，使其紧贴在较小截面的线芯上，再将细导线继续缠绕4~5圈，剪去多余部分并修整毛刺
	记忆口诀	单股铜芯线直线连接口诀 两根导线十字交，相互绞合三圈挑。 扳直导线尾线直，紧缠六圈弃余端	
T形连接	小截面单股铜芯线		① 将支路芯线与干路芯线垂直相交，支路芯线留出3~5mm裸线，将支路芯线在干路芯线上顺时针缠绕6~8圈，剪去多余部分，修除毛刺 ② 对于较小截面芯线的T形连接，可先将支路芯线的线头在干路芯线上打一个环绕结，接着在干路芯线上紧密缠绕5~8圈
	大截面单股铜芯线		将支路芯线线头弯成直角，将线头紧贴干路芯线，填入相同直径的裸铜线后用绑扎线参照大截面单股铜芯线的直线连接的方法缠绕
	记忆口诀	单股铜芯线T形连接口诀 支、干两线垂直交，顺时针方向支路绕。 缠绕六至八圈后，钳平末端去尾线	

② 多股铜芯线的连接　下面以7股铜芯线为例介绍连接方法，其连接工艺与技术要求见表6-7。

表6-7　7股铜芯线的连接工艺与技术要求

类型	操作示意图	操作工艺与技术要求
直线连接	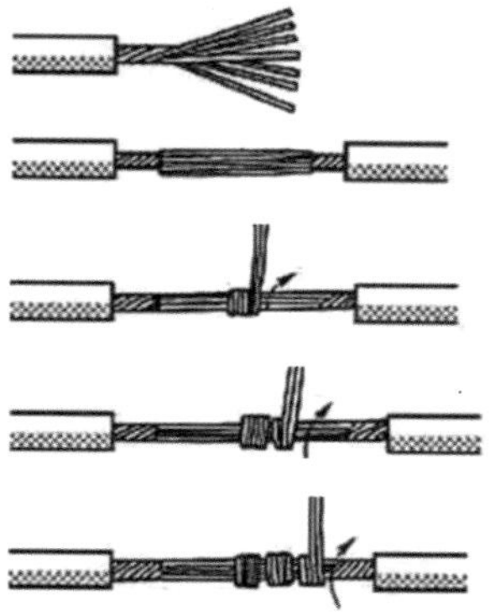	① 除去绝缘层的多股线分散并拉直，在靠近绝缘层约1/3处沿原来扭绞的方向进一步扭紧 ② 将余下的自由端分散成伞形，将两伞形线头相对，隔股交叉直至根部相接 ③ 捏平两边散开的线头，将导线按2、2、3分成三组，将第1组扳至垂直，沿顺时针方向缠绕两圈再弯下扳成直角紧贴对方芯线 ④ 第2、3组缠绕方法与第1组相同（注意：缠绕时让后一组线头压住前一组已折成直角的根部，最后一组线头在芯线上缠绕3圈），剪去多余部分，修除毛刺
	记忆口诀	7股铜芯线直线连接口诀 剥削绝缘拉直线，绞紧根部余分散。 制成"伞骨"隔根插，2、2、3、3要分辨。 两组2圈扳直线，三组3圈弃余线。 根根细排要绞紧，同是一法另一端
T形连接	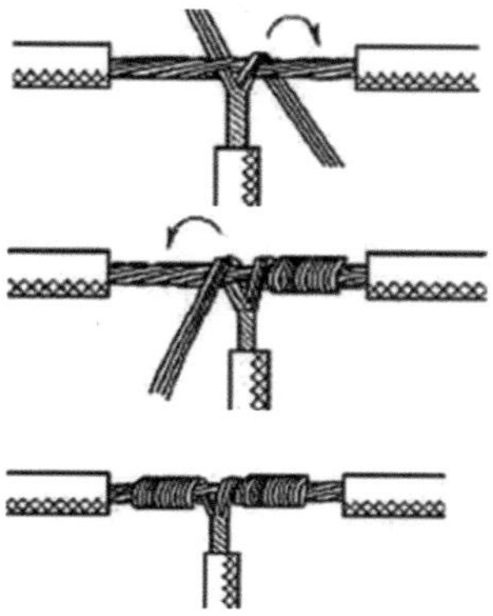	方法1：将支路芯线折弯成90°后紧贴干线，然后将支路线头分股折回并紧密缠绕在干线上，缠绕长度为芯线直径的10倍 方法2：在支路芯线靠根部1/8的部位沿原来的绞合方向进一步绞紧，将余下的线头分成两组，拨开干路芯线，将其中一组插入并穿过，另一组置于干路芯线前面，沿右方向缠绕4～5圈，插入干路芯线的一组沿左方向缠绕4～5圈。剪去多余部分，修除毛刺
	记忆口诀	7股铜芯线T形连接口诀 3、4两组干、支分，支线一组如干芯。 3绕3至4圈后，4绕4至5圈平

③ 电缆线的连接　双芯护套线、三芯护套线或多芯电缆连接时，其连接方法与前面讲述的绞接法相同。应注意尽可能将各芯线的连接点互相错开位置，以防止线间漏电或短路。如图6-19(a)所示为双芯护套线的连接情况，如图6-19(b)所示为三芯护套线的连接情况，如图6-19(c)所示为四芯电力电缆的连接情况。

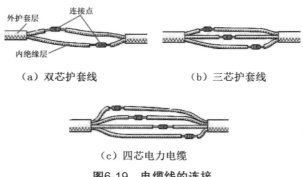

（a）双芯护套线　　　　　　　（b）三芯护套线

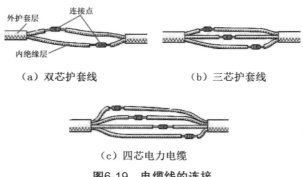

（c）四芯电力电缆

图6-19　电缆线的连接

特别提醒：接线时一定要切断电源，注意安全，防止触电。

（3）导线紧压连接

紧压连接是指用铜或铝套管套在被连接的芯线上，再用压接钳或压接模具压紧套管使芯线保持连接。

多股大截面铜、铝导线连接时，应采用铜铝过渡连接夹［图6-20(a)］或铜铝过渡连接管［图6-20(b)］。椭圆截面套管使用时，将需要连接的两条导线的芯线分别从左右两端相对插入并穿出套管少许，如图6-20(c)所示，然后压紧套管即可，如图6-20(d)所示。

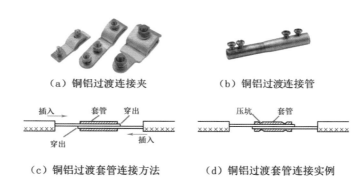

（a）铜铝过渡连接夹　　　　　　（b）铜铝过渡连接管

（c）铜铝过渡套管连接方法　　　　（d）铜铝过渡套管连接实例

图6-20　铜、铝导线紧压连接

铝导线与电气设备的铜接线端连接时，应采用铜铝过渡鼻子，如图6-21所示。

图6-21　铜铝过渡鼻子

特别提醒：铜、铝导线一般不能直接连接，必须采取过渡连接。

6.4.4 线路管理

电气线路应有必要的资料和文件，如施工图、实验记录等。还应建立巡视、清扫、维修等制度。

对于架空线路，除设计中必须考虑对有害因素的防护外，还必须加强巡视和检修，并考虑防止事故扩大的措施。电缆受到外力破坏、化学腐蚀、水淹、虫咬以及电缆终端接头和中间接头受到污染或进水均可能发生事故。因此，对电缆线路也必须加强管理，并定期进行试验。

对临时线应建立相应的管理制度。例如，安装临时线应有申请、审批手续，临时专人负责，应有明确的使用地点和使用期限等。装设临时线必须先考虑安全问题。移动式临时线必须采用有保护芯线的橡套软线，长度一般不超过10m。临时架空线的高度和其他间距原则上不得小于正规线路所规定的限值，必要的部位应采取屏护措施，长度一般不超过500m。

巡视检查是线路运行维护的基本内容之一。通过巡视检查可及时发现缺陷，以便采取防范措施，保障线路的安全运行。巡视人员应将发现的缺陷记入记录本内，并及时报告上级。

（1）架空线路巡视检查

架空线路巡视分为定期巡视、特殊巡视和故障巡视。定期巡视是日常工作内容之一，10kV及10kV以下的线路，至少每季度巡视一次。特殊巡视是运行条件突然变化后的巡视，如雷雨、大雪、重雾天气后的巡视，地震后的巡视等。故障巡视是发生故障后的巡视，巡视中一般不得单独排除故障。架空线路巡视检查主要包括以下内容。

① 沿线路的地面是否堆放有易燃、易爆或强烈腐蚀性物质；沿线路附近有无危险建筑物，有无在雷雨或大风天气可能对线路造成危害的建筑物及其他设施，线路上有无树枝、风筝、鸟巢等杂物，如有应设法清除。

② 电杆有无倾斜、变形、腐朽、损坏及基础下沉等现象；横担和金具是否移位、固定是否牢固、焊缝是否开裂、是否缺少螺母等。

③ 导线有无断股、背花、腐蚀、外力破坏造成的伤痕；导线接头是否良好，有无过热、严重氧化、腐蚀痕迹；导线与大地、邻近建筑物或邻近树木的距离是否符合要求。

④ 绝缘子有无破裂、脏污、烧伤及闪络痕迹；绝缘子串偏斜程度、绝缘子铁件损坏情况如何。

⑤ 拉线是否完好、是否松弛，绑扎线是否紧固，螺栓是否生锈。

⑥ 保护间隙（放电间隙）的大小是否合格；避雷器瓷套有无破裂、脏污、烧伤及闪络痕迹；密封是否良好，固定有无松动；避雷器上引线有无断股，连接是否良好；避雷器引下线是否完好，固定有无变化，接地体是否外露，连接是否良好。

（2）电缆线路巡视检查

电缆线路的定期巡视一般每季度一次，户外电缆终端头每月巡视一次。电缆线路巡视检查主要包括以下内容。

① 直埋电缆线路标桩是否完好；沿线路地面上是否堆放垃圾及其他重物，有无临时建筑；线路附近地面是否开挖；线路附近有无酸碱等腐蚀性排放物，地面上是否堆放石灰等可构成腐蚀的物质；露出地面的电缆有无穿管保护；保护管有无损坏或锈蚀，固定是否牢固；电缆引入室内处的封堵是否严密；洪水期间或暴雨过后，巡视附近有无严重冲刷或塌陷现象等。

② 沟道内的电缆线路、沟道的盖板是否完整无缺；沟道是否渗水，沟道内有无积水，沟道内是否堆放有易燃易爆物品；电缆铠装或铅包有无腐蚀；全塑电缆有无被老鼠咬的痕迹；洪水期间或暴雨过后，巡视室内沟道是否进水，室外沟道泄水是否畅通等。

③ 电缆终端头和中间接头的瓷套管有无裂缝、脏污及闪络痕迹；充有电缆胶（油）的终端头有无溢胶（漏油）现象；接线端子连接是否良好；有无过热迹象；接地线是否完好，有无松动；中间接头有无变形，温度是否过高等。

④ 明敷电缆沿线的支架是否牢固；电缆外皮有无腐蚀或损伤；线路附近是否堆放有易燃、易爆或强烈腐蚀性物质。

第7章

电力变压器

7.1 电力变压器的用途与结构

7.1.1 变压器的用途及其分类

（1）作用

变压器是用来改变交流电压大小的电气设备。它是根据电磁感应原理，把某一等级的交流电压变化成频率相同的另一等级的交流电压，以满足不同负载的需要，还可用来改变电流、变换阻抗以及产生脉冲等。

（2）用途

主要用于输配电系统，而且还广泛应用于电气控制领域、电子技术领域、测试技术领域，以及焊接技术领域等。

① 按用途分类

电力变压器：用作电能的输送与分配。

特种变压器：在特殊场合使用的变压器，如作为焊接电源的电焊变压器，专供大功率电炉使用的电炉变压器，将交流电整流成直流电时使用的整流变压器等。

仪用互感器：用在电工测量中，如电流互感器、电压互感器等。

控制变压器：容量一般比较小，用于小功率电源系统和自动控制系统。

其他变压器：如高压变压器、调压变压器、脉冲变压器。

② 按绕组构成分类　双绕组变压器、三绕组变压器、多绕组变压器和自耦变压器等。

③ 按铁芯结构分类　叠片式铁芯、卷制式铁芯、非晶合金铁芯。

④ 按相数分类　单相变压器、三相变压器、多相变压器。

⑤ 按冷却方式分类　干式变压器、油浸自冷变压器、油浸风冷变压器、强迫油循环变压器、充气式变压器等。

7.1.2 电力变压器的结构

根据用途不同，变压器的结构也有所不同。大功率电力变压器的结构比较复杂，多数电力变压器是油浸式的。油浸式变压器由绕组和铁芯组成，为了解决散热、绝缘、密封、安全等问题，还需要油箱、绝缘套管、储油柜、冷却装置、压力释放阀、安全气道、湿度计、气体继电器等附件，其结构如图7-1所示。

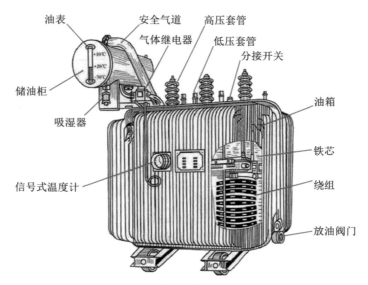

图7-1 油浸式电力变压器

（1）变压器绕组

变压器中的绕组部分，小型变压器一般用带绝缘的漆包圆铜线绕制，容量稍大的变压器则用扁铜线或扁铝线绕制。

① 同心式绕组 按绕制方法的不同，可分为圆筒式、螺旋式和连续式。如图7-2所示。

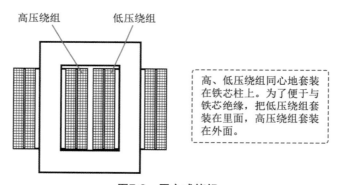

高、低压绕组同心地套装在铁芯柱上。为了便于与铁芯绝缘，把低压绕组套装在里面，高压绕组套装在外面。

图7-2 同心式绕组

② 交叠式绕组 又称饼式绕组。优点：漏抗小、机械强度高、引线方便。主要用在低电压、大电流的变压器上，如容量较大的电炉变压器、电阻电焊机（如点焊、滚焊和对焊电焊机）变压器等。如图7-3所示。

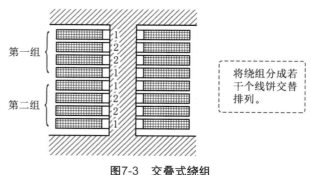

将绕组分成若干个线饼交替排列。

图7-3 交叠式绕组

1—低压绕组；2—高压绕组

（2）变压器铁芯

如图7-4～图7-6所示。

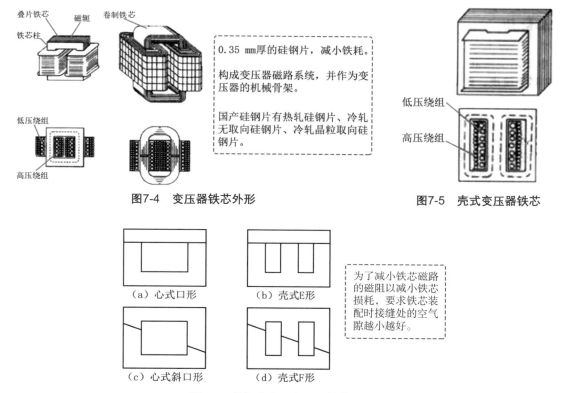

0.35 mm厚的硅钢片，减小铁耗。

构成变压器磁路系统，并作为变压器的机械骨架。

国产硅钢片有热轧硅钢片、冷轧无取向硅钢片、冷轧晶粒取向硅钢片。

图7-4　变压器铁芯外形

图7-5　壳式变压器铁芯

（a）心式口形　（b）壳式E形

（c）心式斜口形　（d）壳式F形

为了减小铁芯磁路的磁阻以减小铁芯损耗，要求铁芯装配时接缝处的空气隙越小越好。

图7-6　单相小容量变压器铁芯形式

7.1.3 变压器的主要附件

（1）油箱和冷却装置

10000kV·A的电力变压器，采用风吹冷却或强迫油循环冷却装置。如图7-7所示。

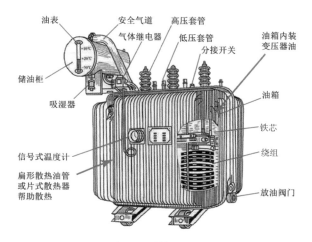

图7-7　变压器油箱和冷却装置

新型的全充油密封式电力变压器则取消了储油柜，运行时变压器油的体积变化完全由设在侧壁的膨胀式散热器（金属波纹油箱）来补偿。通过连接管与油箱相通使变压器油与空气的接触面积大为减小，减缓了变压器油的老化速度。

（2）保护装置

①气体继电器　在油箱和储油柜之间的连接管中装有气体继电器，当变压器发生故障时，内部绝缘物汽化，使气体继电器动作，发出信号或使开关跳闸。

②防爆管（安全气道）　装在油箱顶部，它是一个长的圆形钢筒，上端用酚醛纸板密封，下端与油箱连通。若变压器发生故障，使油箱内压力骤增时，油流冲破酚醛纸板，以免造成变压器箱体爆裂。近年来，国产电力变压器已广泛采用压力释放阀来取代防爆管。

7.2 电力变压器的铭牌和额定值

7.2.1 铭牌

电力变压器的铭牌见图7-8。下面对铭牌所列各数据的意义做简单介绍。

电力变压器 产品型号：S7-500/10　标准代号：×××× 额定容量：500kV·A　产品代号：×××× 额定电压：10kV　出厂序号：××××					
额定频率：50Hz 三相 连接组标号：Y,yn0	开关 位置	高压		低压	
		电压/V	电流/A	电压/V	电流/A
阻抗电压：4% 冷却方式：油冷 使用条件：户外	Ⅰ	10500	27.5		
	Ⅱ	10000	28.9	400	721.7
	Ⅲ	9500	30.4		
××变压器厂　　××年××月					

图7-8　电力变压器的铭牌

7.2.2 额定值

（1）型号（图7-9）

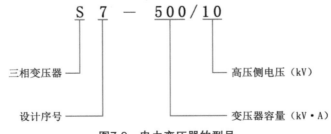

图7-9　电力变压器的型号

（2）额定电压U_{1N}和U_{2N}

U_{1N}：加在一次绕组上的正常工作电压值。根据变压器的绝缘强度和允许发热等条件规定。

U_{2N}：变压器空载时，高压侧加上额定电压后，二次绕组两端的电压值。

U_{2N}不等于额定负载时的负载电压。有一个电压降使空载电压大于负载电压。额定电压在三相变压器中是指线电压。

（3）额定电流I_{1N}和I_{2N}

额定电流是根据变压器允许发热的条件而规定的满载电流值。在三相变压器中额定电流是指线电流。

（4）额定容量S_N

额定容量是变压器在额定工作状态下，二次绕组的视在功率，其单位为kV·A。

单相变压器的额定容量

$$S_N=\frac{U_{2N}I_{2N}}{1000}\ kV·A$$

三相变压器的额定容量

$$S_N=\frac{\sqrt{3}\ U_{2N}I_{2N}}{1000}\ kV·A$$

（5）连接组标号

三相变压器一、二次绕组的连接方式：Y（高压绕组做星形连接）、y（低压绕组做星形连接）；D（高压绕组做三角形连接）、d（低压绕组做三角形连接）；N（高压绕组做星形连接时的中性线）、n（低压绕组做星形连接时的中性线）。

（6）阻抗电压

又称为短路电压。它标示在额定电流时变压器阻抗压降的大小。通常用它与额定电压U_{1N}的百分比来表示。

例：一台三相油浸自冷式铝线变压器，已知S_N=560kV·A，U_{1N}/U_{2N}=10000V/400V，试求一次、二次绕组的额定电流I_{1N}、I_{2N}各是多大？

解：

$$I_{1N}=\frac{S_N}{\sqrt{3}\ U_{1N}}=\frac{560\times10^3}{\sqrt{3}\times10000}=32.33A$$

$$I_{2N}=\frac{S_N}{\sqrt{3}\ U_{2N}}=\frac{560\times10^3}{\sqrt{3}\times400}=808.31A$$

7.3 电力变压器的工作原理

变压器是利用电磁感应原理传输电能或电信号的器件，它具有变压、变流和变阻抗的作用。变压器的种类很多，应用十分广泛。比如在电力系统中用电力变压器把发电机发出的电压升高后进行远距离输电，到达目的地后再用变压器把电压降低以便用户使用，以此减少传输过程中电能的损耗；在电子设备和仪器中常用小功率电源变压器改变市电电压，再通过整流和滤波得到电路所需要的直流电压；在放大电路中用耦合变压器传递信号或进行阻抗的匹配等。变压器虽然大小悬殊，用途各异，但其基本结构和工作原理却是相同的。

简单地说，变压器的工作原理就是电磁感应原理，也就是"动电生磁，动磁生电"的过程。

如图7-10所示，跟电源U_1连接的线圈叫原线圈，也叫初级线圈，与U_2连接的线圈叫副线圈，也叫次级线圈，两线圈由绝缘导线绕制，铁芯由涂有绝缘漆的硅钢片叠合而成。

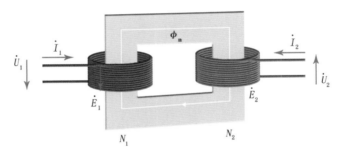

图7-10　变压器的结构与符号

（1）变压器的结构

如图7-11所示，变压器由铁芯、原线圈、副线圈、输入电源（接闸刀开关）、输出电源（接负载）组成。

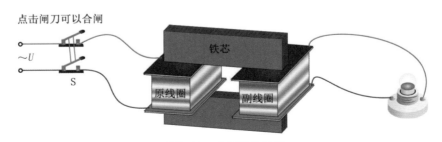

图7-11　变压器的结构

（2）变压器的原理

① 电动势关系　由于电磁感应现象，原、副线圈中具有相同的$\Delta\Phi/t$，根据电磁感应定律有

$$E_1=N_1\Delta\Phi/\Delta t,\ E_2=N_2\Delta\Phi/\Delta t$$

所以

$$E_1/E_2=N_1/N_2$$

② 电压关系　如果不计原、副线圈的电阻，则有

$$U_1=E_1,\ U_2=E_2$$

所以

$$U_1/U_2=N_1/N_2$$

只要匝数不同，就可得到不同的输出电压，这就变压器的变压原理。

$N_2>N_1$时，这种变压器叫作升压变压器。

$N_2<N_1$时，这种变压器叫作降压变压器。

③ 电流关系　由于不存在各种电磁能量损失，输入功率等于输出功率$P_1=P_2$，即

$$U_1I_1=U_2I_2$$

所以

$$I_1/I_2=U_2/U_1=N_2/N_1$$

变压器高压线圈匝数多而通过的电流小，可用较细的导线绕制，低压线圈匝数少而通过电流大，应用较粗的导线绕制。

例：一理想变压器原、副线圈的匝数比为1：2；副线圈电路中接有灯泡，灯泡的额定电压为220V，额定功率为22W；原线圈电路中接有电压表和电流表。现闭合开关，灯泡正常发光，若用U和I分别表示此时电压表和电流表的读数，则（A）。

(A) $U=110$V，$I=0.2$A

(B) $U=110$V，$I=0.05$A

(C) $U=110\sqrt{2}$V，$I=0.2$A

(D) $U=110$V，$I=0.2\sqrt{2}$A

由于灯泡正常发光，故灯泡两端电压即副线圈两端电压，为$U_2=220$V，通过灯泡的电流即副线圈中的电流，为$I_2=22$W/220V=0.1A。根据理想变压器电压关系$U_1:U_2=N_1:N_2$，得$U_1=110$V。因理想变压器的初、次级功率相等，即$U_1I_1=U_2I_2$，故$I_1=U_2\div U_1\times I_2=220/110\times0.1=0.2$A，故选A。

分析要点：解决变压器问题时抓住原、副线圈"功率相等"这个关键，很多情况下利用原、副线圈的功率关系能使问题快速得到解决。

7.4 电能的传送

发电部门的发电机将其他形式的能（如水能和化学能）转换成电能，电能再通过导线传送给用户。由于用户与发电部门的距离往往很远，电能传送需要很长的导线，电能在导线传送的过程中有损耗。根据焦耳定律$Q=I^2Rt$可知，损耗的大小主要与流过导线的电流和导线的电阻有关，电流、电阻越大，导线的损耗越大。

为了降低电能在导线上传送产生的损耗，可减小导线电阻和降低流过导线的电流。具体做法有：通过采用电阻率小的铝或铜材料制作成粗导线来减小导线的电阻；通过提高传送电压来减小电流，这是根据$P=UI$，在传送功率一定的情况下，导线电压越高，流过导线的电流越小。

电能从发电站传送到用户的过程如图7-12所示。发电机输出的电压先送到升压电站进行升压，升压后得到110～330kV·A。

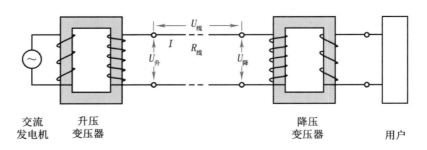

图7-12　高压输送电能示意图

各量间的关系如下：

① 功率关系：发电机的输送功率为P_1、升压变压器的输出功率为P_2、降压变压器的输出功率为P_3、线路损失功率为ΔP，理想变压器满足

$$P_1=P_2=P_3+\Delta P$$

② 电压关系：在输电电路中，输送电压为U_1，线路损失电压为ΔU，降压变压器的输入电压为U_2，满足

$$U_1=\Delta U+U_2$$

③ 功率、电压、电流、电阻之间的关系：

输送功率P_1、输送电流I、输送电压U_1的关系为

$$P_1=IU_1$$

损失功率ΔP、输送电流I、线路电阻R的关系为

$$\Delta P=I^2R$$

案 例

发电机的输出端电压220V、输出电功率44kW、输电线路的电阻为0.2Ω，如果用初、次级线圈匝数之比为1:10的升压变压器升压，经输电线后，再用初、次级线圈匝数比为10:1的降压变压器降压供给用户，求用户得到的电压和功率。

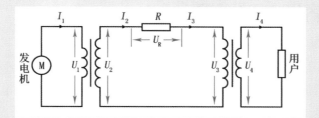

升压变压器的输出电压

$$U_2=N_2/N_1U_1=10/1 \times 220V=2200V$$

升压变压器的输出电流

$$I_2=P/U_2=44 \times 10^3/2200A=20A$$

输电线路上的电压损失和功率损失分别为

$$U_R=I_2R=20 \times 0.2V=4V$$

$$P_R=I_2^2R=20^2 \times 0.2W=80W$$

降压变压器的输入电流和电压分别为

$$I_3=I_2=20A$$

$$U_3=U_2-U_R=2200V-4V=2196V$$

降压变压器的输出电压和电流分别为

$$U_4=N_4/N_3 \times U_3=1/10 \times 2196V=219.6V$$

$$I_4=U_3/U_4 \times I_3=2196/219.6 \times 20A=200A$$

用户得到的功率为

$$P_4=I_4U_4=200 \times 219.6W=4.392 \times 10^4W$$

第 8 章

电力电容器

8.1 电力电容器基础知识

电力电容器主要应用在电力系统，但在工业生产设备及高电压试验方面也有广泛的应用。它按使用电压的高低可分为高压电力电容器和低压电力电容器，以额定电压1000V为界。高压电力电容器一般为油浸电容器，低压电力电容器多为自愈式电容器，也称金属化电容器。

8.1.1 电力电容器的分类

（1）并联电容器

并联电容器是并联补偿电容的简称，与需补偿设备并联于50Hz或60Hz交流电力系统中，用于补偿感性无功功率，改善功率因数和电压质量，降低线路损耗，提高系统或变压器的输出功率。由于并联电容器减少了线路上感性无功的输送，减少了电压和功率损耗，因而提高了线路的输电能力。

并联电容器又可分为以下几种类型。

① 高压并联电容器。其额定电压在1.0kV以上，大多为油浸电容器。

② 低压并联电容器。其额定电压在1.0kV及下，大多为自愈式电容器。

③ 自愈式低压并联电容器。其额定电压在1.0kV及下。

④ 集合式并联电容器（也称密集型电容器）。准确地说，应该称作并联电容器组，额定电压在3.5~66kV。

⑤ 箱式电容器。其额定电压多在3.5~35kV，与集合式电容器的区别是：集合式电容器是由电容器单元（单台电容器有时也叫电容器单元）串并联组成，放置于金属箱内。箱式电容器是由元件串并联组成芯子，放置于金属箱内。

（2）串联电容器

串联电容器串联于50Hz或60Hz交流电力系统中，其额定电压多在2.0kV以下。串联电容器的作用如下。

① 提高线路末端电压。一般可将线路末端电压提高10%~20%。

② 降低受电端电压波动。当线路受电端接有变化很大的冲击负荷（如电弧炉、电焊机、电气轨道等）时，串联电容器能消除电压的剧烈波动。

③ 提高线路输电能力。

④ 提高系统的稳定性。

（3）交流滤波电容器

将电抗器、电阻器连接在一起组成交流滤波器电容器，接于50Hz或60Hz交流电力系统中，用来对一种或多种谐波电流提供低阻抗通道，降低网络谐波水平，改善系统的功率因数。其额定电压在15kV及以下。

（4）耦合电容器

耦合电容器主要用于高压及超高压输电线路的载波通信系统，同时也可作为测量、控制、保护装置中的部件。

（5）直流滤波电容器

直流滤波电容器用于高压整流滤波装置及高压直流输电中，滤除残余交流成分，减少直流中的纹波，提高直流输电的质量。其额定电压多在12kV左右。

8.1.2 电力电容器的结构及试验方法

（1）电力电容器的结构

各种电力电容器的结构根据其种类不同差别很大，主要由外壳、芯子、引线和套管等组成，电力电容器的外壳一般采用薄钢板焊接而成，表面涂阻燃漆，壳盖上装有出线套管，箱壁侧面焊有吊盘、接地螺栓等。大容量集合式电容器的箱盖上还装有油枕或金属膨胀器及压力释放阀，箱壁侧面装有片状散热器、压力式温控装置等。

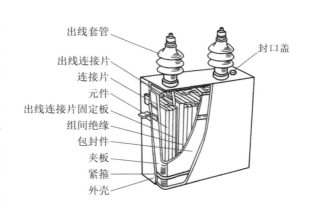

图8-1　电力电容器的结构

电力电容器的芯子由元件、绝缘件等组成。如图8-1所示为电力电容器的结构。

（2）电力电容器的试验方法

① 外观检查　外观检查主要是观察电力电容器是否存在变形、锈蚀、渗油、过热变色、鼓胀等问题。

② 密封性检查　用户进行密封性检查通常只能采用加热的方法，在不通电的情况下将试品加热到最高允许温度加20℃的温度，并维持一段时间（2h以上），在容易产生渗油的地方用吸油材料（如白石粉、餐巾纸等）进行检查。

③ 绝缘电阻测量　在绝缘体上施加直流电压后，会产生三种电流，如图8-2所示。

a.电导电流i_R，与绝缘电阻有关；

b.电容电流i_C，与电容量有关；

c.吸收电流i_1，由绝缘介质的极化过程引起。

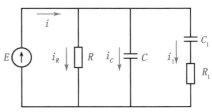

图8-2　夹层绝缘体的等值电路

8.2 电力电容器安装要求与接线

8.2.1 电容器安装要求

（1）安装环境要求

① 电力电容器所在环境温度不应超过±40℃，周围空气相对湿度不应大于80%，海拔高度不应超过1000m，周围不应有腐蚀性气体或蒸气，不应有大量灰尘或纤维，所安装的环境应无易燃、易爆危险或强烈振动。

② 电力电容器室应为耐火建筑，耐火等级不应低于二级；电容器室应有良好的通风。总油量300kg以上的高压电容器应安装在单独的防爆室内；总油量300kg以下的高压电容和低压电容器应视其油量的多少，安装在有防爆墙的间隔内或有隔板间隔内。

③ 电力电容器应避免阳光直射。

④ 电力电容器分层安装时一般不超过三层，层与层之间不得有隔板，以免阻碍通风。相邻电容器之间的距离不得小于5cm；上、下层之间的净距不应小于20cm；下层电容器底面对地高度不宜小于30cm。电容器的铭牌应面向通道。

（2）安装作业条件

① 施工图纸及技术资料齐全。

② 土建工程基本施工完毕，地面、墙面全部完工，标高、尺寸、结构及预埋件均符合设计要求。

③ 屋顶无漏水现象，门窗及玻璃安装完毕，门加锁，场地清扫干净，道路畅通。

④ 成套电容器框组安装前，应按设计要求做好型钢基础。电容器地构架应采用非可燃材料制成。

（3）电容器的安装

① 电容器的额定电压应与电网电压相符，一般应采用三角形连接。电容器组应保持三相平衡，三相不平衡电流不大于额定电流的5%。

② 电容器安装时铭牌应向通道一侧；电容器必须有放电环节，以保证停电后迅速将储存的电能放掉；电容器的金属外壳必须可靠接地。

（4）电容器安装注意事项

① 电容器回路中的任何不良接触，均可能引起高频振荡电弧，使电容器的工作电场强度增大和发热从而使电容器早期损坏。因此，安装时必须保持电气回路和接地部分的接触良好。

② 较低电压等级的电容器经串联后运行于较高电压等级网络中时，各台的外壳对地之间应通过加装相当于运行电压等级的绝缘子等措施使之可靠绝缘。

③ 电容器经星形连接后，用于高一级额定电压，且中性点不接地时，电容器的外壳应对地绝缘。

④ 电容器安装之前，要分配一次电容量，使其相间平衡，偏差不超过总容量的5%。

当装有继电保护装置时，还应满足运行时平衡电流误差不超过继电保护动作电流的要求。

⑤ 对分组补偿低压电容器，应该连接在低压分组母线电源开关的外侧，以防止分组母线开关断开时产生的自励现象。

⑥ 集中补偿的低压电容器组，应专设开关并装在线路总开关的外侧，而不要装在低压母线上。

8.2.2 电容器的接线

（1）电容器接线方式

三相电容器内部为三角形接线；单相电容器应根据其额定电压和线路的额定电压确定接线方式：电容器额定电压与线路线电压相符时采用三角形接线；电容器额定电压与线路相电压相符时采用星形接线。

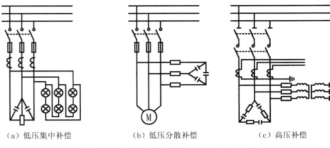

（a）低压集中补偿　　（b）低压分散补偿　　（c）高压补偿

图8-3　电容器的几种基本接线方式

为了取得良好的补偿效果，应将电容器分成若干组分别接向电容器母线。每组电容器应能够分别控制、保护和放电。电容器的几种基本接线方式如图8-3所示。

（2）电容器接线注意事项

① 电容器连接线应采用软导线，接线应对称一致，整齐美观，线端应加线鼻子，并压接牢固可靠。

② 电容器组用母线连接时，不要使电容器套管（接线端子）受机械应力，压接应严密可靠，母线排列应整齐并刷好相色。

③ 每台电容器的接线采用单独的软线与母线相连，不要采用硬母线连接，以防止装配应力造成电容器套管损坏，破坏密封而引起的漏油。

④ 对个别补偿电容器的接线应做到：对直接启动或经变阻器启动的感应电动机，其提高功率因数的电容可以直接与电动机的出线端子相连接，两者之间不要装设开关设备或熔断器；对采用星-三角启动器启动的感应式电动机，采用三台单相电容器，每台电容器直接并联在每相绕组的两个端子上，使电容器的接线总是和绕组的接法相一致。

提醒：电容器送电前应进行绝缘摇测。1kV以下电容器用1000V摇表摇测，3～10kV电容器用2500V摇表摇测，并做好记录。

8.3 电力电容器运行注意事项及故障处理

8.3.1 电容器的保养与维护

（1）电力电容器的保护措施

电容器组应采用适当保护措施，如采用平衡或差动继电保护、采用瞬时作用过电流继电保护。对于3.15kV及以上的电容器，必须在每个电容器上装设单独的熔断器，熔断器的额定电流应按熔丝的特性和接通时的涌流来选定，一般采用1.5倍电容器的额定电流为宜，以防止电容器油箱爆炸。

如果电容器同架空线连接，可用合适的避雷器来进行大气过电压保护。在高压网络中，短路电流超过20A时，并且短路电流的保护装置或熔丝不能可靠地保护对地短路时，应采用单相短路保护装置。

电容器不允许装设自动重合闸装置，应装设无压释放自动跳闸装置。

（2）电力电容器日常维护与保养

做好运行中电容器的日常维护和保养，在一定程度上可以延长电容器的使用寿命。

① 按规程规定每天对运行的电容器组的外观巡视检查，如发现箱壳膨胀应停止使用，以免发生故障。检查电容器组每相负荷可用安培表进行。

② 电容器套管和支持绝缘子表面应清洁、无破损、无放电痕迹，电容器外壳应清洁、不变形、无渗油，电容器和铁架子上面不应积满灰尘和其他脏东西。注意检查接有电容器组的电气线路上所有接触处（通电汇流排、接地线、断路器、熔断器、开关等）的可靠性。因为在线路上一个接触处出了故障，甚至螺母旋得不紧，都可能使电容器早期损坏，使整个设备发生事故。

③ 对电容器电容和熔丝的检查，每个月不得少于一次。如果运行中的电容器需要进行耐压试验，则应按规定值进行试验。

④ 由于继电器动作而使电容器组的断路器跳开，在未找出跳开的原因之前，不得重新合上。

⑤ 在运行或运输过程中如发现电容器外壳漏油，可以用锡铅焊料钎焊的方法修理。

（3）电力电容器组倒闸操作

① 在正常情况下，全所停电操作时，应先断开电容器组断路器后，再断开各路出线断路器。恢复送电时应与此顺序相反。

② 事故情况下，全所无电后，必须将电容器组的断路器断开。

③ 电容器组断路器跳闸后不准强送电。保护熔丝熔断后，未经查明原因之前，不准更换熔丝送电。

④ 电容器组禁止带电荷合闸。电容器组再次合闸时，必须在断路器断开3min之后才可进行。

（4）电容器运行监测

① 温度的监测　电容器工作的环境温度一般为-40～40℃。可在电容器的外壳贴示温蜡片进行检测。

电容器组运行的温度要求为：1h温升不超过40℃，2h温升不得超过30℃，一年平均温升不得超过20℃。如超过，应采用人工冷却（安装风扇）或将电容器组与电网断开。

② 电压、电流监测　电容器的工作电压和电流，在运行时不得超过1.1倍额定电压和1.3倍额定电流。电容器在1.1倍额定电压下运行不得超过4h。电容器三相电流的差别不应超过额定电流的±5%。

8.3.2 电容器的故障处理

（1）电容器运行中的故障处理

① 电容器喷油，爆炸着火时，应立即断开电源，并用沙子或干式灭火器灭火。此类事故多是由于系统内、外过电压，电容器内部严重故障所引起的。为了防止此类事故发生，要求单台熔断器熔丝规格必须匹配，熔断器熔丝熔断后要认真查找原因，电容器组不得使用自动重合闸。跳闸后不得强送电，以免造成更大的损坏事故。

② 电容器的断路器跳闸，而分路熔断器熔丝未熔断时，应对电容器放电3min后，再检查断路器、电流互感器、电力电缆及电容器外部等情况。若未发现异常，则可能是由于外部故障或母线电压波动所致，并经检查正常后，可以试投，否则应进一步对保护做全面的通电试验。在未查明原因之前，不得试投运。

③ 电容器的熔断器熔丝熔断时，应在值班调度员同意后再断开电容器的断路器。切断电源并对电容器放电后，先进行外部检查，然后用绝缘摇表摇测极间及极对地的绝缘电阻值。如未发现故障迹象，可换好熔断器熔丝后继续投入运行。如经送电后熔断器的熔丝仍熔断，则应退出故障电容器，并恢复对其余部分的送电。

（2）处理故障电容器的安全事项

处理故障电容器应在断开电容器的断路器，拉开断路器两侧的隔离开关，并对电容器组经放电电阻放电后进行。电容器组经放电电阻（放电变压器或放电电压互感器）放电后，由于部分残存电荷一时放不尽，仍应进行一次人工放电。放电时先将接地线接地端接好，再用接地棒多次对电容器放电，直至无放电火花及放电声为止，然后将接地端固定好。

由于故障电容器可能发生引线接触不良、内部断线或熔丝熔断等情况，因此有部分电荷可能未放尽，所以检修人员在接触故障电容器之前，应戴上绝缘手套，先用短路线将故障电容器两极短接，然后方可动手拆卸和更换。

对于双星形接线的电容器组的中性线，以及多个电容器的串接线，还应单独进行放电。

（3）电容器的修理

① 套管、箱壳上面的漏油点，可用锡铅焊料修补，但应注意烙铁不能过热，以免银层脱焊。

② 电容器发生对地绝缘击穿，电容器的损失角正切值增大，箱壳膨胀及开路等故障，需要由专门的修理厂进行修理。

第9章

电动机

9.1 单相异步电动机

9.1.1 单相异步电动机的用途和特点

单相异步电动机是用单相交流电源供电的一类驱动用电动机，具有结构简单、成本低廉、运行可靠及维修方便等一系列优点。特别是因为它可以直接使用普通民用电源，所以广泛地应用于各行各业和日常生活，作为各类工农业生产工具、日用电器、仪器仪表、商业服务、办公用具和文教卫生设备中的动力源，与人们的工作、学习和生活有着极为密切的关系。和容量相同的三相异步电动机比较，单相异步电动机的体积较大，运行性能也较差，所以单相异步电动机通常只做成小型的，其容量从几瓦到几百瓦。在工业上，单相异步电动机常用于通风、锅炉设备以及其他伺服机构上。

9.1.2 电容分相式单相异步电动机

（1）电容分相式单相异步电动机的构造

从结构上看，单相异步电动机的转子多采用笼型转子。当定子绕组接通单相电源后，在定子、转子和空气气隙中产生脉动磁场，由于磁场只是脉动，因而转子不旋转，因此单相异步电动机没有启动转矩，不能自行启动，必须有启动措施。单相异步电动机常用的启动方式是电容分相式。单向异步电动机如图9-1、图9-2所示。

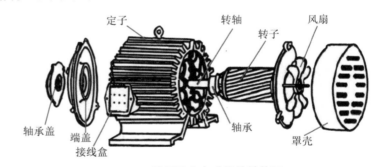

图9-1　单相异步电动机的结构图

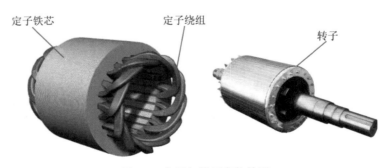

图9-2　定子与转子实物外形

160

（2）电容分相式单相异步电动机的转动原理

电容分相式单相异步电动机的定子上有两个在空间相隔90°的绕组（A1、A2和B1、B2），如图9-3(a)所示。B绕组串联适当的电容器C后与A绕组并联于单相交流电源上。电容器的作用是使通过它的电流i_B超前于i_A接

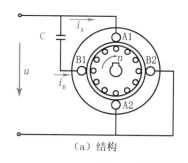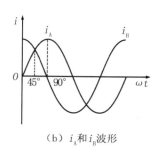

（a）结构　　　　　（b）i_A和i_B波形

图9-3　电容分相式单相异步电动机

近90°，即把单相交流电变为两相交流电，如图9-3(b)所示。这样的两相交流电分别通过两个在空间相隔90°的绕组，便能产生旋转磁场。

旋转磁场的转向是由两相绕组中电流的相位决定的。由于i_B超前于i_A，所以旋转磁场从绕组B1端到绕组A1端按顺时针方向旋转。如果把电容器C改接在绕组A的电路上，使i_A超前于i_B，则旋转磁场将从绕组A1端到绕组B1端按逆时针方向旋转。所以，当两个绕组相同时，要改变电容分相式电动机的转向，只要调换一下绕组与电容器C串联即可。

常见的电容分相式单相异步电动机的接线有三种，分别为电容启动［图9-4(a)］、电容运行［图9-4(b)］和兼有电容启动和电容运行［图9-4(c)］。

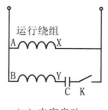

（a）电容启动　　　（b）电容运行（永久分相）　　（c）电容启动、运行

图9-4　电容分相式单相异步电动机接线

（3）单相电动机检修

单相电动机由启动绕组和运转绕组组成定子。启动绕组的电阻大，导线细（俗称小包）；运转绕组的电阻小，导线粗（俗称大包）。

单相电动机的接线端子有公共端子、运转端子（主线圈端子）、启动端子（辅助线圈端子），如图9-5所示。

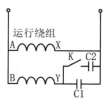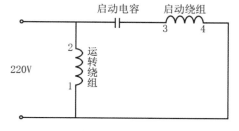

图9-5　单相电动机接线示意图

在单相异步电动机的故障中，大多数是由于电动机绕组烧毁造成的。因此，在修理单相异步电动机时，一般要做电气方面的检查，首先要检查电动机的绕组。

单相异步电动机的启动绕组和运转绕组的分辨方法如下。

用万用表的R×1挡测量公共端子、运转端子（主线圈端子）、启动端子（辅助线圈端子）三个接线端子的每两个端子之间电阻值。测量时按下式（一般规律，特殊情况除外）计算。

$$总电阻（公共端子）=启动绕组电阻+运转绕组电阻$$

已知其中两个值即可求出第三个值。

小功率的压缩机用电动机的电阻值见表9-1。

表9-1　小功率的压缩机用电动机的电阻值

电动机功率/kW	启动绕组电阻/Ω	运转绕组电阻/Ω
0.09	18	4.7
0.12	17	2.7
0.15	14	2.3
0.18	17	1.7

① 单相电动机的故障。

单相电动机常见故障有电动机漏电、电动机主轴磨损和电动机绕组烧毁。

造成电动机漏电的原因有：

a.电动机导线绝缘层破损，并与机壳相碰。

b.电动机严重受潮。

c.组装和检修电动机时，因装配不慎使导线绝缘层受到磨损或碰撞，导线绝缘性能下降。

电动机因电源电压太低，不能正常启动或启动保护失灵，以及制冷剂、冷冻油含水量过高，绝缘材料变质等也能引起电动机绕组烧毁和断路、短路等故障。

电动机断路时，不能运转，如有一个绕组断路时电流值很大，也不会运转。由于振动，电动机引线可能烧断，使绕组导线断开。保护器触点跳开后不能自动复位，也是断路。

电动机短路时，虽能运转，但运转电流大，致使启动继电器不能正常工作。短路有匝间短路、接地短路和笼型线圈断条等。

② 单相电动机绕组的检修。

电动机的绕组可能发生断路、短路或碰壳接地。可使用万用表检测绕组通断（图9-6）与接地（图9-7）。

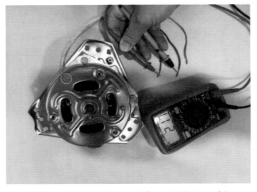

图9-6　用万用表检查电动机绕组通断

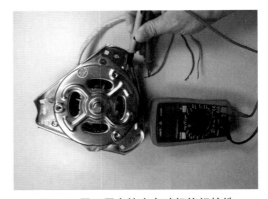

图9-7　用万用表检查电动机绕组接地

检查断路时可用欧姆表，将一根引线与电动机的公共端子相接，另一根线依次接触启动绕组和运转绕组的接线端子，用来测试绕组电阻。如果所测阻值符合产品说明书规定的阻值，或启动绕组电阻和运转绕组电阻之和等于公共端子的电阻，即说明电动机绕组良好。

测定电动机的绝缘电阻时，用兆欧表或万用表的R×1k、R×10k电阻挡测量接线端子对压缩机外壳的绝缘电阻，绝缘电阻一般在2MΩ以上。如果绝缘电阻小于1MΩ，表明压缩机外壳严重漏电。

如果用欧姆表测绕组电阻时发现电阻无穷大，即为断路；如果电阻值比规定值小得多，即为短路。

电动机的绕组短路原因：匝间短路、绕组烧毁、绕组间短路等。可用万用表或兆欧表检查相间绝缘，如果绝缘电阻过小，即表明匝间短路。

绕组部分短路和全部短路表现不同，全部短路时可能会有焦味或冒烟。

接地检查：例如可在压缩机底座部分外壳上某一点将漆皮刮掉，再把试验灯的一根引线的接头与底座的这一点接触，试验灯的另一根引线则接在压缩机电动机的绕组接点上，接通电源后，如果试验灯发光则该绕组接地。

③ 绕组重绕。

电动机转子用铜或合金铝浇铸在冲孔的硅钢片中，形成笼型转子绕组。当电动机损坏后，可进行重绕。电动机绕组重绕方法参见有关电动机维修书籍。电动机修理后，应按下面介绍的内容进行测试。

a.电动机正反转试验和启动试验。电动机的正反转是由接线方式来决定的。电动机绕组下好线后，连好接线，先不绑扎，首先做电动机正反转试验。其方法是：用直径0.64mm的漆包线（去掉外皮）做一个直径为1cm大小的闭合小铜环，铜环周围用棉丝缠起来；然后用一根细棉线将其吊在定子中间，将运转与启动绕组的出头并联，再与公共端接通110V交流电源（用调压器调好）；短暂通电时（通电时间不宜超出1min），如果小铜环顺转则表明电动机正转，如果小铜环逆转则代表电动机反转；如果电动机运转方向与原来不符，可将启动绕组的其中一个线包的里外接头对调。

在组装完电动机后，进行空载启动试验时，所测量电动机的电流值应符合产品说明书的设计技术标准。空载运转时间在连续4h以上，并应观察其温升情况。如温升过高，可考虑是否为机械问题，电动机定子与转子的间隙是否合适，或电动机绕组本身有无问题。

b.空载运转时，要注意电动机的运转方向。从电动机引出线看，转子是逆时针方向旋转。有的电动机最大的一组启动绕组中可见反绕现象，在重绕时要注意按原来反绕匝数绕制。

单相异步电动机的故障与三相异步电动机的故障基本相同，如短路、接地、断路、接线错误以及不能启动、电机过热。其检查处理也与三相异步电动机基本相同。

9.2 三相异步电动机

9.2.1 三相异步电动机的构造

三相异步电动机有两个基本组成部分：定子和转子。在定子和转子之间有一很小的间隙，称为气隙。图9-8所示为三相异步电动机的外形和内部结构图。

（1）定子

电动机的静止部分称为定子，其组成部分主要包括定子铁芯、定子绕组、机座等。

图9-8 三相异步电动机的外形及内部结构图

① 机座：它的作用是固定定子铁芯和定子绕组，并以两个端盖支撑转子，同时起保护整台电动机的电磁部分和散发电动机运行中产生的热量，一般是由铁或铝铸造而成。

② 定子铁芯：定子铁芯的作用是作为电动机磁路的一部分，并在其上放置定子绕组。定子铁芯一般由0.35～0.5mm厚、表面涂有绝缘漆的硅钢片叠压而成。

③ 定子绕组：定子绕组是电动机的电路部分，通入交流电，产生旋转磁场。

异步电动机定子绕组通常用高强度漆包线（铜线或铝线）绕制成各种线圈后，再嵌放在定子铁芯槽内。大中型电动机则用各种规格的铜条经过绝缘处理后，再嵌放在定子铁芯槽内。为了保证绕组的各导电部分与铁芯之间的可靠绝缘以及绕组本身之间的可靠绝缘，故在定子绕组制造过程中采取了许多绝缘措施。三相异步电动机定子绕组的主要绝缘措施有以下三个：

a.对地绝缘：定子绕组整体与定子铁芯之间的绝缘。

b.相间绝缘：各相定子绕组之间的绝缘。

c.匝间绝缘：每相定子绕组各线匝之间的绝缘。

定子三相绕组的槽内嵌放完毕后共有6个出线端引到电动机机座的接线盒内，可按需要将三相绕组接成星形接法（Y接）或三角形接法（△接），如图9-9所示。

三相异步电动机定子绕组

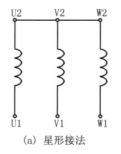
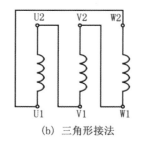

(a) 星形接法 　　 (b) 三角形接法

图9-9 定子三相绕组的接线方法

由三个独立的绕组组成，三个绕组的首端分别用U1、V1、W1表示，其对应的末端分别用U2、V2，W2表示，6个端点都从机座上的接线盒中引出。

（2）转子

三相异步电动机的转子主要由转子铁芯、转子绕组和转轴组成。

① 转子铁芯　转子铁芯也作为主磁路的一部分，通常由0.5mm厚的硅钢片叠装而成。转子铁芯外圆周上有许多均匀分布的槽，槽内安放转子绕组。转子铁芯为圆柱形，固定在转轴或转子支架上。

② 转子绕组　转子绕组的作用是产生感应电流以形成电磁转矩，它分为笼型和绕线型两种结构。

a.笼型转子　在转子的外圆上有若干均匀分布的平行斜槽，每个转子槽内插入一根导条，再伸出铁芯的两端，分别用两个短路环将导条的两端连接起来，若去掉铁芯，整个绕组的外形就像个笼子，故称笼型转子。笼型转子导条的材料可用铜或铝。

b.绕线型转子　它和定子绕组一样，也是一个对称三相绕组。这个三相对称绕组接成星形，然后把三个出线端分别接到转子轴上的三个集电环上，再通过电刷把电流引出来，使转子绕组与外电路接通。绕线式转子的特点是可以通过集电环和电刷在转子绕组回路中接入变阻器，用以改善电动机的启动性能，或者调节电动机的转速。

（3）气隙

三相异步电动机的气隙很小，中小型电动机一般为0.2 ~ 1mm。气隙的大小与异步电动机的性能有很大的关系。为了降低空载电流、提高功率因数和增强定子与转子之间的相互感应作用，三相异步电动机的气隙应尽量小。然而，气隙也不能过小，不然会造成装配困难和运行不安全。

9.2.2 三相异步电动机的工作原理

三相异步电动机是利用定子绕组中三相交流电所产生的旋转磁场与转子绕组内的感应电流相互作用工作的。其工作过程如图9-10所示。

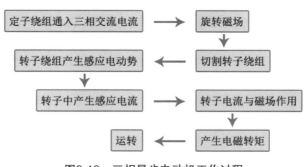

图9-10　三相异步电动机工作过程

（1）三相交流电的旋转磁场

所谓旋转磁场，就是极性和大小不变且以一定转速旋转的磁场。由理论分析和实践证明，在对称的三相绕组中通入对称的三相交流电流时会产生旋转磁场。

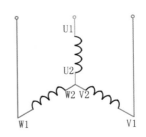

图9-11为最简单的三相异步电动机的定子绕组，每相绕组只

图9-11　三相异步电动机最简单的定子绕组

有一匝线圈，三个相同的线圈U1-U2、V1-V2，W1-W2在空间的位置彼此互差120°，分别放在定子铁芯槽中。当把三相线圈接成星形，并接通三相对称电源后，那么在定子绕组中便产生三个对称电流即

$$i_U = I_M \sin \omega t$$

$$i_V = I_M \sin(\omega t - 120°)$$

$$i_W = I_M \sin(\omega t + 120°)$$

电流通过每个绕组要产生磁场，而通过定子绕组的三相交流电流的大小及方向均随时间而变化，三个绕组所产生的合成磁场可由每个绕组在同一时刻各自产生的磁场进行叠加而得到。假设电流由绕组的始端流入、末端流出为正，反之则为负，电流流入端用"⊕"表示，流出端用"⊙"表示，下面分别取 t 为0、$T/6$、$T/3$、$T/2$四个时刻所

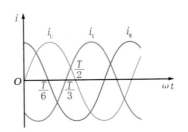

图9-12　三相电流的波形

产生的合成磁场进行定性的分析（其中 T 为三相电流变化的周期）。如图9-12所示。

当 $t=0$ 时，由三相电流的波形可见，电流瞬时值 $i_U=0$，i_V 为负值，i_W 为正值。这表示U相无电流，V相电流是从绕组的末端V2流向首端V1，W相电流是从绕组的始端W1流向末端W2，这一时刻由三个绕组电流所产生的合成磁场如图9-13(a)所示。它在空间形成二极磁场，上为S极，下为N极（对定子而言）。设此时N、S极的轴线（即合成磁场的轴线）为零度。

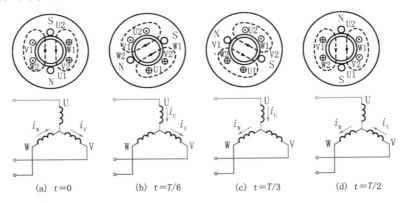

图9-13　三相电流与二极磁场的关系

当$t=T/6$时，U相电流为正，由U1端流向U2端，V相电流为负，由V2端流向V1端，W相电流为零。其合成磁场如图9-13(b)所示，也是一个两极磁场，但N、S极的轴线在空间顺时针方向转了60°。

当$t=T/3$时，i_U为正，由U1端流向U2端，$i_V=0$，i_W为负，由W2端流向W1端，其合成磁场比上一时刻又向前转过了60°，如图9-13(c)所示。

用同样的方法可得出当$t=T/2$时，合成磁场比上一时刻又转过了60°空间角。由此可见，图9-13描述的是一对磁极的旋转磁场。但电流经过一个周期的变化，磁场也沿着顺时针方向旋转一周，即在空间旋转的角度为360°。

上面分析说明，当空间互差120°的绕组通入对称的三相交流电流时，在空间就产生了一个旋转磁场。

由此可见，随着定子绕组中三相电流的不断变化，它所产生的合成磁场也不断地向一个方向旋转，当正弦交流电变化一周时，合成磁场在空间也正好旋转一周。

上述电动机的定子每相只有一个线圈，所得到的是两极旋转磁场，相当于一对N、S磁极在旋转。如果想得到四极旋转磁场，可以把线圈的数目增加1倍，也就是每相由两个线圈串联组成，这两个线圈在空间相隔180°，这样定子各绕组在空间相隔60°。当这6个线圈通入三相交流电时，就可以产生具有两对磁极的旋转磁场。

具有p对磁极时，旋转磁场的转速为：

$$n_1=60f_1/p$$

式中　n_1——旋转磁场的转速（又称同步转速），r/min；

f_1——定子电流频率，即电源频率，Hz；

p——旋转磁场的磁极对数。

国产三相异步电动机的定子电流频率都为工频50Hz，同步转速n_1与磁极对数p的关系见表9-2。

表9-2　同步转速与磁极对数的关系

磁极对数p	1	2	3	4	5
同步转速n_1/(r/min)	3000	1500	1000	750	600

（2）三相异步电动机的转动原理

三相异步电动机定子的三相绕组接入三相对称交流电流时，即产生旋转磁场，旋转磁场在定、转子之间的气隙里以同步转速n_1顺时针方向旋转，如图9-14所示。这时旋转磁场与转子间有相对运动，转子导体受到旋转磁场磁力线的切割，相当于磁场静止而转子导体在逆时针方向旋转。根据电磁感应定律，转子导体中就会产生感应电动势。根据右手定则，可以判断出导体中感应电动势的方向如图9-13所示。因为三相异步电动机转子绕组自行闭合，已构成回路，那么在转子导体回路中就将产生感应电流I_2。根据载流导体在磁场中会受到电磁力的作用，用左手定则可以判断出转子导体所受电磁力（F）的方向。这些电磁力对转轴形成电磁转矩（T），电磁转矩方向与旋转磁场的旋转方向一致，转子顺着旋转磁场的方向顺时针旋转起来。电磁转矩克服轴上的负载转矩做功，实现机电能量的转换。这就是三相异步电动机的转动原理。

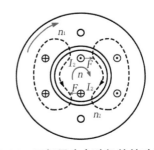

图9-14 三相异步电动机的转动原理

三相异步电动机转子转速n与旋转磁场的转速n_1同方向，但不可能相等。如果$n=n_1$，那么转子与旋转磁场之间就没有相对运动，转子导体就不可能切割磁力线，就不存在感应电流、电磁转矩，也就不能实现机电能量的转换。这就是说，三相异步电动机的转子转速总是低于同步转速，即$n<n_1$。

旋转磁场的同步转速n_1与转子转速（电动机转速）之差称为转差，转差与同步转速n的比值，称为转差率，用s表示，即

$$s=(n_1-n)/n_1 \times 100\%$$

由以上分析可知，三相异步电动机的转向总是和旋转磁场的旋转方向一致，改变旋转磁场的旋转方向，也就改变了电动机的转向。因此，只需将定子绕组与三相电源连接的三根导线中任意两根对调，即改变定子绕组中电流的相序，就改变了旋转磁场的转向，从而改变了电动机的转向。三相绕组接法如图9-15所示。

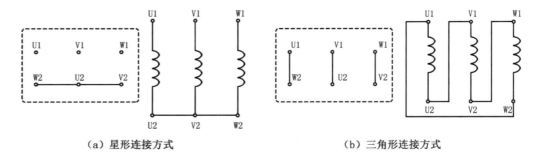

（a）星形连接方式　　　　　　　　　（b）三角形连接方式

图9-15 三相绕组的接法

（3）三相异步电动机功率计算公式

三相异步电动机的额定功率计算公式为

$$P_{\text{N}}=\sqrt{3}\,U_{\text{N}}I_{\text{N}}\cos\phi\eta_{\text{n}}$$

式中　　P_{N}——额定功率，额定条件下转轴上输出的机械功率，kW；

U_{N}——额定电压，额定运行状态时加在定子绕组上的线电压，kV；

I_{N}——在额定运行状态下流入定子绕组的线电流，A；

$\cos\phi$——功率因数；

η_{n}——额定效率。

（4）三相异步电动机常见故障的判断、检修及检修后的一般试验

① 三相异步电动机常见故障的判断及检修。

三相异步电动机常见故障分为机械故障和电气故障两大类。电气故障包括定子和转子绕组的短路、断路，电刷及启动设备等故障。机械故障包括振动过大、轴承过热、定子与转子相互摩擦及不正常噪声等。运行中的常见故障及处理方法见表9-3。

表9-3　三相异步电动机运行中的常见故障及处理方法

故障现象	可能原因	处理方法
不能启动	① 电源未接通或缺相启动 ② 控制设备接线错误 ③ 熔体及电流继电器整定电流太小 ④ 负载过大或传动机械卡死 ⑤ 定、转子绕组断路 ⑥ 定子绕组相间短路 ⑦ 定子绕组接地 ⑧ 定子绕组接线错误 ⑨ 电压过低 ⑩ 绕线转子电动机启动误操作或接线错误	① 检查电源、开关、熔体、各触点及电动机引出线头有无断路，查出故障点并修复 ② 按控制线路图改正接线 ③ 根据电动机容量及负载性质正确选择和调整 ④ 增大电动机容量或减小负载，检查传动装置并排除故障 ⑤⑥⑦ 重新绕制接线 ⑧ 根据电动机铭牌及电源电压纠正电动机定子绕组接法 ⑨ 检查电网电压，过低时调高，但不能超过额定值。降压启动可改变电压抽头或采用其他降压启动方法 ⑩ 检查滑环、短路装置及启动变阻器位置是否正确，启动时是否串接变阻器
电动机温升超过允许值或冒烟	① 过载或机械传动卡住 ② 缺相运行 ③ 环境温度过高或通风不畅 ④ 电压过高或过低，接法错误 ⑤ 定、转子铁芯相擦 ⑥ 电动机启动频繁 ⑦ 定子绕组接地或匝间、相间短路 ⑧ 绕线转子、电动机转子线圈接头脱焊或笼型转子断条	① 选择较大容量电动机或减轻负载，检查传动情况 ② 检查熔体、开关、触点等并排除故障 ③ 采取降温措施或减轻负载，清除风道油垢、灰尘及杂物，更换、修复损坏和打滑的风扇 ④ 测电动机输入端电压和按铭牌纠正绕组接法 ⑤ 检查轴承有无松动，定、转子装配有无不良情况，若轴承过松可给转轴镶套或更换轴承 ⑥ 减少启动次数或选择合适类型的电动机 ⑦ 更换绕组 ⑧ 重新焊接或更换转子条
电动机有异常噪声或振动过大	① 机械摩擦或定、转子相擦 ② 缺相运行 ③ 滚动轴承缺油或损坏 ④ 转子绕组断路 ⑤ 轴伸端弯曲 ⑥ 转子或带轮不平衡 ⑦ 带轴孔偏心或联轴器松动 ⑧ 电动机接线错误 ⑨ 安装基础不平或松动	① 检查电动机转子、风叶等是否与静止部件相擦，如绝缘纸可剪去部分，风叶碰壳可校正紧固，铁芯相擦可锉去突出的硅钢片 ② 检查熔体、开关、触点等，并排除故障 ③ 清洗轴承加新润滑脂，添加量不宜超过轴承内容积的70% ④ 重新绕制 ⑤ 校直或更换转轴。弯曲不严重可车去1～2mm，然后镶套筒 ⑥ 转子校动平衡，带轮校静平衡 ⑦ 车正后镶内套筒或紧固联轴器 ⑧ 纠正接线 ⑨ 校正水平和紧固

电工考证一站式自学一本通

续表

故障现象	可能原因	处理方法
电动机机壳带电	① 电源线与接地线接错 ② 绕组受潮或绝缘损坏 ③ 引出线绝缘损坏或与接线盒相碰，绕组端部碰壳 ④ 接线板损坏或油污太多 ⑤ 接地不良或接地电阻太大	① 纠正接线 ② 干燥处理或修补绝缘并浸漆烘干 ③ 包扎绝缘带或重新接线，端部整形、加强绝缘，在槽口应衬垫绝缘、浸漆 ④ 更换或清理接线板 ⑤ 检查接地装置，找出原因，并采取相应方法纠正
轴承过热	① 轴承损坏 ② 滚动轴承润滑脂过多、过少，油质过厚或有杂质 ③ 滑动轴承润滑油太少和有杂质，油环卡住 ④ 轴承与轴配合过松或过紧 ⑤ 轴承与端盖配合过松或过紧 ⑥ 皮带过紧或联轴器装配不良 ⑦ 电动机两端端盖或轴承盖装配不良	① 更换轴承 ② 正确添加润滑脂或清洗轴承，加新润滑脂添加量不宜超过轴承内容积的70%，对高速或重负载的电动机可少一些 ③ 添加和更换润滑油。查明油环卡住原因，修复或更换油环 ④ 过松时将轴喷涂金属或车削后镶套，过紧时重新磨削到标准尺寸 ⑤ 过松可在端盖内镶套，过紧时重新加工轴承室到标准尺寸 ⑥ 调整传动张力或校正联轴器传动装置 ⑦ 将端盖或轴承盖齿口装平，旋紧螺钉
电动机运行时转速低于额定值，同时电流表指针来回摆动	① 绕线转子电动机一相电刷接触不良 ② 绕线转子电动机集电环的短路装置接触不良 ③ 绕线转子电动机转子绕组一相断路 ④ 笼型电动机转子断笼	① 调整电刷压力并检查电刷与集电环的接触 ② 修理或更换短路装置 ③ 更换绕组 ④ 更换转子或修复断笼
绕线转子电动机集电环火花过大	① 集电环表面不平和有污垢 ② 电刷牌号及尺寸不合适 ③ 电刷压力太小 ④ 电刷在刷握内卡住	① 用0号砂布磨光集电环并清除污垢，灼痕重时应重新加工 ② 更换合适的电刷 ③ 调整电刷压力，通常为1.5~2.5N/cm^2 ④ 磨小电刷

② 电动机维修的一般性试验。

修理后的电动机为保证其检修质量，应做以下检查和试验。

修后装配质量检查：轴承盖及端流螺栓是否拧紧，转子转动是否灵活，轴伸部分是否有明显的偏摆，绕线转子电动机还应检查电刷装配是否符合要求。在确认电动机一般情况良好后，才能进行试验。

绝缘电阻的测定：修复后的电动机绝缘电阻的测定一般在室温下进行。额定工作电压在500V以下的电动机，用500V摇表测定其相间绝缘和绕组对地绝缘，如图9-16、图9-17所示。小修后的绝缘电阻应不小于0.5MΩ，大修更换绕组后的绝缘电阻一般不应小于5MΩ。

图9-16　相间绝缘测试图

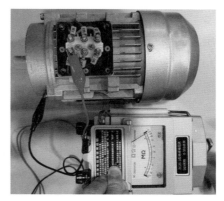

图9-17　相间与外壳绝缘测试图

空载电流的测定：试验时，应在电动机定子绕组上加三相平衡的额定电压，且电动机不带负荷，如图9-18所示。测得的电动机任意相空载电流与三相电流平均值的偏差不得大于10%，试验时间为1h。试验时可检查定子铁芯是否过热或温升不均匀，轴承温度是否正常，倾听电动机启动和运行时有无异常响声。

耐压试验：电动机大修后，应进行绕组对机壳及绕组相间的绝缘强度（即耐压）试验。对额定功率为1kW及以上的电动机，且额定电

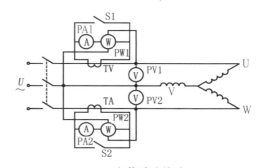

图9-18　空载试验线路图

S—电源开关；TA—电流互感器；

S1，S2—电流互感器短路开关

压为380V，其试验电压为交流电压，有效值为1760V。对额定功率小于1kW的电动机，额定电压为380V，其试验电压有效值为1260V。

9.3 直流电动机

输入为直流电流的旋转电动机称为直流电动机，它能实现直流电能和机械能的转化，直流电动机将电能转化为机械能。在工业生产中，如大型轧钢设备、大型精密机床、矿井卷扬机等要求线速度严格一致的地方，通常都采用直流电动机作为原动力来拖动工作机械。在控制系统中，直流电动机还有其他的用途，如直流测速、直流伺服等。

9.3.1 直流电动机的构造

（1）直流电动机的外形

直流电动机的外形如图9-19所示。

图9-19　直流电动机外形

（2）直流电动机的结构

直流电动机的结构如图9-20所示。

其主要由定子和转子两个部分组成。

定子作用：产生主磁场以及支撑电动机。定子组成：主磁极、换向极、机座、端盖和轴承等。

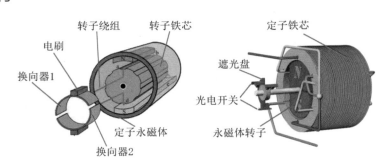

图9-20　有刷直流电动机与无刷直流电动机

① 主磁极　主磁极包括主磁极铁芯和套在上面的励磁绕组，其主要任务是产生主磁场。磁极下面扩大的部分称为极掌，它的作用是使通过空气的磁通分布最为合适，并使励磁绕组牢固地固定在铁芯上。磁极是磁路的一部分，采用1.0～1.5mm的钢片叠压制成。励磁绕组用绝缘铜线绕成。

② 换向极　换向极用来改善电枢电流的换向性能。它也是由铁芯和绕组构成的，用螺杆固定在定子的两个主磁极的中间。

③ 电刷装置　电刷装置包括电刷及电刷座，它们固定在定子上，电刷与换向器保持滑动接触，以便将电枢绕组和外电流接通，引入直流电流。

④ 机座　机座一方面用来固定主磁极、换向极和端盖等，并作整个电动机的支架，用地脚螺钉将电动机固定在基础上；另一方面也是电动机磁路的一部分，故用铸钢或者是钢板压成。

转子作用：感应电动势和产生电磁转矩，从而实现能量的转化。转子组成：电枢铁芯、电枢绕组、换向器、轴承和风扇等。

① 电枢（又称为转子）铁芯　电枢铁芯是主磁极的一部分，用硅钢片叠成，呈圆柱形，表面冲了槽，槽内嵌放电枢绕组。为了加强对铁芯的冷却，电枢铁芯上有轴向通风孔。

② 电枢（又称为转子）绕组　电枢绕组是直流电动机产生感应电势及电磁转矩以实现能量转化的关键部分。绕组一般由铜线绕成，包上绝缘后嵌入电枢铁芯的槽中。为了防止离心力将绕组甩出槽外，用槽楔将绕组导体楔在槽内。

③ 换向器　对电动机而言，换向器是将外加的直流电流转换成电枢绕组的交流电流，并保证每一磁极下，电枢导体的电流方向不变，以产生恒定的电磁转矩。换向器由很多彼此绝缘的铜片组合而成，这些铜片称为换向片，每个换向片都和电枢绕组连接。换向器是直流电动机的结构特征，易于识别。

9.3.2 **直流电动机的原理**

当直流电源通过电刷向电枢绕组供电时，电枢表面N极下部分导体可以流过相同方向的电流，根据左手定则，导体将受到逆时针方向的力矩作用；电枢表面S极下部分导体也流过相同方向的电流，同样根据左手定则导体也将受到逆时针方向的力矩作用。这样，整个电枢绕组（即转子）将按逆时针旋转，输入的直流电能就转换成转子轴上输出的机械能。

直流电动机主要由磁铁、转子绕组（电枢绕组）、电刷和换向器组成。电动机的换向器与转子绕组连接，换向器再与电刷接触，电动机在工作时，换向器与转子绕组同步旋转，而电刷静止不动。当直流电源通过导线、电刷、换向器为转子绕组供电时，通电的转子绕组在磁铁产生的磁场作用下会旋转起来，如图9-21所示。

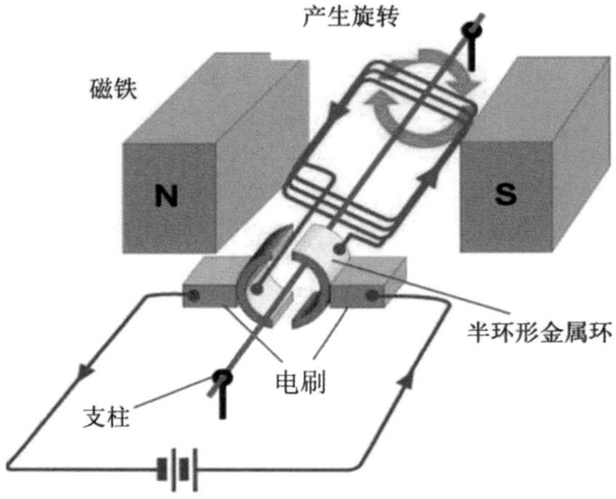

图9-21　直流电动机工作示意图

直流电动机工作过程分析如下。

① 当转子绕组处于图9-22(a)所示的位置时，流过转子绕组的电流方向是电源正极→电刷A→换向器C→转子绕组→换向器D→电刷B→电源负极，根据左手定则可知，转子绕组上导线受到的作用力方向为左，下导线受力方向为右，于是转子绕组按逆时针方向旋转。

② 当转子绕组转至图9-22(b)所示的位置时，电刷A与换向器C脱离断开，电刷B与换向器D也脱离断开，转子绕组无电流通过，不受磁场作用力，但由于惯性作用，转子绕组会继续逆时针旋转。

③ 在转子绕组由图9-22(b)位置旋转到图9-22(c)位置期间，电刷A与换向器D接触，电刷B与换向器C接触，流过转子绕组的电流方向是电源正极→电刷A→换向器D→转子绕组→换向器C→电刷B→电源负极，转子绕组上导线（即原下导线）受到的作用力方向为左，下导线（即原上导线）受力方向为右，转子绕组按逆时针方向继续旋转。

④ 当转子绕组转至图9-22(d)所示的位置时，电刷A与换向器D脱离断开，电刷B与换向器C也脱离断开，转子绕组无电流通过，不受磁场作用力，由于惯性作用，转子绕组会继续逆时针旋转。

以后会不断重复上述过程，转子绕组也连续地不断旋转。直流电动机串的换向器和电刷的作用是当转子绕组转到一定位置时能及时改变转子绕组中电流的方向，这样才能让转子绕组连续不断地运转。

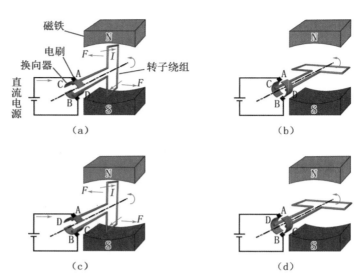

图9-22　直流电动机结构与工作原理

9.3.3 直流电动机的分类

直流电机种类很多，分类方法也各不相同。按结构主要分为直流电动机和直流发电机；按类型主要分为直流有刷电机和直流无刷电机。电动机通常是按励磁方式来分类，因为励磁方式不同，其特性也不同，主要有永磁直流电动机、他励直流电动机、并励直流电动机、串励直流电动机、复励直流电动机。

不同励磁方式的直流电动机有着不同的特性。一般情况下，直流电动机的主要励磁方式是并励式、串励式和复励式。

（1）永磁直流电动机

永磁直流电动机是指采用永久磁铁作为定子来产生励磁磁场的电动机。永磁直流电动机的结构如图9-23所示。从图中可以看出，这种直流电动机的定子为永久磁铁，当给转子绕组通直流电时，在磁铁产生的磁场作用下，转子会运转起来。

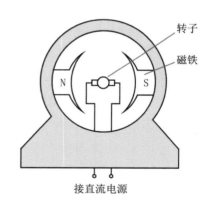

图9-23　永磁直流电动机的结构图

永磁直流电动机具有结构简单、价格低廉、体积小、效率高和使用寿命长等优点。永磁直流电动机开始主要用在一些小功率设备中，如电动玩具、小电器和家用音像设备等。近年来由于强磁性的钕铁硼永磁材料的应用，一些大功率的永磁直流电动机开始出现，使永磁直流电动机的应用更为广泛。

（2）他励直流电动机

他励直流电动机是指励磁绕组和转子绕组分别由不同直流电源供电的直流电动机。他励直流电动机的结构与接线图如图9-24所示。从图中可以看出，他励直流电动机的励磁绕组和转子绕组分别由两个单独的直流电源供电，两者互不影响。

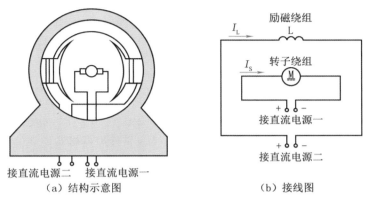

图9-24　他励直流电动机的结构与接线图

他励直流电动机的励磁绕组由独立的励磁电源供电，因此其励磁电流不受转子绕组电流影响，在励磁电流不变的情况下，电动机的启动转矩与转子电流成正比。他励直流电动机可以通过改变励磁绕组或转子绕组的电流大小来提高或降低电动机的转速。

（3）并励直流电动机

并励直流电动机是指励磁绕组和转子绕组并联，并且由同一直流电源供电的直流电动机。并励直流电动机的结构与接线图如图9-25所示。从图中可以看出，并励直流电动机的励磁绕组和转子绕组并接在一起，并且接同一直流电源。

并励直流电动机的励磁绕组采用较细的导线绕制而成，其匝数多、电阻大且励磁电流较恒定。电动机启动转矩与转子绕组电流成正比，启动电流约为额定电流的2.5倍，转速随电流及转矩的增大而略有下降，短时间过载转矩约为额定转矩的1.5倍。

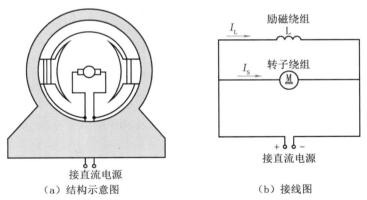

图9-25　并励直流电动机的结构与接线图

（4）串励直流电动机

串励直流电动机是指励磁绕组和转子绕组串联，再接同一直流电源的直流电动机。串励直流电动机的结构与接线图如图9-26所示。从图中可以看出，串励直流电动机的励磁绕组和转子绕组串接在一起，并且由同一直流电源供电。

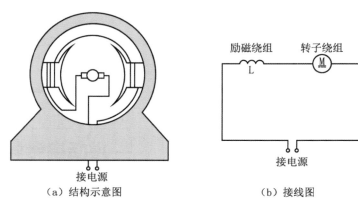

（a）结构示意图　　　　　　　　　（b）接线图

图9-26　串励直流电动机的结构与接线图

串励直流电动机的励磁绕组和转子绕组串联，因此励磁磁场随着转子电流的改变有显著的变化。为了减小励磁绕组的损耗和电压降，要求励磁绕组的电阻应尽量小，所以励磁绕组通常用较粗的导线绕制而成，并且匝数较少。串励直流电动机的转矩近似与转子电流的平方成正比，转速随转矩或电流的增加而迅速下降，其启动转矩可达额定转矩的5倍以上，短时间过载转矩可达额定转矩的4倍以上。串励直流电动机轻载或空载时转速很高，为了安全起见，一般不允许空载启动，也不允许用传送带或链条传动。

串励直流电动机还是一种交直流两用电动机，既可用直流供电，也可用单相交流供电，因为交流供电更为方便，所以串励直流电动机又称为单相串励电动机。由于串励直流电动机具有交直流供电的优点，因此其应用较广泛，如电钻、电吹风、电动缝纫机和吸尘器中常采用串励直流电动机作为动力源。

（5）复励直流电动机

复励直流电动机有两个励磁绕组，一个与转子绕组串联，另一个与转子绕组并联。复励直流电动机的结构与接线图如图9-27所示。从图中可以看出，复励直流电动机的一个励磁绕组L_1和转子绕组串接在

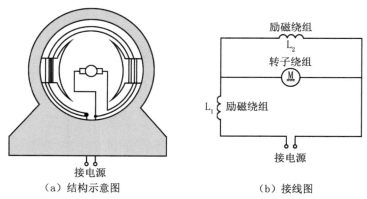

（a）结构示意图　　　　　　（b）接线图

图9-27　复励直流电动机的结构与接线图

一起，另一个励磁绕组L_2与转子绕组为并联关系。

复励直流电动机的串联励磁绕组匝数少，并联励磁绕组匝数多。两个励磁绕组产生的磁场方向相同的电动机称为积复励电动机，反之称为差复励电动机。由于积复励电动机工作稳定，所以更为常用。复励直流电动机启动转矩约为额定转矩的4倍，短时间过载转矩约为额定转矩的3.5倍。

第 10 章
交流电动机控制电路

10.1 点动控制电路

如图10-1所示，当合上空开QF1、QF2时，电动机不会启动运转，因为KM1线圈未通电。按下SB1，使线圈KM1通电，主电路中的主触点KM1闭合，电动机M即可启动。这种只有按下按钮电动机才会运转，松开按钮即停转的线路，称为点动控制电路。利用接触器来控制电动机，优点是减轻劳动强度，操作小电流的控制电路就可以控制大电流主电路，能实现远距离控制与自动化控制。

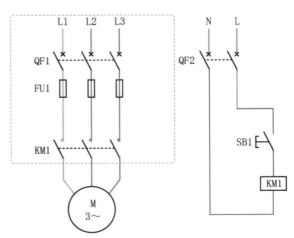

图10-1　接触器点动控制线路

10.2 自锁电路

交流接触器通过自身的常开辅助触点使线圈总是处于得电状态的现象叫作自锁。这个常开辅助触点就叫作自锁触点。在接触器线圈得电后，利用自身的常开辅助触点保持回路的接通状态，一般是对自身回路的控制。把常开辅助触点与启动按钮并联，这样，当启动按钮按下，接触器动作，辅助触点闭合，进行状态保持，此时松开启动按钮接触器

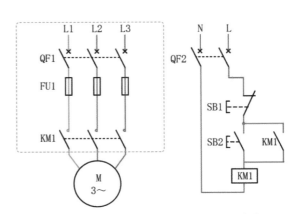

图10-2　接触器自锁控制电动机正转线路

也不会失电断开。一般来说，除启动按钮和辅助触点并联之外，还要串联一个按钮，起停止作用。按钮开关中作启动用的选择常开触点，做停止用的选择常闭触点。如图10-2所示。

（1）启动

合上空开QF1、QF2，按下启动按钮SB2，KM1线圈得电，KM1辅助触点闭合，同时KM1主触点闭合，电动机启动连续运转。

（2）运转

当松开SB2，其常开触点恢复分断后，因为接触器KM1的常开辅助触点闭合时已将SB2短接，控制电路仍保持导通，所以接触器KM1继续得电，电动机M实现连续运转。

（3）停止

按下停止按钮SB1，切断控制电路，KM1主触点分断，电动机停转。

10.3 互锁电路

互锁电路分为机械互锁和电气互锁两种电路，如图10-3所示。

机械互锁：此时的SB2是带有机械互锁的按钮，当SB2所在回路正常工作时，由于"5"上方的常闭触点处于闭合通电状态，因此与虚线连接的SB3按钮处于断开状态。

电气互锁：当SB2所在回路通电时，接触器KM1的线圈供电，此时"8"下方的KM1常闭触点断开，从而避免了两个回路同时供电。

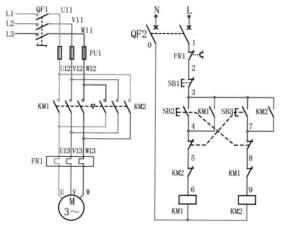

图10-3　互锁电路

10.4 点动及连续控制电路

点动及连续控制电路中，通过SB2和SB3实现点动和连续控制，SB2为连续控制按钮，SB3为点动控制按钮，SB1为停止按钮。如图10-4所示。

点动启动：合上空开QF1、QF2，按下点动启动按钮SB3，按钮的常开触点闭合，常闭触点断开，KM1线圈得电，KM1辅助触点闭合，同时KM1主触点闭合，电动机启动连续运转。

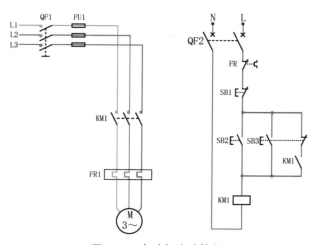

图10-4　点动与连动控制

点动停止：按下停止按钮SB1，其常闭触点断开，接触器KM1被切断，KM1主触点分断，电动机停转；或者松开SB3按钮，常开触点断开，因此KM1线圈失电，电动机停止运转。

连动启动运转：按下SB2，其常开触点闭合，接触器的线圈KM1得电，控制电路仍保持导通，因为点动按钮SB3未按下，因此KM1常开触点接通，此时松开SB2按钮，可以实现自锁控制回路的自锁，所以接触器KM1继续得电，电动机M实现连续运转。

停止：按下停止按钮SB1，其常闭触点断开，切断控制电路，KM1主触点分断，电动机停转。

10.5 三相电动机正反转电路

电动机正反转电路如图10-5所示。按下SB2，正向接触器KM1得电动作，主触点KM1闭合，使电动机正转。按停止按钮SB1，电动机停止。按下SB3，反向接触器KM2得电动作，其主触点闭合，使电动机定子绕组与正转时的相序相反，则电动机反转。

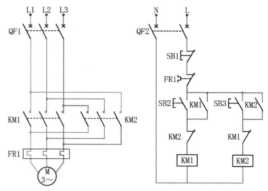

图10-5 电动机正反转电路

接触器的常闭辅助触点互相串联在对方的控制回路中进行联锁控制。这样当KM1得电时，由于KM1的常闭触点断开，使KM2线圈不能通电。此时即使按下SB3按钮，也不能造成短路。反之也是一样。接触器辅助触点的这种互相制约关系称为"联锁"或"互锁"。

需要注意的是，对于此种电路，如果电动机正在正转，想要反转，必须先按停止按钮SB1后，再按反向按钮SB3才能实现。

10.6 三相电动机制动电路

自动控制能耗制动电路如图10-6所示。能耗制动是在三相异步电动机要停车时切除三相电源的同时，把定子绕组接通直流电源，在转速为零时切除直流电源。控制电路就是为了实现上述的过程而设计的，这种制动方法实质上是把转子储存的机械能转化成电能，又消耗在转子的制动上，所以称能耗制动。

图10-6所示为复合按钮与时间继电器实现能耗制动的控制电路。图中

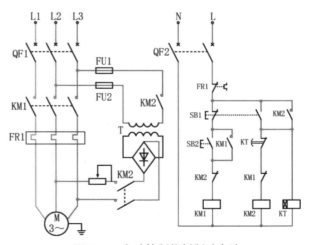

图10-6 自动控制能耗制动电路

整流装置由变压器和整流元件组成。KM2为制动用交流接触器。要停车时按动SB1按钮开关，到制动结束放开按钮开关。控制电路启动/停止的工作过程如下：

主回路：合上QF→主电路和控制电路接通电源→变压器需经KM2的主触点接入电源（初级）和定子线圈（次级）。

控制回路：

① 启动：按动SB2，KM1得电，电动机正常运行。

② 能耗制动：按动SB1，KM1失电，电动机脱离三相电源；KM1常闭触点复原，KM2得电并自锁，时间继电器KT（通电延时）得电，KT瞬动常开触点闭合；KM2主触点闭合，电动机进入能耗制动状态，电动机转速下降，KT整定时间到，KT延时断开常闭触点（动断触点）断开，KM2线圈失电，能耗制动结束。

10.7 三相电动机保护电路

开关联锁过载保护电路如图10-7所示。

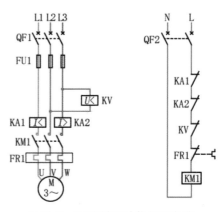

联锁保护过程：通过正向交流接触器KM1控制电动机运转，欠压继电器KV起零压保护作用。在该电路中，当电源电压过低或消失时，欠压继电器KV就要释放，交流接触器KM1马上释放；当过流时，过流继电器KA2就要释放，交流接触器KM1马上释放；同理，当欠电流时，欠流继电器KA1就要释放，交流接触器KM1马上释放。

图10-7　开关联锁过载保护电路

10.8 三相电动机Y-△降压启动电路

三个交流接触器控制三相电动机Y-△降压启动电路如图10-8所示。

从主回路可知，如果控制电路使电动机接成星形（即KM1主触点闭合），并且经过一段延时后再接成三角形（即KM1主触点打开，KM2主

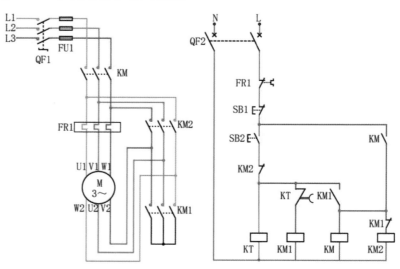

图10-8　三个交流接触器控制三相电动机Y-△降压启动电路

触点闭合），电动机就能实现降压启动，而后再自动转换到正常速度运行。

控制电路的工作过程如图10-9所示。

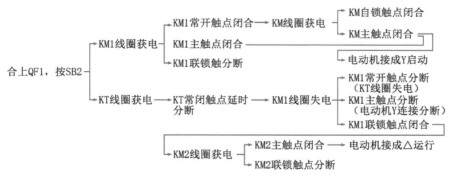

图10-9　控制电路的工作过程

10.9 单相双直电容电动机运行电路

图10-10表示电容启动式或电容启动/电容运转式单相电动机的内部主绕组、副绕组、离心开关和外部电容在接线柱上的接法。其中，主绕组的两端记为U1、U2，副绕组的两端记为Z1、Z2，离心开关K的两端记为V1、V2。注意：电动机厂家不同，标注不同。

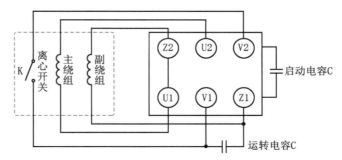

图10-10　绕组在接线柱上的接线接法

这种电动机的铭牌上标有正转和反转的接法，如图10-11所示。

单相电动机正反转控制实际上只是改变主绕组或副绕组的接法：正转接法时，副绕组的Z1端通过启动电容和离心开关连到主绕组的U1端（图10-12）；反转接法时，副绕组的Z1端改接到主绕组的U2端（图10-13）。也可以改变主绕组U1、U2进线方向。

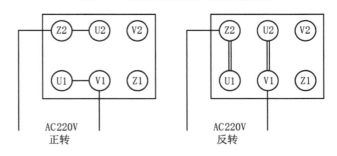

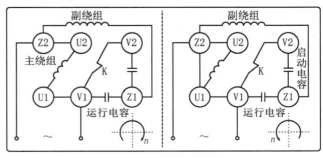

图10-11　正转和反转的接法

181

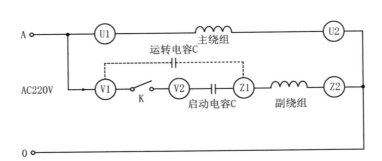

图10-12 正转接法

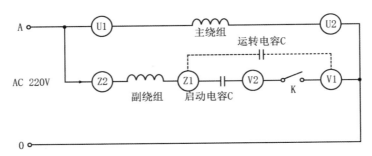

图10-13 反转接法

10.10 定时时钟控制电路

定时时钟控制电路使用微电脑时控开关，当使用小功率负载时可直接控制，大功率负载时应使用接触器控制，如图10-14所示。

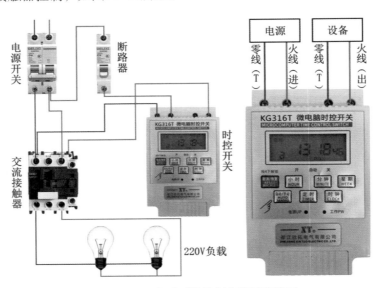

图10-14 定时时钟控制电路及接线图

图10-15所示为手动/自动控制时控水泵控制电路。

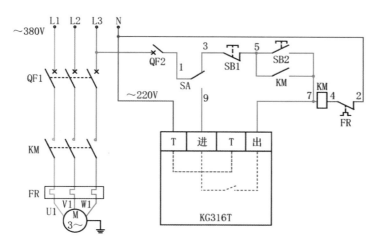

图10-15　手动/自动控制时控水泵控制电路

手动控制：选择开关SA置于手动位置(1-3)，按下启动按钮SB2(5-7)，KM得电吸合并由辅助常开触点KM(5-7)闭合自锁，水泵电动机得电工作，按下SB1停止。

定时自动控制：选择开关SA置于自动位置(1-9)，并参照说明书设置KG316T，水泵电动机即可按照所设定时间开启与关闭，自动完成供水任务。

水泵工作时间与停止时间可根据现场试验后确定比例，使用中出现供水不能满足需要或发生蓄水池溢出时需再进行二次调整。

此种按时间工作的控制方式，缺点显而易见，只能用于用水量比较固定的蓄水池供水，不适用于用水量大、范围不规则变化的蓄水池。

第 11 章
变频器实训

11.1 实训一 变频器的原理及种类

变频器(Variable-frequency Drive，VFD)是应用变频技术与微电子技术，通过改变电机工作电源频率方式来控制交流电动机的电力控制设备，应用非常广泛。变频器的主电路主要包括整流、滤波、逆变、制动单元等。除了主电路以外，还有以微处理器为核心的控制电路，主要包括运算、检测、保护、驱动等。整个变频器靠内部IGBT的开断来调整输出电源的电压和频率，根据电动机的实际需要来提供其所需要的电源电压，进而达到节能、调速的目的。另外，变频器还有很多的保护功能，如过流、过压、过载保护等。

在使用变频器组成变频调速系统时，需要根据实际情况选择合适的变频器及外围设备；设备选择好后要进行正确安装；安装结束后，在正式投入运行前要进行调试；投入运行后需要定期对系统进行维护和保养。

变频器是一种电能变换设备，其功能是将工频电源转换成频率和电压可调的电源，驱动电动机运转并实现调速控制。变频器种类很多，按变换方式分为交-直-交变频器和交-交变频器，按输入的电源相数分为单相变频器和三相变频器，按电压等级分为低压变频器和高中压变频器，按用途分为通用型变频器和专用型变频器。

11.2 实训二 无负载检测

（1）实训器材

实训器材见表11-1。

表11-1 实训器材表

器材	设备	数量
三相电动机	YS7124/370W	1台
变频器	MM440	1台
电源	单相220V交流电	1套
仪表和工具	万用表、剥线钳、压线钳、斜口钳	1套
主令电器	按钮指示灯	1套
执行机构	输送站	1套
导线	RV 0.5mm²红色、蓝色、绿色、黄色	6m/组
冷压端子	红色、蓝色、绿色、黄色	1包

（2）实训内容

为了避免对变频器或机构造成伤害，应先将变频电动机所连接的负载移除（包括电动机轴芯上的联轴器及相关配件，目的是避免变频电动机在运行过程中电动机轴芯未拆解的配件飞脱，间接造成人员伤害或设备损坏）。若移除变频电动机所连接的负载后，根据正常操作程序，能够使变频电动机正常运行起来，之后即可将变频电动机的负载连接上。

逐一检查电动机和变频器的外观、螺钉和配线等，以便在电动机运行前早一步发现问题并解决，以免电动机运行后造成损坏。

① 识别变频器电动机的铭牌等信息。

目视电动机铭牌，记录信息，完成表11-2。

表11-2　三相异步电动机记录表

品牌及系列号	型号	出厂编号	输入电压	输入电流
输出最高频率				

目视变频器铭牌，查阅MM440变频器使用说明书，记录信息，完成表11-3。

表11-3　变频器记录表

品牌及系列号	型号	容量	输入电压	输入频率
输入电源相数	输入电流	输出电压	输出频率范围	输出电流

② 识别电动机和变频器的电气连接。

给变频器送电，按照以下步骤执行：

a.画出电气接线原理图，确认电动机与变频器之间的相关线路连接正确。

输入接线：外部三相电源R、S、T分别连接到变频器的输入端L1、L2、L3；变频器若支持单相输入，只需连接一条相线和N即可。

输出接线：变频电机机的U相（红色）、V相（白色）、W相（黑色）分别接在变频器主电路输出端子U、V、W上。注意不要接错，如果接错，电动机运行将不正常，电动机地线务必与驱动器的接地保护连接。接线图如图11-1所示。

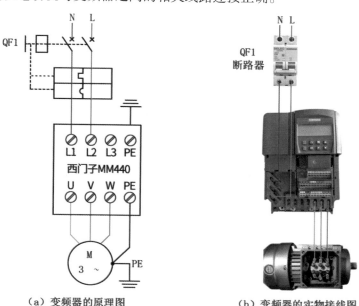

（a）变频器的原理图　　（b）变频器的实物接线图

图11-1　西门子MM440变频器面板控制电路原理图及实物接线图

危险提示：请勿将电源端L1（R）、L2（S）、L3（T）连接到变频器的输出端U、V、W，否则将造成变频器损坏。

b.连接变频器的电源线路。合上变频器电源开关，合上断路器，即可将电源输入至变频器。注意：一定要按照铭牌接入正确的电源。

c.电源启动。电源包括控制回路电源与主回路电源。当电源启动，MM440变频器状态显示"0.0"。如果出现其他报警信息，请查阅手册解决。

11.3 实训三 变频器的参数设置及操作（以西门子MM440为例）

11.3.1 MM440变频器的面板介绍及操作

西门子MM440变频器面板介绍如图11-2所示。

面板操作修改电动机参数的步骤如图11-3所示。

图11-2 西门子MM440变频器面板介绍

图11-3 修改参数步骤

11.3.2 MM440变频器的参数设置（以面板启动为例）

为了使电动机与变频器相匹配，需要设置电动机参数，这些参数可以从电动机铭牌中直接得到。电动机参数设置如表11-4，变频控制参数设置方法如图11-4所示。电动机参数设定完成后，变频器当前处于准备状态，可正常运行。

表11-4 电动机参数设置

参数号	出厂值	设置值	说明
P0003	1	2	设定用户访问等级为标准级
P0010	0	1	快速调试
P0100	0	0	功率以kW表示，频率为50Hz
P0304	230	220	电动机额定电压（V）
P0305	3.25	1.93	电动机额定电流（A）
P0307	0.75	0.37	电动机额定功率（kW）
P0310	50	50	电动机额定频率（Hz）
P0311	0	1400	电动机额定转速（r/min）
P0700	1	1	操作面板（选择命令源）
P1000	2	1	电动电位计（选择频率源）
P1120	10	5	斜坡上升时间（s）

续表

参数号	出厂值	设置值	说明
P1121	10	5	斜坡下降时间（s）
P1080	0	0	电动机运行的最低频率（Hz）
P1082	50	50	电动机运行的最高频率（Hz）

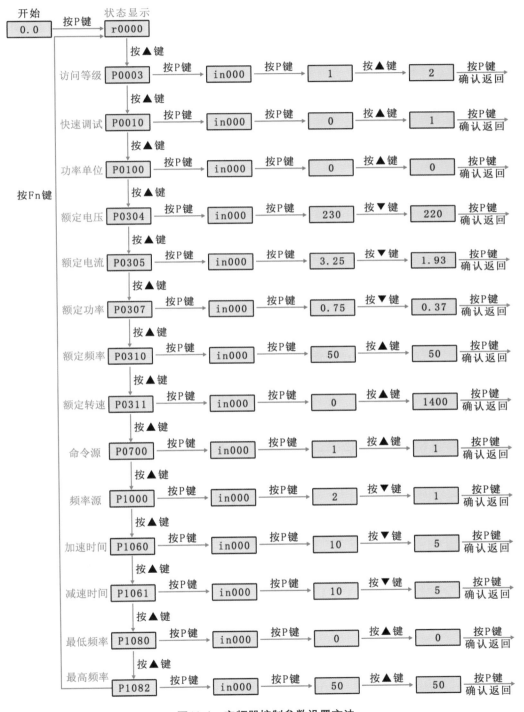

图11-4　变频器控制参数设置方法

11.4 实训四 空载JOG测试

JOG（寸动、点动）方式以所设定的寸动速度做等速度移动，在现场可以非常方便地试运行变频电动机及变频器。为了安全起见，寸动速度建议设置为低转速。

（1）实训器材

MM440变频器和YS7124/370W三相异步电动机。

（2）实训步骤

① 画出系统电气接线原理图。

② 根据电气接线原理图完成电气接线。

③ MM440变频器装置的操作。

通过BOP面板设为面板启动方式，按下JOG键即可实现JOG模式。

11.5 实训五 变频器的三段速控制

11.5.1 MM440变频器三段速正反转控制电动机案例接线图

（1）变频器的接线原理图

西门子MM440变频器三段速正反转控制电动机电路原理图如图11-5所示。

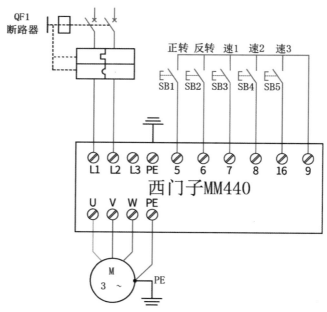

图11-5 西门子MM440变频器三段速正反转控制电动机电路原理图

（2）变频器的实物接线图

西门子MM440变频器三段速正反转控制电动机电路实物接线图如图11-6所示。

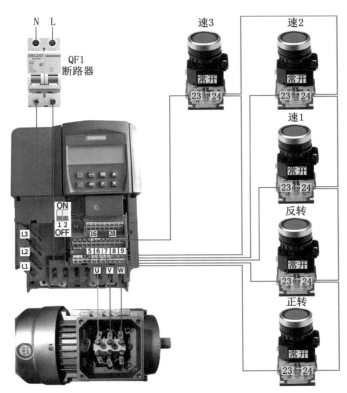

图11-6 西门子MM440变频器三段速正反转控制电机电路实物接线图

11.5.2 MM440变频器三段速正反转控制元器件

元器件明细表见表11-5。

表11-5 元器件明细表

文字符号	名称	型号	元件在电路中起的作用
VFD	变频器	6SE6440-2UC13-7AA1	在电路中可以降低启动电流、改变电动机转速，实现电动机无级调速，在低于额定转速时有节电功能
QF1	断路器	DZ47-60-2P-C10	电源总开关，在主回路中起控制兼保护作用。
SB1	按钮	绿色LA38	控制电动机正转/停止信号
SB2	按钮	绿色LA38	控制电动机反转/停止信号
SB3	按钮	绿色LA38	控制电机运行速度1
SB4	按钮	绿色LA38	控制电机运行速度2
SB5	按钮	绿色LA38	控制电机运行速度3
M	电动机	YS7124/370W	将电能转化为机械能，带动负载运行

11.5.3 MM440变频器三段速正反转控制电动机参数设定

参数设定

变频器参数具体设置见表11-6，变频器主要控制参数设置方法见图11-7。

表11-6 变频器参数设置

参数号	出厂值	设置值	说明
P0700	2	2	命令源选择"由端子排输入"
P0701	1	1	ON接通正转,OFF停止
P0702	12	2	ON接通反转,OFF停止
P0703	9	15	选择固定频率
P0704	15	15	选择固定频率
P0705	15	15	选择固定频率
P1000	2	3	选择固定频率设定值
P1003	10	10	选择固定频率10(Hz)
P1004	15	15	选择固定频率15(Hz)
P1005	25	20	选择固定频率20(Hz)

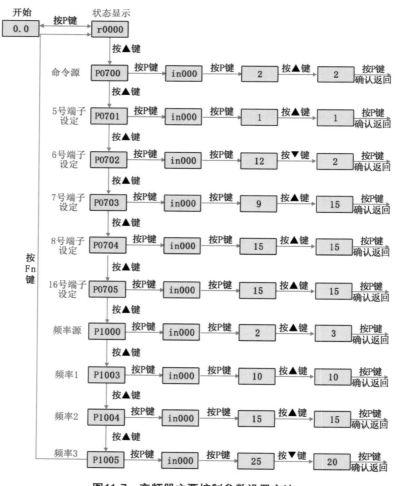

图11-7 变频器主要控制参数设置方法

11.5.4 MM440变频器三段速正反转控制电动机工作原理

① 闭合总电源QF1。变频器输入端R(L1)、S(L2)、T(L3)上电，为启动电动机做好准备。

② 变频器端子控制：

端子启停：按下按钮SB1，电动机正转运行，松开按钮SB1，电动机停止；按下按钮SB2，电动机反转运行，松开按钮SB2，电动机停止。

端子多段速给定：在电动机运行状态下，按下按钮SB3，电动机以10Hz运行；按下按钮SB4，电动机以15Hz运行；按下按钮SB5，电动机以20Hz运行。

③ 断开总电源QF1。变频器输入端R、S、T断电，变频器失电断开。

11.6 实训六　变频器模拟量控制电动机案例

11.6.1 MM440变频器模拟量控制电动机接线图

（1）变频器的原理图

西门子MM440变频器模拟量控制电动机电路原理图如图11-8所示。

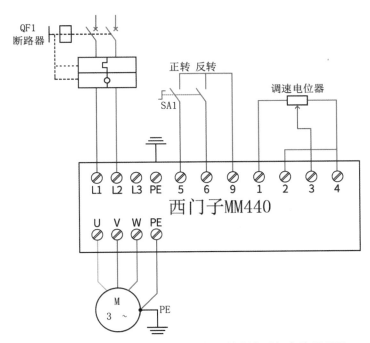

图11-8　西门子MM440变频器模拟量控制电动机电路原理图

（2）变频器的实物接线图

西门子MM440变频器模拟量控制电动机电路实物接线图如图11-9所示。

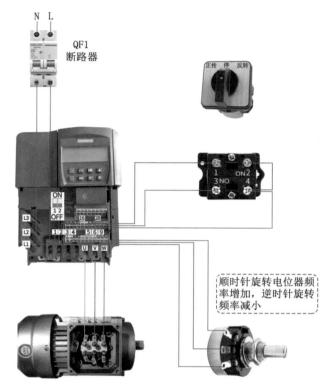

图11-9 西门子MM440变频器模拟量控制电动机电路实物接线图

11.6.2 MM440变频器模拟量控制电动机元器件

元器件明细表见表11-7。

表11-7 元器件明细表

文字符号	名称	型号	元件在电路中起的作用
VFD	变频器	6SE6440-2UC13-7AA1	在电路中可以降低启动电流、改变电动机转速，实现电动机无级调速，在低于额定转速时有节电功能
QF1	断路器	DZ47-60-2P-C10	电源总开关，在主回路中起控制兼保护作用
SB1	旋钮	LA38	控制电机正转/反转/停止信号
RP	电位器	0~10kΩ	控制变频器频率
M	电动机	YS7124/370W	将电能转化为机械能，带动负载运行

11.6.3 MM440变频器模拟量控制电动机参数设定

变频器参数具体设置见表11-8，变频器控制机参数设置方法如图11-10所示。

表11-8 变频器参数设置

参数号	出厂值	设置值	说明
P0700	2	2	命令源选择"由端子排输入"
P0701	1	1	ON接通正转，OFF停止
P0702	12	2	ON接通反转，OFF停止
P0756[0]	0	0	单极性电压输入（0~10V）

续表

参数号	出厂值	设置值	说明
P0757[0]	0	0	电压0V对应0%的标度，即0Hz
P0758[0]	0%	0%	
P0759[0]	10	10	电压10V对应100%的标度，即50Hz
P0760[0]	100%	100%	
P1000	2	2	频率设定值选择为模拟量输入
P1080	0	0	电动机运行的最低频率（Hz）
P1082	50	50	电动机运行的最高频率（Hz）

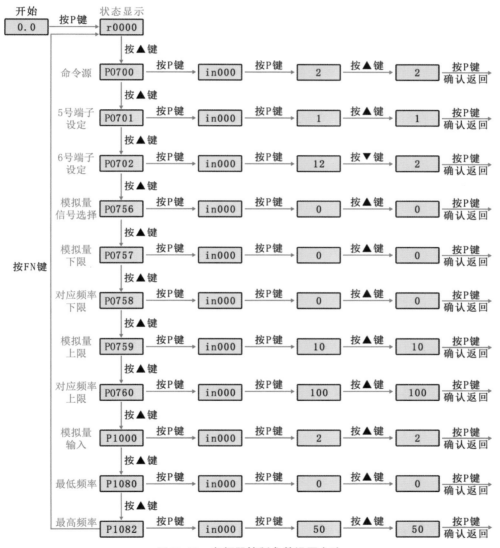

图11-10　变频器控制参数设置方法

11.6.4　MM440变频器模拟量控制电动机工作原理

①　闭合总电源QF1。变频器输入端R(L1)、S(L2)、T(L3)上电，为启动电动机做好准备。

②　变频器控制：

端子启停：旋钮开关在正转挡位，电动机正转运行；旋钮开关在反转挡位，电动机反转运行；旋钮开关在停止挡位，电动机停止。

外部电位器频率给定：在电动机运行状态下，旋转外部电位器，可以修改变频器的频率，进而改变电动机的转速。

③ 断开总电源QF1。变频器输入端R、S、T断电，变频器失电断开。

11.7 实训七　PLC变频器的三段速控制

（1）实训目的

了解变频器外部控制端子的功能，掌握外部运行模式下变频器的操作方法。

（2）控制要求

① 正确设置变频器输出的额定频率、额定电压、额定电流、额定功率、额定转速。

② 通过PLC控制变频器外部端子。SB1～SB6分别为正、反转，速度1、速度2、速度3，以及停止。

③ 200 SMART PLC对MM440变频器三段速进行正反转控制。

11.7.1 PLC多段速控制变频器案例接线图

直接通过程序控制PLC的输出端子，以达到控制变频器的目的，这在自动化设备中非常常用。本例是基于西门子200 SMART PLC与西门子变频器的多段速控制实例。多段速有很多类型，这里以三段速为例讲解多段速控制。

（1）变频器的原理图

PLC与变频器三段速控制电动机电路原理图如图11-11所示。

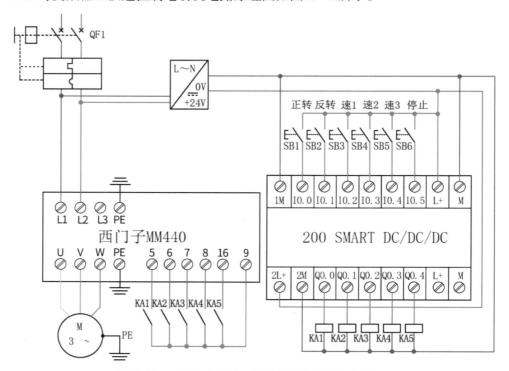

图11-11　PLC与变频器三段速控制电动机电路原理图

（2）变频器的实物接线图

PLC与变频器三段速控制电动机电路实物接线图如图11-12所示。

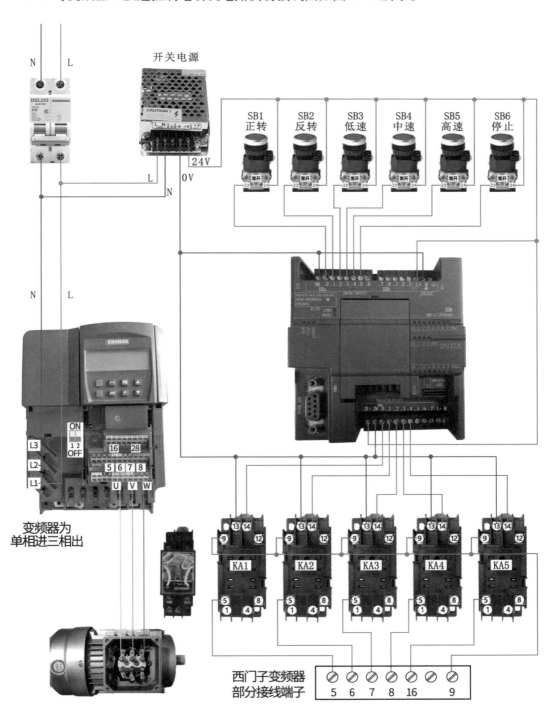

图11-12　PLC与变频器三段速控制电动机电路实物接线图

11.7.2 PLC与变频器三段速控制电动机元器件

元器件明细表见表11-9。

表11-9 元器件明细表

文字符号	名称	型号	元件在电路中起的作用
VFD	变频器	6SE6440-2UC13-7AA1	在电路中可以降低启动电流、改变电动机转速，实现电动机无级调速，在低于额定转速时有节电功能
QF1	断路器	DZ47-60-2P-C10	电源总开关，在主回路中起控制兼保护作用
UR	开关电源	S-50-24	将交流220V转换成直流24V
SB1	按钮	绿色LA38	控制电动机正转信号
SB2	按钮	绿色LA38	控制电动机反转信号
SB3	按钮	绿色LA38	控制电动机运行低速
SB4	按钮	绿色LA38	控制电动机运行中速
SB5	按钮	绿色LA38	控制电动机运行高速
SB6	按钮	绿色LA38	控制电动机停止
M	电动机	YS7124/370W	将电能转化为机械能，带动负载运行
PLC	可编程逻辑控制器	200 SMART DC/DC/DC	编写变频器的控制程序

11.7.3 PLC与变频器三段速控制电动机参数设定

变频器参数具体设置见表11-10，变频器控制参数设置方法见图11-13所示。

表11-10 变频器参数设置

参数号	出厂值	设置值	说明
P0700	2	2	命令源选择"由端子排输入"
P0701	1	1	ON接通正转
P0702	12	2	ON接通反转
P0703	9	15	选择固定频率
P0704	15	15	选择固定频率
P0705	15	15	选择固定频率
P1000	2	3	选择固定频率设定值
P1003	10	10	选择固定频率10(Hz)
P1004	15	15	选择固定频率15(Hz)
P1005	25	20	选择固定频率20(Hz)

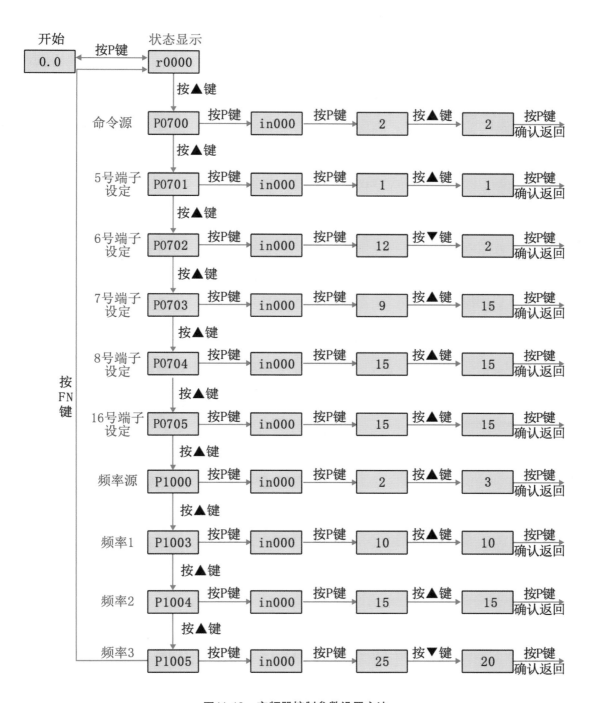

图11-13 变频器控制参数设置方法

11.7.4 PLC与变频器三段速控制电动机PLC程序

（1）PLC程序I/O分配见表11-11。

表11-11 I/O分配表

输入	功能	输出	功能
I0.0	正转启动	Q0.0	正转运行
I0.1	反转启动	Q0.1	反转运行
I0.2	低速	Q0.2	低速运行
I0.3	中速	Q0.3	中速运行
I0.4	高速	Q0.4	高速运行
I0.5	停止		

（2）PLC程序

PLC程序如图11-14所示。

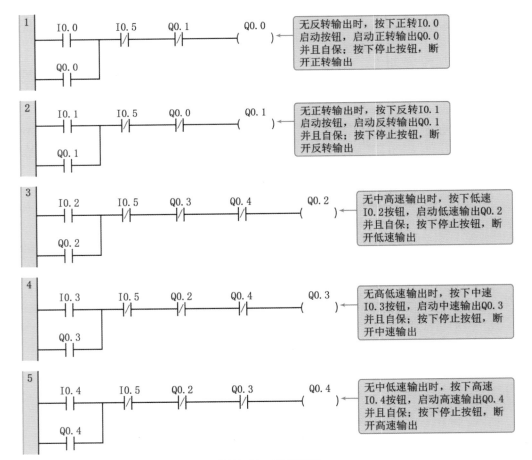

图11-14 PLC程序

11.7.5 PLC与变频器三段速控制电动机工作原理

① 闭合总电源QF1。变频器输入端R(L1)、S(L2)、T(L3)上电，为启动电动机做好准备。

② 变频器端子控制：

PLC启停：按下按钮SB1，电动机正转运行；按下按钮SB2，电动机反转运行；按下按钮SB6，电动机停止。

PLC多段速给定：在电动机运行状态下，按下按钮SB3，电动机以10Hz运行；按下按钮SB4，电动机以15Hz运行；按下按钮SB5，电动机以20Hz运行。

③ 断开总电源QF1。变频器输入端R、S、T断电，变频器失电断开。

11.8 实训八 PLC与变频器模拟量控制电动机案例

11.8.1 PLC与变频器模拟量控制电动机案例接线图

（1）变频器的原理图

PLC与变频器模拟量控制电动机电路原理图如图11-15所示。

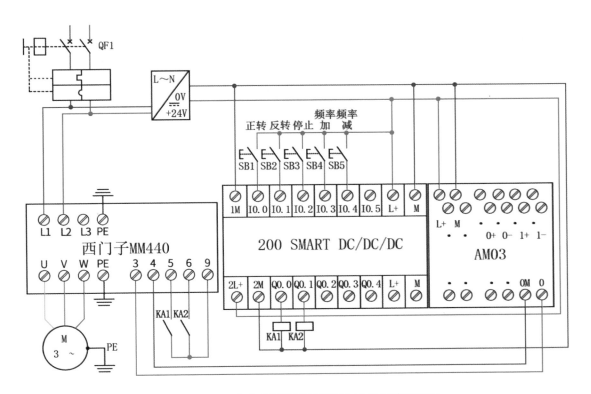

图11-15 PLC与变频器模拟量控制电动机电路原理图

（2）变频器的实物接线图

PLC与变频器模拟量控制电动机电路实物图如图11-16所示。

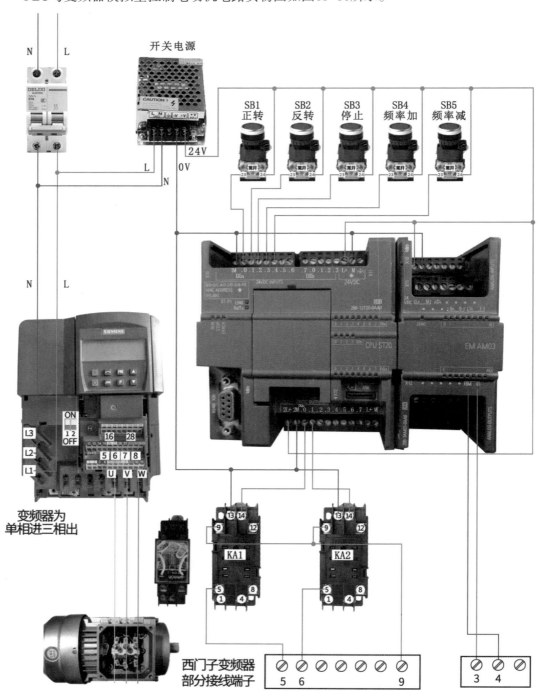

图11-16　PLC与变频器模拟量控制电动机电路实物图

11.8.2 PLC与变频器模拟量控制电动机元器件

元器件明细表见表11-12。

表11-12　元器件明细表

文字符号	名称	型号	元件在电路中起的作用
VFD	变频器	6SE6440-2UC13-7AA1	在电路中可以降低启动电流、改变电动机转速，实现电动机无级调速，在低于额定转速时有节电功能
QF1	断路器	DZ47-60-2P-C10	电源总开关，在主回路中起控制兼保护作用
SB1	按钮	绿色LA38	控制电动机正转信号
SB2	按钮	绿色LA38	控制电动机反转信号
SB3	按钮	绿色LA38	控制电动机停止信号
SB4	按钮	绿色LA38	控制电动机频率加
SB5	按钮	绿色LA38	控制电动机频率减
UR	开关电源	S-50-24	将交流220V转换成直流24V
M	电动机	YS7124/370W	将电能转化为机械能，带动负载运行
PLC	可编程逻辑控制器	200 SMART DC/DC/DC	编写变频器的控制程序

11.8.3 PLC与变频器模拟量控制电动机参数设定

变频器参数具体设置见表11-13，变频器控制参数设置方法见图11-17所示。

表11-13　变频器参数设置

参数号	出厂值	设置值	说明
P0700	2	2	命令源选择"由端子排输入"
P0701	1	1	ON接通正转
P0702	12	2	ON接通反转
P0756[0]	0	0	单极性电压输入（0~10V）
P0757[0]	0	0	电压0V对应0%的标度，即0Hz
P0758[0]	0%	0%	
P0759[0]	10	10	电压10V对应100%的标度，即50Hz
P0760[0]	100%	100%	

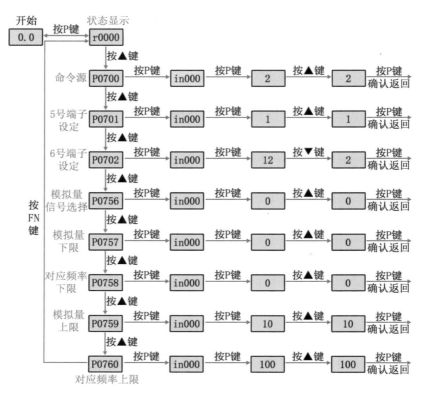

图11-17 变频器控制参数设置方法

11.8.4 PLC与变频器模拟量控制电动机PLC程序

（1）PLC程序I/O分配见表11-14。

表11-14 I/O分配表

输入	功能	输出	功能
I0.0	正转	Q0.0	正转
I0.1	反转	Q0.1	反转
I0.2	停止		
I0.3	速度加		
I0.4	速度减		

（2）PLC程序

PLC程序如图11-18所示。

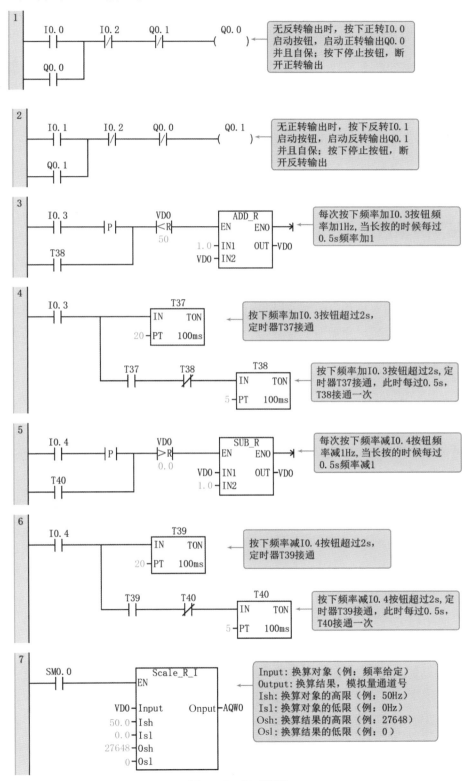

图11-18 PLC程序

11.8.5 PLC与变频器模拟量控制电动机工作原理

① 闭合总电源QF1。变频器输入端R(L1)、S(L2)、T(L3)上电，为启动电动机做好准备。

② 变频器控制：

PLC启停：按下按钮SB1，电动机正转运行，按下按钮SB3，电动机停止；按下按钮SB2，电动机反转运行，按下按钮SB3，电动机停止。

PLC频率给定：在电动机运行状态下，每按下按钮SB4一次，电动机的频率增加1Hz，如果长按，电动机的频率会持续增加直到额定频率50Hz；每按下按钮SB5一次，电动机的频率减小1Hz，如果长按，电动机的频率会持续减小直到额定频率0Hz。

③ 断开总电源QF1。变频器输入端R、S、T断电，变频器失电断开。

11.9 变频器的日常维护与保养

（1）日常维护

变频器的安装环境须尽量做到清洁无尘，并具有良好的通风散热环境。变频器安装时，其顶部及侧面须留足散热距离，以利于变频器的散热。另外，变频器对环境湿度也有一定的要求，湿度过高，变频器本身的电气绝缘能力降低，母排等金属部分容易腐蚀。

认真做好变频器的日常巡视检查工作，巡视内容主要包括：

① 周围环境温度、湿度是否符合要求，门窗通风散热是否良好。

② 变频器下进风口、上出风口是否积尘或因积尘过多而堵塞。

③ 变频器运行参数是否正常，有无报警。

④ 整流柜、逆变柜内风扇运转是否正常。

⑤ 电抗器是否过热或出现电磁噪声。

⑥ 变频器内是否有振动或异常声音，电容器是否出现局部过热，外观有无鼓泡或变形，安全阀是否破裂。

（2）日常保养

认真做好变频器的日常保养及检修工作对增加变频器的使用寿命极其重要，内容主要包括：

① 定期（如三个月）对变频器进行除尘，重点是整流柜、逆变柜和控制柜。检查变频器下进风口、上出风口是否积尘或因积尘过多而堵塞。变频器因本身散热要求，通风量大，故运行一定时间后，表面积尘十分严重，须定期清洁除尘。

② 将变频器前门打开，后门拆开，仔细检查交、直流母排有无变形、腐蚀、氧化，母排连接处螺钉有无松脱，各安装固定点处固定螺钉有无松脱，固定用绝缘片或绝缘柱有无老化开裂或变形，如有应及时更换，重新紧固，对已发生变形的母排须校正后重新

安装。

③ 线路板、母排等除尘后，要进行必要的防腐处理，涂刷绝缘漆，对已出现局部放电、拉弧的母排须去除其毛刺后再进行处理。

④ 检查整流柜、逆变柜内风扇运行及转动是否正常。停机时，用手转动，观察轴承有无卡死或杂音，必要时更换轴承或维修。

⑤ 对输入、整流及逆变、直流输入快熔进行全面检查，发现烧毁及时更换。

⑥ 检查中间直流回路中的电容器有无漏液，外壳有无膨胀、鼓泡或变形，安全阀是否破裂。有条件的可对电容容量、漏电流、耐压等进行测试。对不符合要求的电容进行更换，新电容或长期闲置未使用的电容，更换前须对其进行钝化处理。滤波电容的使用周期一般为5年，对使用时间在5年以上，电容容量、漏电流、耐压等指标明显偏离检测标准的，应酌情部分或全部更换。

⑦ 对整流、逆变部分的二极管、GTO，用万用表进行电气检测，测定其正向、反向电阻值，并在事先制好的表格内认真做好记录，看各极间阻值是否正常，同一型号的器件一致性是否良好，必要时进行更换。

第12章
电力安全生产及管理须知

12.1 电力安全的认识

12.1.1 电力安全生产的重要性

电力安全生产的重要性是由电力生产、建设的客观规律和生产特性及社会作用决定的。电力安全生产不仅关系到电力系统自身的稳定、效益和发展，而且直接影响广大电力用户的利益和安全，影响国民经济的健康发展、社会秩序的稳定和人们日常的生产生活。电力行业必须坚持"安全第一、预防为主"的基本方针。

安全生产在电力行业中的地位显而易见，因此安全工作是一项持之以恒、与时俱进的工作，必须把其作为一项经常化、日常化的基础工作来抓，最终实现安全生产的制度化、标准化、规范化。电力生产事故大多是能够预防的，只有不断加大安全监督管理力度，严格执行安全生产奖惩规定，严格执行重大事故责任追究制度，努力提高电力生产的科学管理水平，才能将安全生产的各项要求落到实处。

12.1.2 电工安全职责

① 拒绝违章作业的指令，对他人违章作业加以劝阻和制止。电工必须经过专业培训，应熟悉电气安全知识和触电急救方法，持证上岗。

② 一旦发生事故，立即采取安全及急救措施，防止事态扩大，保护好现场，同时立即向上级汇报。

③ 严格执行各项规章制度和安全技术操作规程，遵守劳动、操作、工艺、施工纪律，不违章作业。对本岗位的安全生产负直接责任。

④ 正确穿戴绝缘鞋、绝缘手套等保护用品。高处作业应系安全带。负责本岗位工具的使用和保管、定期维护和保养，确保使用时安全可靠。

⑤ 作业时应将施工线路电源切断，并悬挂断电施工标示牌，安排专人监护，监护人不得随意离岗。

⑥ 熟练掌握岗位操作技能和故障排除方法，做好巡回检查和交接班检查，及时发现和消除事故隐患，自己不能解决的应立即报告。

⑦ 积极参加各种安全活动、岗位练兵，提高安全意识和技能。

⑧ 认真维护好用电、维修记录，对容易导致事故发生的重点部位进行经常性监督、检查。

12.1.3 **相关法律法规的规定**

根据《中华人民共和国安全生产法》的规定，特种作业人员必须按照国家有关规定经专门的安全作业培训，取得相应资格，方可上岗作业。特种作业人员的范围由国务院安全生产监督管理部门会同国务院有关部门确定。

特种作业人员安全技术培训考核管理规定电工作业、低压电工作业、防爆电气作业等均为特种行业，均需考取特种行业作业许可证才能上岗工作。

低压电工作业人员的安全技术培训及考核要求如下。

特种作业人员应当符合下列条件：年满18周岁，且不超过国家法定退休年龄；经社区或者县级以上医疗机构体检健康合格，并无妨碍从事相应特种作业的器质性心脏病、癫痫病、美尼尔氏症、眩晕症、癔症、帕金森病、精神病、痴呆症以及其他疾病和生理缺陷；具有初中及以上文化程度；具备必要的安全技术知识与技能；相应特种作业规定的其他条件。

特种作业人员的安全技术培训、考核、发证、复审工作实行统一监管、分级实施、教考分离的原则。特种作业人员应当接受与其所从事的特种作业相应的安全技术理论培训和实际操作培训。已经取得职业高中、技工学校及中专以上学历的毕业生从事与其所学专业相关的特种作业，持学历证明经考核发证机关同意，可以免予相关专业的培训。跨省、自治区、直辖市从业的特种作业人员，可以在户籍所在地或者从业所在地参加培训。

参加特种作业操作资格考试的人员，应当填写考试申请表，由申请人或者申请人的用人单位持学历证明或者培训机构出具的培训证明向申请人户籍所在地或者从业所在地的考核发证机关或其委托的单位提出申请。考核发证机关或其委托的单位收到申请后，应当在60日内组织考试。特种作业操作资格考试包括安全技术理论考试和实际操作考试两部分。考试不及格的，允许补考1次。经补考仍不及格的，重新参加相应的安全技术培训。

特种作业操作证有效期为6年，在全国范围内有效。特种作业操作证每3年复审1次。特种作业人员在特种作业操作证有效期内，连续从事本工种10年以上，严格遵守有关安全生产法律法规的，经原考核发证机关或者从业所在地考核发证机关同意，特种作业操作证的复审时间可以延长至每6年1次。特种作业操作证需要复审的，应当在期满前60日内，由申请人或者申请人的用人单位向原考核发证机关或者从业所在地考核发证机关提出申请，并提交下列材料：社区或者县级以上医疗机构出具的健康证明；从事特种作业的情况；安全培训考试合格记录。

特种作业操作证有效期届满需要延期换证的，应当按照规定申请延期复审。

特种作业操作证申请复审或者延期复审前，特种作业人员应当参加必要的安全培训并考试合格。

安全培训时间不少于8个学时，主要培训法律、法规、标准、事故案例和有关新工艺、新技术、新装备等知识。

离开特种作业岗位6个月以上的特种作业人员，应当重新进行实际操作考试，经确认合格后方可上岗作业。特种作业人员伪造、涂改特种作业操作证或者使用伪造的特种作业操作证，给予警告，并处1000元以上5000元以下的罚款。特种作业人员转借、转让、冒用特种作业操作证的，给予警告，并处2000元以上10000元以下的罚款。

12.2 如何进行电力安全管理

12.2.1 工作票制度

对电气设备的工作，应填用工作票或按命令执行，其方式有下列三种。

（1）填用第一种工作票

工作票格式如下。

No：_____　　　　　　　　编号：_____

1. 工作负责人（监护人）：_____班组：_____附页：_____张

2. 工作班组成员：_____共_____人

3. 工作地点：_____

4. 工作内容：_____

5. 计划工作时间：自____年____月____日____时____分至____年____月____日____时____分。

6. 安全措施：_____

下列由工作票签发人（或工作负责人）填写：	下列由工作许可人填写：	
应断断路器和隔离开关，包括填写前已断开断路器和隔离开关（注明编号）、应取熔断器（保险）：	已断开断路器和隔离开关（注明编号）、已取熔断器（保险）：	
应装设接地线、隔板、隔罩（注明确切地点），应合上接地刀闸（注明双重名称）：	已装设接地线、隔板、隔罩（注明地线编号和地点），已合上接地刀闸（注明双重名称）：	编号
		共___组
应设遮栏、应挂标示牌：	已设遮栏、已挂标示牌：	
工作票签发人：___年___月___日___时___分 点检签发人：___年___月___日___时___分 工作票接收人：___年___月___日___时___分	工作地点保留带电部分和补充安全措施：	
	值班负责人：_____　　工作许可人：_____	

7. 批准工作结束时间：____年____月____日____时____分。值长（或单元长）_____

8. 许可工作开始时间：____年____月____日____时____分。

工作许可人：_____工作负责人：_____

9. 工作负责人变更：原工作人员离去，____变更为工作负责人，

变更时间____年____月____日____时____分。

工作票签发人：_____工作许可人：_____

10. 工作票延期，有效期延长到____年____月____日____时____分。

工作负责人：_____值长或值班（或单元长）负责人：_____

11. 检修设备须试运（工作票交回，所列安全措施拆除，可以试运）			12. 检修设备试运后，工作票所列安全措施已全部执行，可以重新工作：		
允许试运行时间	工作许可人	工作负责人	允许回复工作时间	工作许可人	工作负责人
__年__月__日__时__分			__年__月__日__时__分		
__年__月__日__时__分			__年__月__日__时__分		
__年__月__日__时__分			__年__月__日__时__分		

13. 工作终结：工作人员已全部撤离，现场已清理完毕。

全部工作于____年____月____日____时____分结束。

工作负责人：_____点检验收人：_____工作许可人：_____

接地线共____组，已拆除____组，未拆除____组，未拆除接地线的编号_____

值班负责人：_____

14. 备注：_____

（2）填用第二种工作票

工作票格式如下。

No：_____　　　　　　　　　　编号：_____

1. 工作负责人（监护人）：_____班组：_____附页：_____张

2. 工作班组成员：_____共_____人

3. 工作地点：_____

4. 工作内容：_____

5. 计划工作时间：自____年____月____日____时____分至____年____月____日____时____分。

6. 工作条件（停电或不停电）

7. 安全措施：_____

下列由工作票签发人（或工作负责人）填写：下列由工作许可人填写：

应做措施	已做措施

工作票签发人：____年____月____日____时____分。

点检签发人：____年____月____日____时____分。

接票人签名：_____接票时间：____年____月____日____时____分。

8. 许可工作开始时间：____年____月____日____时____分。

工作许可人：_____工作负责人：_____

9. 工作负责人变更：____原工作人员离去，变更为工作负责人，

变更时间____年____月____日____时____分。

工作票签发人：_____工作许可人：_____

接地线共____组，已拆除____组，未拆除____组，未拆除接地线的编号_____

10.检修设备需试运	
允许试运行时间（工作许可人）	检修设备及系统试运行状况
__年__月__日__时__分至__年__月__日__时__分	
__年__月__日__时__分至__年__月__日__时__分	

11. 工作终结：工作人员已全部撤离，现场已清理完毕。

全部工作于＿＿＿年＿＿＿月＿＿＿日＿＿＿时＿＿＿分结束。

工作负责人：＿＿＿＿＿＿＿＿点检验收人：＿＿＿＿＿＿＿＿工作许可人：＿＿＿＿＿＿

备注：＿＿＿＿＿＿＿＿

填用第一种工作票的工作为：

① 高压设备上工作需要全部停电或部分停电者。

② 高压室内的二次接线和照明等回路上的工作，需要将高压设备停电或做安全措施者。

填用第二种工作票的工作为：

① 带电作业和在带电设备外壳上的工作。

② 控制盘和低压配电盘、配电箱、电源干线上的工作。

③ 二次接线回路上的工作，无需将高压设备停电者。

④ 转动中的发电机、同步调相机的励磁回路或高压电动机转子电阻回路上的工作。

⑤ 非当值人员用绝缘棒和电压互感器定相或用钳形电流表测量高压回路的电流。

（3）口头或电话命令

其他工作用口头或电话命令。口头或电话命令必须清楚正确，值班负责人应将发令人、负责人及工作任务详细记入操作记录簿中，并向发令人复诵核对一遍。

（4）工作票填写注意事项

① 工作票要用钢笔或圆珠笔填写一式两份，应正确清楚，不得任意涂改，如有个别错字、漏字需要修改时，应字迹清楚。

② 两份工作票中的一份必须经常保存在工作地点，由工作负责人收执，另一份由值班员收执，按值移交。值班员应将工作票号码、工作任务、许可工作时间及完工时间记入操作记录簿中。

③ 在无人值班的设备上工作时，第二份工作票由工作许可人收执。一个工作负责人只能发给一张工作票。工作票上所列的工作地点，以一个电气连接部分为限。

④ 如施工设备属于同一电压、位于同一楼层、同时停送电，且不会触及带电导体时，允许在几个电气连接部分共用一张工作票。

⑤ 开工前，工作票内的全部安全措施应一次做完。

⑥ 若一个电气连接部分或一个配电装置全部停电，则所有不同地点的工作，可以发给一张工作票，但要详细填明主要工作内容。几个班同时进行工作时，工作票可发给一个总负责人，在工作负责人栏（班制）内只填明各班的负责人，不必填写全部工作人员名

单。若至预定时间一部分工作尚未完成，仍须继续工作而不妨碍送电者，在送电前，应按照送电后设备带电情况办理新工作票，布置好安全措施后，方可继续工作。

事故抢修工作可不用工作票，但应记入操作记录簿内，在开始工作前必须做好安全措施，并应指定专人负责监护。

第一种工作票应在工作前一日交给值班员。临时工作票在工作开始以前直接交给值班员。

第二种工作票应在进行工作的当天预先交给值班员。

若变电所距离工作区较远或因故更换新工作票，不能在工作前一日将工作票送到，工作票签发人可根据自己填好的工作票用电话全文传达给变电所值班员，传达必须清楚。值班员应根据传达做好记录，并复诵核对。若电话联系有困难，也可在进行工作的当天预先将工作票交给值班员。

第一、二种工作票的有效时间以批准的检修期为限。第一种工作票至预定时间工作尚未完成，应由工作负责人办理延期手续。延期手续应由工作负责人向值班负责人申请办理，主要设备检修延期要通过值长办理。工作票有破损不能继续使用时，应补填新的工作票。需要变更工作班组中的成员时，须经工作负责人同意。需要变更工作负责人时，应由工作票签发人将变动情况记录在工作票上。若扩大工作任务，必须由工作负责人通知工作许可人，并在工作票上增填工作项目。若须变更或增设安全措施，必须填用新的工作票，并重新履行工作许可手续。

工作票签发人不得兼任该项工作的工作负责人，工作负责人可以填写工作票。工作许可人不得签发工作票。

12.2.2 **工作许可制度**

在电气设备上工作，应得到许可后才能进行。

① 工作许可人（值班员）在完成施工现场的安全措施后，还应会同工作负责人到现场再次检查所做的安全措施，重新验电，证明检修设备确无电压；对工作负责人指明带电设备的位置和注意事项；和工作负责人在工作票上分别签名。

② 完成上述许可手续后，工作人员方可开始工作。工作负责人、工作许可人任何一方不得擅自变更安全措施，值班员不得变更有关检修设备的运行接线方式，工作中如有特殊情况需要变更时，应事先取得双方的同意。

12.2.3 **工作监护制度**

工作现场必须有一人对所有工作人员的工作进行监护。工作监护人应由技术级别较高的人员担任，一般由工作负责人担任。完成工作许可手续后，工作负责人（监护人）应向工作人员交代现场安全措施、带电部位和其他注意事项。工作负责人必须始终在工作现场，对工作人员的安全认真监护，及时纠正违反安全的动作。

12.2.4 **工作间断、转移和终结制度**

工作间断时，工作人员应从工作现场撤出，所有安全措施保持不动，工作票仍由工作负责人执存。间断后继续工作，无须通过工作许可人。每日收工，应清扫工作地点，开放已封闭的道路，并将工作票交回值班员。次日复工时，应征得值班员许可，取回工作票，工作负责人必须事前重新认真检查安全措施是否符合工作票的要求后，方可工作。若无工作负责人或监护人带领，工作人员不得进入工作地点。在未办理工作票终结手续以前，值班人员不得将施工设备合闸送电。

检修工作结束以前，若需将设备试加工作电压，可按下列要求进行：全体工作人员撤离工作地点；将该系统的所有工作票收回，拆除临时遮栏、接地线和标示牌，恢复常设遮栏；应在工作负责人和值班员进行全面检查无误后，由值班员进行加压试验。

在同一电气连接部分用同一工作票依次在几个工作地点转移工作时，全部安全措施由值班员在开工前一次做完，不需再办理转移手续，但工作负责人在转移工作地点时，应向工作人员交代带电范围、安全措施和注意事项。

全部工作完成后，工作人员应清扫、整理现场。工作负责人应先周密地检查，待全体工作人员撤离工作地点后，再向值班员讲清所修项目、发现的问题、试验结果和存在的问题等，并与值班员共同检查设备状况，有无遗留物件，是否清洁等，然后在工作票上填明工作终结时间，经双方签名后，工作票方能终结。只有在同一停电系统的所有工作票结束，拆除所有接地线、临时遮栏和标示牌，恢复常设遮栏，并得到值班员或值班负责人的许可命令后，方可合闸送电。已结束的工作票，保存三个月。

12.2.5 **电工作业保证安全的技术措施**

（1）停电

断开开关。工作地点必须停电的设备如下：

① 施工及检修的设备或导电部分与工作人员工作中正常活动范围小于表12-1规定的安全距离。

表12-1　工作人员工作中正常活动范围与带电设备的安全距离

电压等级/kV	安全距离/m	电压等级/kV	安全距离/m
10以下	0.35	750	8.00
20、35	0.60	1000	9.50
63(66)、110	1.50	±50及以下	1.50
220	3.00	±500	6.80
330	4.00	±660	9.00
500	5.00	±800	10.10

② 带电部分在工作人员后面、两侧、上下，且无遮栏措施的设备。

③ 其他需要停电的设备。

（2）验电

① 验电时必须用电压等级合适且试验日期有效、合格的验电器。在被检修设备进出线两侧各相分别验电。验电前，应先在有电设备上试验，确认验电器良好。如果在木杆、木梯或木架结构上验电，不接地线不能显示的，可在验电器上接地线，但必须经工作负责人许可。

② 高压验电必须戴绝缘手套。验电时应使用相应电压等级的专用验电器。35kV及以上的电气设备，没有专用验电器的情况下，可用绝缘棒代替验电器，根据绝缘棒端有无火花和放电"噼啪"声来判断有无电压。

③ 装设接地线。装设接地线必须先接接地端，后接导体端；拆接地线的顺序与此相反。接地线应用多股软裸铜线，其截面应符合短路电流的要求，但不得小于25mm^2。

当验明设备上确无电压，应立即将检修设备接地并三相短路。对于可能送电至停电设备的各方面都要装设接地线。接地线与带电部分应符合安全距离的规定。

检修母线时，应根据母线长短和有无感应电压等实际情况来确定接地线数量。检修10m及以下的母线，可以装设一组接地线。

维修部分若分为几个在电气上不相连接的部分，如分段母线以隔离开关（刀闸）或断路器（开关）隔开分成几段，则各段应分别验电并接地短路，接地线与检修部分之间不得有开关或熔断器（保险）。降压变电所全部停电时，应将各个可能来电侧都接地短路，其余部分不必每段装设接地线。

装设接地线必须由两人进行。若为单人值班，只允许使用接地刀闸接地，使用绝缘棒合接地刀闸。

装设接地线之前应详细检查导线，损坏的及时修理或更换。禁止使用不符合规定的导线作接地或短路线之用。

接地线必须使用专用线夹固定在导体上，禁止用缠绕的方法进行短路或接地。装、拆接地线，均应使用绝缘棒并戴绝缘手套。人体不得碰触接地线。

对带有电容的设备或电缆线路，在装设接地线之前，应先放电。

④ 悬挂标示牌和装设遮栏。在工作地点、施工设备和一经合闸即可送电到工作地点或施工设备的开关和刀闸的操作把手上，均应悬挂"禁止合闸，有人工作"标示牌。

如线路上有人工作，应在线路断路器（开关）、隔离开关（刀闸）操作把手上悬挂"禁止合闸，线路有人工作"标示牌，标示牌的悬挂和拆除，应按操作规程执行。

部分停电的工作，安全距离小于规定距离的未停电设备，应装设临时遮栏，而遮栏与带电部分的距离，不得小于安全距离的规定数值。临时遮栏可用干燥木材、橡胶或其他坚韧绝缘材料制成，装设必须牢固，并悬挂"止步，高压危险"标示牌。

在室内高压设备上工作，在工作地点两边间隔和对面间隔的遮栏上、禁止通行的过道上悬挂"止步，高压危险"标示牌。在室外地面高压设备上工作，应在工作地点四周用绳子做围栏，围栏上悬挂适当数量的"止步，高压危险"标示牌。

禁止工作人员在工作中移动或拆除接地短路线、标示牌和临时遮栏。

12.3 常用电气安全标示及工具

12.3.1 安全用具

电气安全用具是用来防止电气工作人员在工作中发生触电、电弧灼伤、高空坠落等事故的重要工具。电力安全用具分绝缘安全用具和一般防护安全用具两大类。绝缘安全用具又分为基本安全绝缘用具和辅助安全绝缘用具。常用的基本安全绝缘用具有绝缘棒、绝缘夹钳、验电器等。常用的辅助安全绝缘用具有绝缘手套、绝缘鞋（靴）、绝缘垫、绝缘台等。基本安全绝缘用具的绝缘强度能长期承受工作电压，并能在该电压等级内产生过电压时保证工作人员的人身安全。辅助安全绝缘用具的绝缘强度不能承受电气设备或线路的工作电压，只能起加强基本安全用具保护的作用，主要用来防止接触电压、跨步电压对工作人员的危害，不能直接接触高压电气设备的带电部分。一般防护安全用具有携带型接地线、临时遮栏、标示牌、警告牌、安全带、防护目镜等。这些安全用具用来防止工作人员触电、电弧灼伤及高空坠落。

12.3.2 安全标志

安全标志用来提醒人员注意或按标示上注明的要求去执行，是保障人身和设施安全的重要措施。安全标志一般设置在光线充足、醒目、稍高于视线的地方。

对于隐蔽工程（如埋地电缆），在地面上要有标志桩或依靠永久性建筑挂标示牌，注明工程位置。

对于容易被人忽视的电气部位，如封闭的架线槽、设备上的电气盒，要用红漆画上电气箭头。另外，在电气工作中还常用标示牌提醒工作人员不得接近带电部分、不得随意改变刀闸的位置等。移动使用的标示牌要用硬质绝缘材料制成，上面有明显标志，均应根据规定使用。常用电气安全标示牌如表12-2所示。

表12-2　常用电气安全标示牌

名称	悬挂位置	尺寸/(mm×mm)	底色	字色
禁止合闸，有人工作	一经合闸即可送电到施工设备的开关和刀闸操作手柄上	200×100 80×50	白底	红字
禁止合闸，线路有人工作	一经合闸即可送电到施工设备的开关和刀闸操作手柄上	200×100 80×50	红底	白字
在此工作	室内和室外工作地点或施工设备上	250×250	绿底、中间有直径210mm的白圆圈	黑字，位于白圆圈中

续表

名称	悬挂位置	尺寸/(mm×mm)	底色	字色
止步，高压危险	工作地点邻近带电设备的遮栏上；室外工作地点附近带电设备的构架横梁上；禁止通行的过道上，高压试验地点	250×200	白底红边	黑字，有红箭头
从此上下	工作人员上下的铁架梯子上	250×250	绿底、中间有直径210mm的白圆圈	黑字，位于白圆圈中
禁止攀登，高压危险	工作地点邻近能上下的铁架上	250×250	白底红边	黑字
已接地	看不到接地线的工作设备上	200×100	绿底	黑字

12.3.3 安全用具分类

安全用具分类如图12-1所示。

辅助绝缘安全用具：
绝缘强度不足以抵抗电气设备运行电压的安全用具。

- 高压设备辅助绝缘安全用具：绝缘手套、绝缘鞋（靴）、绝缘垫、绝缘台
- 低压设备辅助绝缘安全用具：绝缘台、绝缘垫、绝缘鞋（靴）

基本绝缘安全用具：
绝缘强度足以抵抗电气设备运行电压的安全用具。

- 高压设备基本绝缘安全用具：绝缘棒、绝缘夹钳、高压试电笔
- 低压设备基本绝缘安全用具：绝缘手套、带绝缘柄的工具、低压试电笔

图12-1 安全用具分类

12.4 电的危害及供电系统与设备对接地要求

12.4.1 触电事故分类

触电事故分为两类：一类叫“电击”；另一类叫“电伤”。

（1）电击

所谓电击，是指电流通过人体时所造成的内部伤害，会破坏人的心脏、呼吸系统及神经系统的正常工作，甚至危及生命。根本原因：在低压系统通电电流不大且时间不长的情况下，电流引起人的心室颤动，是电击致死的主要原因；在通过电流虽较小但时间较长情况下，电流会造成人体窒息而导致死亡。绝大部分触电死亡事故都是电击造成的，通常所说的触电事故，基本上多指电击。

电击的分类：
- 直接接触电击：指人触及设备和线路正常运行时的带电体而发生的电击
- 间接接触电击：指人触及正常状态下不带电，而当设备或线路故障时意外带电的导体而发生的电击

图12-2 电击分类

电击可分为直接接触电击与间接接触电击两类，如图12-2所示。

直接接触电击多发生在相线、刀闸或其他设备的带电部分。

间接接触电击大多发生在大风刮断架空线或接户线后搭落在金属物或广播线上，相线和电杆拉线搭连，电动机等用电设备的线圈绝缘损坏而引起外壳带电等情况下。

对于电击，当人体接触电流时，轻者立刻出现惊慌、呆滞、面色苍白，接触部位肌肉收缩，且头晕、心跳过速和全身乏力，重者出现昏迷、持续抽搐、心室纤维颤动、心跳和呼吸停止。有些电击患者开始时症状虽不重，但在1h后可能突然恶化。有些人触电后，心跳和呼吸极其微弱，甚至暂时停止，处于"假死状态"，因此要认真鉴别，不可轻易放弃对触电患者的抢救。

（2）电伤

电伤是指电流的热效应、化学效应或力学效应对人体造成的伤害。电伤一般都是大电流造成的。

电伤的分类如图12-3所示。

电伤的分类 ┤
电烧伤：电流热效应造成的伤害

皮肤金属化：在电弧高温作用下，金属熔化、汽化，金属微粒渗入皮肤，使皮肤粗糙而张紧的伤害

电烙印：在人体与带电体接触的部位留下的永久性斑痕

机械性损伤：电流作用于人体时，由于中枢神经反射和肌肉强烈收缩等作用导致的机体组织断裂、骨折等伤害

电光眼：发生电弧时，红外线、可见光、紫外线对眼睛造成的伤害

图12-3 电伤分类

12.4.2 触电事故发生的主要规律

① 低压触电事故多于高压触电。低压电网与人关系密切，在生活中人们接触较多；低压电气设备及线路较简单且多而广，管理上难度大且不严格，不被人们重视。高压电则与之相反，人们接触少，电工作业人员技术素质较高，且管理严格。

② 农村触电事故多于城市。农村用电条件差，保护装置及管理欠缺，乱拉乱接较多，不符合用电规范，人们用电缺乏电气知识。

③ 触电事故与季节有关。根据国家电力部门资料表明，一年之中，二、三季度事故较多，6~9月份为高峰：夏秋两季雨水较多、天气潮湿，降低了电气设备及线路的绝缘性能，特别要注意陈旧设备及线路或维修不当的设备及线路，在这个时期将有更大的危险性；由于天气潮热，人体多汗，皮肤电阻降低，容易导电，且这时人们穿戴较少，防护用品及绝缘护具佩戴不全；夏秋两季正值农忙季节，农村用电量增大，人们接触电器的机会多；城市空调也增加了人们触电的机会，特别是空调安装上的隐患。

④ 触电事故与环境有关，如冶金、采矿、建筑等行业多于其他行业（潮湿、高温，现场复杂不便管理，移动手持电动工具居多）。

⑤ 青年人、中年人触电较多。一方面由于他们是主要生产力，与电器接触较多；另一方面，工作年限短，思想容易麻痹。

⑥ 触电多发生在电气连接部位，如导线接头、与设备的连接点、灯头、插座、插头、端子板等，这些地方容易被作业人员接触，当导体裸露或绝缘能力降低时，就会产生触电隐患。

⑦ 携带移动式电气设备及手持电动工具触电事故多。因为与人直接接触，使用环境

恶劣，经常拆装接线，所以绝缘易损易磨，如果使用不当，触电机会较多。

⑧ 违反操作规程或误操作导致触电伤亡居多。操作规程是经多年实践总结的，是必须遵守的，只要违反或误操作就有触电的可能。

⑨ 触电事故一般由误操作造成，如绝缘损坏后的误操作，维修不当的误操作等。

⑩ 单相触电多于三相触电。统计数字表明，无论是高压触电还是低压触电，大多是单相触电。触电事故的原因大多是电气设备及线路绝缘能力降低而产生漏电，如为多相漏电或绝缘不良，会引起漏电保护跳闸，不会使人触电；而单相故障有时候不会跳闸，人容易发生触电事故。另外，低压系统中，人们接触的单相设备多也是原因之一。因此，防护单相触电尤为重要，所以线路必须按照三级保护原则进行安装。

12.4.3 触电方式

按照人体触电方式和电流流经人体的途径可分为单相触电、两相触电和跨步电压触电。

（1）单相触电

单相触电是指人在地面或其他接地体上，人体的某一部位触及一相带电体时的触电。如图12-4（a）所示。

（2）两相触电

两相触电是指人体两处同时触及两相带电体时的触电，如图12-4（b）所示。两相触电危险性大于单相触电，因为当两相触电时，加在人体的电压由单相触电的相电压220V变为线电压380V。

图12-4　单相触电和两相触电

（3）跨步电压触电

跨步电压触电是指人进入接地电流的散流场时的触电。由于散流场内地面上的电位分布不均匀，人的两脚间电位不同，两脚间形成电位差，称为跨步电压。跨步电压的大小与人和接地体的距离有关。当人的一只脚跨在接地体上时，跨步电压最大；人离接地体愈远，跨步电压愈小；与接地体的距离超过20m时，跨步电压接近于零。跨步电压越高，危险性越大。跨步电压安全距离室内为4m，室外为8m。如果在上述范围内排除故障，必须穿绝缘靴。如图12-5所示。

图12-5　跨步电压触电

触电伤亡事故中，纯电伤性质的及带有电伤性质的约占75%（电烧伤约占40%）。尽管大约85%的触电死亡事故是电击造成的，但其中大约70%含有电伤成分。对专业电工自

身的安全而言，预防电伤具有更加重要的意义。

12.4.4 触电电流分类

（1）感知电流

感知电流是引起人的感觉的最小电流。试验表明，对于不同的人，感知电流也不相同。成年男性平均感知电流约为1.1mA，成年女性约为0.7mA。

（2）摆脱电流

摆脱电流是人触电后能自主摆脱电源的电流。对于不同的人，摆脱电流（工频电流）不相同，成年男性平均摆脱电流约为16mA，成年女性约为10.5mA；成年男性最小摆脱电流约为9mA，成年女性约为6mA。试验证明，直流电流、高频电流、冲击电流对人体都有伤害作用，其伤害程度较工频电流要轻。平均直流摆脱电流男性约为76mA，女性约为51mA。

（3）致命电流

致命电流是指在较短时间内危及生命的最小电流。当有一较大的触电电流通过人体时，通过时间超过某一界限值，人的心脏正常活动将被破坏，心脏跳动节拍被打乱，不能进行强力收缩，从而失去循环供血的机能，这种现象叫作心室颤动，开始发生心室颤动的电流称为心室颤动电流，也叫致命电流。

一般情况下：

① 人的体重越重，引发心室颤动的电流值就越大。

② 一般来说，电流作用于人体的时间越长，引发心室颤动的电流就越小。

③ 当通电时间超过心脏搏动周期（人体的心脏搏动周期约为0.75s，是心脏完成一次收缩、舒张全过程所需要的时间）时，心室颤动电流值急剧下降，也就是说触电时间超过心脏搏动周期时，危险性急剧增加。可能引起心室颤动的直流电流：通电时间为0.03s时约为1300mA，3s时约为500mA。电流频率不同，对人体的伤害程度也不同，频率为25～300Hz的交流电流对人体的伤害最严重，频率为1000Hz以上时，对人体的伤害程度明显减轻。

12.4.5 接触电击防护

用电时，必须采取先进的防护措施和管理措施，防止人体直接接触带电体发生触电事故。安全电压、屏护、标示牌、电气安全距离、绝缘防护、保护接地、保护接零、漏电保护是防止直接或间接触电的有效措施。

（1）绝缘防护

所谓绝缘防护，是指用绝缘材料把带电体封闭起来，实现带电体相互之间、带电体与其他物体之间的电气隔离，使电流按指定路径通过，确保电气设备和线路正常工作，防止人身触电。绝缘防护是防止触电事故的重要措施。

① 绝缘材料　绝缘保护性能的优劣决定于材料的绝缘性能。绝缘性能主要用绝缘电阻、耐压强度、泄漏电流和介质损耗等指标来衡量。绝缘电阻的大小用兆欧表测量；耐压强度由耐压试验确定；泄漏电流和介质损耗分别由泄漏试验和能耗试验确定。

应当注意，在腐蚀性气体、蒸汽、粉尘、机械损伤的作用下会使绝缘材料的绝缘性能降低或丧失。很多良好的绝缘材料受潮后会丧失绝缘性能。

电气设备和线路的绝缘保护必须与电压等级相符，各种指标应与使用环境和工作条件相适应。此外，为了防止电气设备的绝缘损坏而带来的电气事故，还应加强对电气设备的绝缘检查，及时消除缺陷。

常用的绝缘材料有：玻璃、云母、木材、塑料、橡胶、胶木、布、纸、漆、六氟化硫等。

② 绝缘电阻　对绝缘材料施加的直流电压与泄漏电流之比称为绝缘电阻。绝缘电阻是最基本的绝缘性能指标。足够的绝缘电阻能把电气设备的泄漏电流限制在很小的范围内，防止由漏电引起的触电事故。不同的线路或设备对绝缘电阻有不同的要求。一般来说，新设备较老设备要求高，移动的较固定的要求高，高压较低压要求高。

新装和大修后的低压线路和设备，要求绝缘电阻不小于0.5MΩ。实际上，设备的绝缘电阻值随温升的变化而变化，运行中的线路和设备，要求可降低为每伏工作电压1000Ω，在潮湿的环境中，要求可降低为每伏工作电压500Ω。

便携式电气设备的绝缘电阻不小于2MΩ。配电盘二次线路的绝缘电阻不小于1MΩ，在潮湿环境中可降低为0.5MΩ。

高压线路和设备的绝缘电阻一般不小于1000MΩ。

架空线路每个悬式绝缘子的绝缘电阻不小于300MΩ。

兆欧表是用来测量被测设备的绝缘电阻和高值电阻的仪表。

③ 绝缘破坏　绝缘物在强电场的作用下被破坏，丧失绝缘性能，这就是击穿现象，这种击穿叫作电击穿，击穿时的电压叫作击穿电压，击穿时的电场强度叫作材料的击穿电场强度或击穿强度。

对于固体绝缘，还有热击穿和电化学击穿。热击穿是绝缘物在外加电压作用下，由于流过泄漏电流引起温度过分升高所导致的击穿。电化学击穿是由于游离、化学反应等因素的综合作用所导致的击穿。热击穿和电化学击穿电压都比较低，但电压作用时间较长。

气体绝缘击穿后能自行恢复绝缘性能，而固体绝缘击穿后不能恢复绝缘性能。

绝缘物除因击穿而破坏外，腐蚀性气体、蒸气、潮气、粉尘、机械损伤也会降低其绝缘性能或导致破坏。

在正常工作的情况下，绝缘物也会逐渐"老化"而失去绝缘性能，所以绝缘物不是绝对的。

（2）屏护

屏护是采用屏护装置控制不安全因素，即采用遮栏、护罩、护盖、箱盒等把带电体同外界隔绝。在屏护保护中，采用阻挡物进行保护时，对于设置的障碍必须防止两种情况发生：一是身体无意识地接近带电部分；二是在正常工作中无意识地触及运行中的带电设备。

① 需要使用屏护装置的场所　屏护装置主要用于电气设备不便于绝缘或绝缘不足以保证安全的场合，具体有：开关电器的可动部分，例如闸刀开关的胶盖、铁壳开关的铁壳等；人体可能接近或触及的裸线、母线等；高压设备，无论是否有绝缘；安装在人体可能接近或触及的场所的变配电装置；在带电体附近作业时，作业人员与带电体之间、过道、入口等处（应装设可移动临时性屏护装置）。

② 屏护装置的安全条件　就实质来说，屏护装置并没有真正"消除"触电危险，它仅仅起"隔离"作用。屏护一旦被逾越，触电的危险仍然存在。因此，对电气设备实行屏护时，通常还要辅以其他安全措施。凡用金属材料制成的屏护装置，为了防止其意外带电，必须接地。屏护装置本身应有足够的尺寸，其与带电体之间应保持必要的距离。被屏护的带电部分应有明显的标志，使用通用的符号或涂上规定的具有代表意义的专门颜色。在遮栏、栅栏等屏护装置上，应根据被屏护对象挂上"止步，高压危险"或"当心有电"等标示牌。

③ 常用配电装置屏护装置安全要求如表12-3所示。

表12-3　常用配电装置屏护装置安全要求

网眼遮栏与裸导线的距离	低压设备	10kV设备	20～35kV设备
	≥0.15m	≥0.35m	≥0.6m
栅栏与裸导线的距离应≥0.8m	户内栅栏高度应≥1.2m	户外栅栏高度应≥1.5m	栏条间距应<0.2m
户外变电装置围墙高度应≥2.5m			

（3）电气安全距离

电气安全距离指在带电作业时，带电部分之间或带电部分与接地部件之间，发生放电概率很小的空气间隙距离。为了防止人体触及或过分接近带电体，或防止车辆和其他物体碰撞带电体，以及避免发生各种短路、火灾和爆炸事故，在人体与带电体之间、带电体与地面之间、带电体与带电体之间、带电体与其他物体和设施之间，都必须保持一定的距离。

根据各种电气设备（设施）的性能、结构和工作的需要，安全距离大致可分为以下几种。

① 导线的安全距离（表12-4～表12-6）。

表12-4　导线与建筑物的最小距离

线路电压/kV	1以下	10	35
垂直距离/m	2.5	3.0	4.0
水平距离/m	1.0	1.5	3.0

表12-5　导线与树木的最小距离

线路电压/kV	1以下	10	35
垂直距离/m	1.0	1.5	3.0
水平距离/m	1.0	2.0	—

表12-6　导线与地面或水面的最小距离

线路经过地区	线路电压/kV		
	1以下	10	35
居民区	6m	6.5m	7m
非居民区	5m	5.5m	6m
交通困难地区	4m	4.5m	5m
不能通航或浮运的河、湖冬季水面（或冰面）	5m	5m	5.5m
不能通航或浮运的河、湖最高水面（50年一遇的洪水水面）	3m	3m	3m

② 配电装置的安全距离。

配电装置的布置应考虑设备搬运、检修、操作和试验方便。为了工作人员的安全，配电装置布置需保持必要的安全通道。

低压配电装置正面通道的宽度，单列布置时不应小于1.5m，双列布置时不应小于2m。

低压配电装置背面通道应符合以下要求。

a.宽度一般不应小于1m，有困难时可减为0.8m。

b.通道内高度低于2.3m，无遮栏的裸导电部分与对面墙或设备的距离不应小于1m，与对面其他裸导电部分的距离不应小于1.5m。

c.通道上方裸导电部分的高度低于2.3m时，应加遮栏，遮栏后的通道高度不应低于1.9m。配电装置长度超过6m时，屏护后应有两个通向本室或其他房间的出口，且其间距离不应超过15m。

d.室内吊灯具高度一般应大于2.5m，受条件限制时可减为2.2m；如果还要降低，应采取适当安全措施。当灯具在桌面上方或其他人碰不到的地方时，高度可减为1.5m。

e.户外照明灯具一般不应低于3m；墙上灯具高度允许减为2.5m。

③ 各种用电设备的安全距离。

车间低压配电箱底口距地面高度暗装时取1.4m，明装时取1.2m；明装电度表板底口距地面高度取1.8m。常用开关设备的安装高度为1.3～1.5m，为便于操作，开关手柄与建筑物之间应保持150mm的距离；墙用开关离地面高度取1.4m；明装插座离地面高度取1.3 ~ 1.5m，暗装的可取0.2 ~ 0.3m。

④ 检修、维护时的安全距离。

在检修中，为了防止人体及其所携带的工具触及或接近带电体，而必须保持的最小距离，称为安全间距。间距的大小决定于电压的高低、设备的类型以及安装的方式等因素。

在低压工作中，人体或其所携带的工具与带电体的距离不应小于0.1m。在架空线路附近进行起重工作时，起重机具（包括被吊物）与低压线路导线的最小距离为1.5m。在高压无遮栏操作中，人体及其所携带工具与带电体之间的距离，10kV及以下为0.7m，20 ~ 35kV为1.0m。

（4）安全电压

安全电压是指不致使人直接致死或致残的电压，一般环境条件下允许持续接触的"安全特低电压"是36V。行业规定安全电压为不高于36V，持续接触安全电压为24V，安全电流为10mA。

电击对人体的危害程度主要取决于通过人体的电流的大小和通电时间的长短。

安全电压应满足以下三个条件：

① 标称电压不超过交流50V、直流120V；

② 由安全隔离变压器供电；

③ 安全电压电路与供电电路及大地隔离。

我国规定的安全电压额定值的等级为42V、36V、24V、12V、6V。当电气设备采用的电压超过安全电压时，必须按规定采取防止直接接触带电体的保护措施。

12.4.6 保护接地和保护接零

如图12-6所示。保护接地是为防止电气装置的金属外壳、配电装置的构架和线路杆塔等带电危及人身和设备安全而进行的接地。所谓保护接地，就是将正常情况不带电，而在绝缘材料损坏后或其他情况下可能带电的电器金属部分用导线与接地体可靠连接起来的保护接线方式。

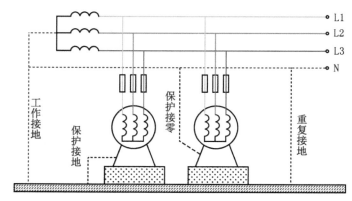

图12-6　保护接地和保护接零

保护接零是把电气设备的金属外壳和电网的零线可靠连接，以保护人身安全的一种用电安全措施。

12.4.7 低压电器系统中的接地形式

（1）接地保护系统文字代号说明

根据现行的国家标准《低压配电设计规范》(GB 50054—2011)规定，低压配电系统有三种接地形式，即IT系统、TT系统、TN系统。

① 第一个字母表示电源端与地的关系。

T—电源变压器中性点直接接地。

I—电源变压器中性点不接地，或通过高阻抗接地。

② 第二个字母表示电气装置的外露可导电部分与地的关系。

T—电气装置的外露可导电部分直接接地，此接地点在电气上独立于电源端的接地点。

N—电气装置的外露可导电部分与电源端接地点有直接的电气连接。

（2）IT系统

IT系统是电源中性点不接地，用电设备外露可导电部分直接接地的系统。IT系统可以有中性线，但在使用中建议不设置中性线。因为如果设置中性线，在IT系统中N线任何一点发生接地故障，该系统将不再是IT系统。如图12-7所示。

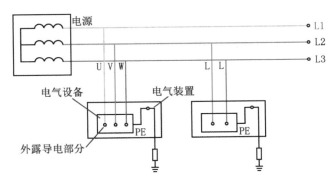

图12-7　IT系统接线图

IT系统应用范围：IT系统在供电距离不是很长时应用，其供电的可靠性高、安全性好，一般用于不允许停电的场所，或者是要求严格的连续供电的地方，例如医院的手术室、炼钢车间等，特别是地下矿井内（供电条件比较差，电缆易受潮）。运用IT方式供电的系统，即使电源中性点不接地，设备漏电时单相对地漏电流也较小，不会破坏电源电压的平衡，所以比电源中性点接地的系统还安全。但是，如果用在供电距离很长的情况下，供电线路对大地的分布电容就不能忽视了。

IT系统在负载发生短路故障或漏电使设备外壳带电时，漏电电流经大地形成回路，保护设备不一定动作，这是很危险的。所以IT系统只有在供电距离不太长时才比较安全，有其很大的局限性。

（3）TT系统

TT系统是电源中性点直接接地，用电设备外露可导电部分直接接地的系统。通常将电源中性点的接地叫作工作接地，而设备外露可导电部分的接地叫作保护接地。TT系统中，这两个接地必须是相互独立的。设备接地可以是每一设备都有各自独立的接地装置，也可以是若干设备共用一个接地装置。TT系统接线图如图12-8所示。

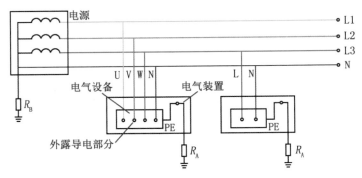

图12-8　TT系统接线图

① TT系统的优缺点：

a.由于单相接地时接地电流比较大，可使保护装置（漏电保护器）可靠动作，及时切除故障。

b.与低压电器外壳不接地相比，在电器发生碰壳事故时，可降低外壳的对地电压，因而可减轻人身触电危害程度。

c.对低压电网的雷击过电压有一定的泄漏能力。

d.能抑制高压线与低压线搭连或配变高低压绕组间绝缘击穿时，低压电网出现的过电压。

e.低压电器外壳接地的保护效果不及IT系统。

f.当电气设备的金属外壳带电（相线碰壳或设备绝缘损坏而漏电）时，由于有接地保护，可以大大减小触电的危险。但是，低压断路器（自动开关）不一定能跳闸，造成漏电设备的外壳对地电压高于安全电压，属于危险电压。

② TT系统的应用范围：

a.TT系统设备在正常运行时外壳不带电，当发生漏电故障时外壳高电位不会沿接地线（PE线）传递至整个系统。因此，在存在爆炸与火灾隐患等危险的场所应用很广。TT系统能大幅降低漏电设备上的故障电压，由于其不能把漏电值降低到安全范围内，因此采用TT系统必须装设漏电保护装置。

b.TT系统主要用于低压用户。TT系统由于接地装置就在设备附近，其PE线断线容易被发现。

（4）TN系统

TN系统是三相配电网低压中性点直接接地，电气装置的外露可导电部分通过保护导体接零的系统。

TN系统通常是一个中性点接地的三相电网系统。其特点是电气设备的外露可导电部分直接与系统接地点相连，当发生碰壳短路时，短路电流即经金属导线构成闭合回路，形成金属性单相短路，从而产生足够大的短路电流，使保护装置能可靠动作，将故障切除。

如果将工作零线N重复接地，碰壳短路时，一部分电流就可能分流于重复接地点，会使保护装置不能可靠动作或拒动，使故障扩大化。

在TN-S系统中，也就是三相五线制中，N线与PE线是分开敷设并且是相互绝缘的，同时与用电设备外壳相连接的是PE线而不是N线，因此我们所关心的是PE线的电位，而不是N线的电位，所以在TN-S系统中重复接地不是对N线的重复接地。如果将PE线和N线共同接地，由于PE线与N线在重复接地处相接，重复接地点与配电变压器工作接地点之间的接线已无PE线和N线的区别，原由N线承担的中性线电流变为由N线和PE线共同承担，并有部分电流通过重复接地点分流。这样可以认为重复接地点前侧已不存在PE线，只有由原PE线及N线并联共同组成的PEN线，原TN-S系统所具有的优点将丧失，所以不能将PE线和N线共同接地。

由于上述原因，在有关规程中明确提出，中性线（即N线）除电源中性点外，不应重复接地。

TN系统中，根据其保护零线是否与工作零线分开，划分为TN-C系统、TN-S系统、TN-C-S系统三种形式，如图12-9所示。

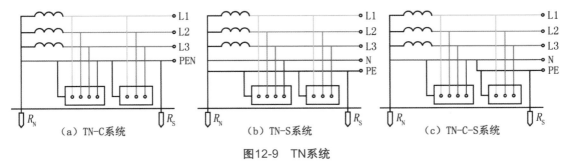

图12-9　TN系统

① TN-C系统　在TN-C系统中，将PE线和N线的功能综合起来，由一根称为PEN线的导体同时承担两者的功能。在用电设备处，PEN线既连接到负荷中性点上，又连接到设备外露的可导电部分。由于其固有的技术上的弊端，现在已很少采用，尤其是在民用配电系统中，已不允许采用TN-C系统。

② TN-S系统　TN-S系统中性线N与TT系统相同。与TT系统不同的是，用电设备外露可导电部分通过PE线连接到电源中性点，与系统中性点共用接地体，而不是连接到自己专用的接地体，中性线（N线）和保护线（PE线）是分开的。TN-S系统的最大特征是N线与PE线在系统中性点分开后，不能再有任何电气连接。这一条件一旦破坏，TN-S系统便不再成立。TN-S系统的特点如下：

a.系统正常运行时，专用保护线上没有电流，只是工作零线上有不平衡电流。PE线对地没有电压，所以电气设备金属外壳接零保护是接在专用的保护线PE上，安全可靠。

b.工作零线只用作单相照明负载回路。

c.专用保护线PE不许断线，也不许接入漏电开关。

d.TN-S系统供电干线上可以安装漏电保护器。

e.TN-S系统安全可靠，适用于工业与民用建筑等低压供电系统。

③ TN-C-S系统　TN-C-S系统是TN-C系统和TN-S系统的结合形式。在TN-C-S系统中，从电源出来的那一段采用TN-C系统，因为这段中无用电设备，只起电能的传输作用。到用电负荷附近某一点处，将PEN线分开形成单独的N线和PE线，从这一点开始，系统相当于TN-S系统。TN-C-S系统的特点如下：

a.TN-C-S系统可以降低电动机外壳对地的电压，然而又不能完全消除这个电压。这个电压的大小取决于负载不平衡的情况及线路的长度。要求负载不平衡电流不能太大，而且在PE线上应做重复接地。

b.PE线在任何情况下都不能接入漏电保护器，因为线路末端的漏电保护器动作会使前级漏电保护器跳闸造成大范围停电。

c.PE线除了在总箱处必须和N线连接外，其他各分箱处均不得把N线和PE线相连接，PE线上不许安装开关和熔断器。

实际上，TN-C-S系统是在TN-C系统上变通的做法。当三相电力变压器工作接地情况良好，三相负载比较平衡时，TN-C-S系统在施工用电实践中效果还是不错的。但是，在三相负载不平衡，建筑施工工地有专用的电力变压器时，必须采用TN-S系统。

12.4.8　重复接地

除工作接地以外，在专用保护线PE上一处或多处再次与接地装置相连接称为重复接地。

在低压三相四线制中性点直接接地线路中，应将配电线路的零干线和分支线的终端接地，零干线上每隔1km做一次接地。对于接地点超过50m的配电线路，接入用户处的零线仍应重复接地，重复接地电阻应不大于10Ω。重复接地如图12-10所示。

图12-10　重复接地

（1）重复接地的作用

① 零线重复接地能够缩短故障持续时间，降低零线上的压降损耗，降低相线、零线反接的危险性。

② 在保护零线发生断路后，当电气设备的绝缘损坏或相线碰壳时，零线重复接地还能降低故障电气设备的对地电压，减小发生触电事故的危险。

（2）重复接地的要求和注意事项

在低压TN系统中，架空线路干线和分支线终端的PEN线或PE线应重复接地。电缆线路和架空线路在每个建筑物的进线处，做重复接地。装有剩余电流动作保护器的PEN线，不允许重复接地。除电源中性点外，中性线（N）不应重复接地。低压线路每处重复接地，电网的接地电阻不应大于10Ω。在电气设备的接地电阻允许达到10Ω的电网中，每处重复接地的接地电阻不应超过30Ω，且重复接地不应少于3处。

重复接地注意事项：在TN-S（三相五线制）系统中，零线（工作零线）是不允许重复接地的。这是因为如果中性线重复接地，三相五线制漏电保护检测就不准确，无法起到准确的保护作用。因此，零线不允许重复接地，实际上是漏电检测后不能重复接地。

12.4.9 工作接地

在采用380/220V的低压电力系统中，一般都从电力变压器引出四根线，即三根相线和一根中性线，这四根线兼作动力和照明用。动力用三根相线，照明用一根相线和中性线。如图12-11所示。

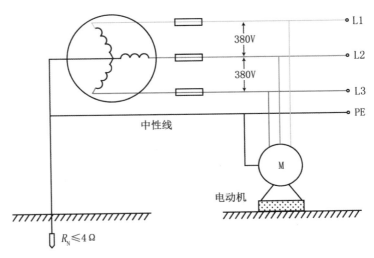

图12-11　工作接地

在这样的低压系统中，考虑在正常或故障的情况下，都能使电气设备可靠运行，并有利于人身和设备的安全，一般把系统的中性点直接接地，即为工作接地。由变压器三线圈交点接出的线叫中性线即零线，该点就叫中性点。

工作接地的作用如下。

① 降低一相接地的危险性。

② 稳定系统的电位，限制电压不超过某一范围，降低高压窜入低压的危险性。

③ 工作接地和保护接零的区别：凡是因设备运行需要的接地，叫作工作接地，如果不接，设备就不能运行，例如变压器的中性点接地；保护接零是某根电线接触物体时，让漏电保护开关能及时跳闸，防止电击伤人。

两种接线方式都为保护人身安全起着重要作用。

12.4.10 剩余电流动作保护器

在低压电网中安装剩余电流动作保护器（Residual Current Operated Protective Device，RCD，又叫漏电保护器、漏电开关），是防止由于直接接触和间接接触引起的人身触电、电气火灾及电气设备损坏的有效的防护措施。剩余电流动作保护器主要应用在1000V以下的低压系统中。

（1）工作原理

漏电开关按工作原理分电压动作型和电流动作型。其中，电流动作型又分电磁式、电子式和中性点接地式三种。目前国内外广泛应用的漏电开关都是电流动作型。

漏电开关工作原理如图12-12所示。漏电开关由零

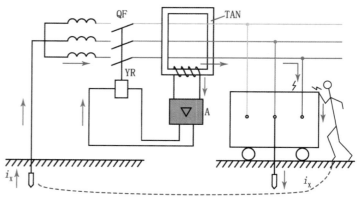

图12-12　漏电开关工作原理

序互感器TAN、放大器A和主电路断路器QF（含脱扣器）三部分组成。当设备正常工作时，主电路电流的相量和为零，零序互感器的铁芯无磁通，其二次绕组没有感应电压输出，开关保护闭合。

当保护的电路中有漏电时，或有人体的触电电流i_x通过时，由于取道大地为回路，于是主电路电流的相量和不再为零，零序互感器的铁芯磁通有变化，其二次绕组有感应电压输出。

当剩余电流达到一定值时，经放大器放大后足以使脱扣器YR动作，使断路器在0.1s内跳开，有效地起到触电保护的作用。

（2）剩余电流保护器主要参数

① 额定动作电流　指在规定的条件下，使漏电保护器动作的电流值。例如30mA的保护器，当通入电流值达到30mA时，保护器即动作断开电源。

我国标准规定电流型漏电保护器的额定动作电流可分为6mA、10mA、15mA、30mA、50mA、75mA、100mA、200mA、300mA、500mA、1000mA、3000mA、5000mA、1000mA、2000mA等15个等级（15mA、50mA、75mA、200mA不推荐优先采用）。其中，30mA及以下的属高灵敏度，主要用于防止各种人身触电事故；30mA以上，1000mA及以下的属中灵敏度，用于防止触电事故和漏电火灾；1000mA以上的属低灵敏度，用于防止漏电火灾和监视一相接地事故。

我国有关标准还规定，用于防火的漏电报警器的额定动作电流宜设计为25mA、50mA、100mA、200mA、400m和800mA。

② 额定动作时间　是指从突然施加额定动作电流起，到保护电路被切断为止的时间。例如30mA×0.1s的保护器，从电流值达到30mA起，到主触点分离止的时间不超过0.1s。

③ 额定不动作电流　在规定的条件下，漏电保护器不动作的电流值一般应选额定动作电流值的二分之一。例如额定动作电流30mA的漏电保护器，在电流值达到15mA以下

时，保护器不应动作，否则因灵敏度太高容易误动作，影响用电设备的正常运行。

（3）剩余电流动作保护装置的选用

国家为了规范剩余电流动作保护装置的使用，颁布了《剩余电流动作保护装置安装和运行》（GB/T 13955—2017）标准。

标准规定，在选用漏电保护器时应遵循以下主要原则。

① 购买漏电保护器时应购买具有生产资质的厂家生产的产品，且产品质量检测合格。不合格产品主要问题为：有的不能正常分断短路电流，不能消除火灾隐患；有的起不到人身触电保护的作用；还有一些不该跳闸时跳闸，影响正常用电。

② 应根据保护范围、人身设备安全和环境要求确定漏电保护器的电源电压、工作电流、漏电电流及动作时间等参数。

③ 电源采用漏电保护器做分级保护时，应满足上、下级开关动作的选择性。一般上一级漏电保护器的额定动作电流不小于下一级漏电保护器的额定动作电流，这样既可以灵敏地保护人身和设备安全，又能避免越级跳闸，缩小事故检查范围。

④ 手持式电动工具（除Ⅲ类外）、移动式家电设备（除Ⅲ类外）、其他移动式机电设备，以及触电危险性较大的用电设备，必须安装漏电保护器。

⑤ 建筑施工场所、临时线路的用电设备，应安装漏电保护器。这是《施工现场临时用电安全技术规范》（JGJ 46—2005）中明确要求的。

⑥ 机关、学校、企业、住宅建筑物内的插座回路，宾馆、饭店及招待所的客房内插座回路，必须安装漏电保护器。

⑦ 安装在水中的供电线路和设备，潮湿、高温、金属占比较大及其他导电良好的场所，如机械加工、冶金、纺织、电子、食品加工等行业的作业场所，以及锅炉房、水泵房、食堂、浴室、医院等场所，必须使用漏电保护器进行保护。

⑧ 固定线路的用电设备和正常生产作业场所，应选用带漏电保护器的动力配电箱。临时使用的小型电气设备，应选用漏电保护插头（座）或带漏电保护器的插座箱。

⑨ 漏电保护器作为直接接触防护的补充保护时（不能作为唯一的直接接触保护），应选用高灵敏度、快速动作型漏电保护器。一般环境选择动作电流不超过30mA，动作时间不超过0.1s，这两个参数保证了人体触电时，不会使触电者产生病理性生理危险。在浴室、游泳池等场所，漏电保护器的额定动作电流不宜超过10mA。在触电后可能导致二次事故的场合，应选用额定动作电流为6mA的漏电保护器。

⑩ 对于不允许断电的电气设备，如公共场所的通道照明、应急照明、消防设备的电源、用于防盗报警的电源等，应选用报警式漏电保护器接通声、光报警信号，以便通知管理人员及时处理故障。

（4）漏电保护器额定动作电流

正确合理地选择漏电保护器的额定动作电流非常重要：一方面，在发生触电或泄漏电流超过允许值时，漏电保护器可有选择地动作；另一方面，漏电保护器在正常泄漏电流作用下不应动作，防止供电中断而造成不必要的经济损失。

漏电保护器的额定动作电流应满足以下三个条件：

① 为了保证人身安全，额定动作电流应不大于人体安全电流值，国际上公认不大于30mA为人体安全电流值。

② 为了保证电网可靠运行，额定动作电流应大于低压电网正常漏电电流。

③ 为了保证多级保护的选择性，下一级额定动作电流应小于上一级额定动作电流。

a.第一级漏电保护器安装在配电变压器低压侧出口处。该级保护的线路长，漏电电流较大，其额定动作电流在无完善的多级保护时，最大不得超过100mA；具有完善多级保护时，漏电电流较小的电网，非阴雨季节为75mA，阴雨季节为200mA，漏电电流较大的电网，非阴雨季节为100mA，阴雨季节为300mA。

b.第二级漏电保护器安装于分支线路出口处，被保护线路较短，用电量不大，漏电电流较小。漏电保护器的额定动作电流应介于上、下级保护器额定动作电流之间，一般取30～75mA。

c.第三级漏电保护器用于保护单个或多个用电设备，是直接防止人身触电的保护设备。被保护线路和设备的用电量小，漏电电流小，一般不超过10mA，宜选用额定动作电流为30mA、动作时间小于0.1s的漏电保护器。

（5）漏电保护器的安装和运行维护

除应遵守常规的电气设备安装规程外，还应注意以下几点：

① 漏电保护器的安装应符合生产厂家产品说明书的要求。

② 标有电源侧和负荷侧的漏电保护器不得接反。如果接反，会导致电子式漏电保护器的脱扣线圈无法随电源切断而断电，以致长时间通电而烧毁。

③ 安装漏电保护器不得拆除或放弃原有的安全防护措施，漏电保护器只能作为电气安全防护系统中的附加保护措施。

④ 安装漏电保护器时，必须严格区分中性线和保护线。使用三极四线式和四极四线式漏电保护器时，中性线应接入漏电保护器。经过漏电保护器的中性线不得作为保护线。

⑤ 工作零线不得在漏电保护器负荷侧重复接地，否则漏电保护器不能正常工作。

⑥ 采用漏电保护器的支路，其工作零线只能作为本回路的零线，禁止与其他回路工作零线相连，其他线路或设备也不能借用已采用漏电保护器后的线路或设备的工作零线。

⑦ 安装完成后，要按照《建筑电气工程施工质量验收规范》(GB 50303—2015)3.1.6条款，即"动力和照明工程的漏电保护器应做模拟动作试验"的要求，对完工的漏电保护器进行试验，以保证其灵敏度和可靠性。试验时可操作试验按钮三次，带负荷分合三次，确

认动作正确无误方可正式投入使用。

漏电保护器在使用中发生跳闸，经检查未发现开关动作原因时，允许试送电一次，如果再次跳闸，应查明原因，找出故障，不得连续强行送电。

漏电保护器损坏不能使用时，应立即请专业电工进行检查或更换。如果漏电保护器发生误动作和拒动作，其原因一方面是由漏电保护器本身引起，另一方面是来自线路的缘由，应认真具体分析，不要私自拆卸和调整漏电保护器的内部器件。

（6）漏电保护器使用注意事项

① 漏电保护器适用于电源中性点直接接地或经过电阻、电抗接地的低压配电系统。对于电源中性点不接地的系统，不宜采用漏电保护器，因为后者不能构成泄漏电气回路，即使发生了接地故障，产生了大于或等于漏电保护器的额定动作电流，该保护器也不能及时动作切断电源回路。显而易见，必须具备接地装置，电气设备发生漏电时，且漏电电流达到动作电流时，就能在0.1s内立即跳闸，切断电源主回路。

② 漏电保护器保护线路的工作中性线N要通过零序电流互感器，否则，接通后，就会有一个不平衡电流使漏电保护器产生误动作。

③ 接零保护线（PE）不准通过零序电流互感器。因为保护线（PE）通过零序电流互感器时，漏电电流经保护线又回穿过零序电流互感器，导致电流抵消，而互感器上检测不出漏电电流值，在出现故障时，造成漏电保护器不动作，起不到保护作用。

④ 控制回路的工作中性线不能进行重复接地。一方面，重复接地时，在正常工作情况下，工作电流的一部分经由重复接地回到电源中性点，在电流互感器中会出现不平衡电流。当不平衡电流达到一定值时，漏电保护器便产生误动作；另一方面，因故障漏电时，保护线上的漏电电流也可能穿过电流互感器回到电源中性点，抵消了互感器的漏电电流，使保护器拒绝动作。

⑤ 漏电保护器后面的工作中性线（N）与保护线（PE）不能合并为一体。如果二者合并为一体时，当出现漏电故障或人体触电时，漏电电流经由电流互感器回流，结果又雷同于上面，造成漏电保护器拒绝动作。

⑥ 被保护的用电设备与漏电保护器之间的各线互相不能碰接。如果出现线间相碰或零线间相交接，会立刻破坏零序平衡电流，引起漏电保护器误动作。另外，被保护的用电设备只能并联安装在漏电保护器之后，接线保证正确，不许将用电设备接在实验按钮的接线处。

12.5 电气事故预防要点（防火与防爆）

12.5.1 引起电气火灾的原因

引起电气火灾的原因有以下两个：

① 电气设备或线路过热。

② 电火花和电弧。

使电气设备或线路过热有下面六个原因：

① 电气设备或线路长期过载。

② 电气设备或线路发生短路故障。

③ 电气线路及设备、开关等出现接触不良现象，引起过热或电火花。

④ 电气设备的铁芯过热。

⑤ 电气设备散热不良，从而使设备温度升高。

⑥ 电热设备使用不当。

12.5.2 危险场所划分

（1）危险场所判断

① 危险物品　除考虑危险物种类外，还必须考虑物品的自燃点、闪点、爆炸极限、密度等物理性能，工作温度和压力及数量、配置，出现爆炸性混合物的范围。

② 危险源　考虑危险物品的特性、数量或扩散情况。

③ 通风　室内原则上应视为阻碍通风场所，但如安装了强制通风设备，则不视为阻碍通风场所。

④ 危险场所判断程序　首先检查有无危险源。如无危险源，则不判断为爆炸危险场所。若有危险源，再研究形成爆炸性混合物的可能性。

（2）危险场所的划分

① 气体、蒸气爆炸危险场所。各级区域的特征如下：

a.0区：指正常运行时，连续出现或长时间出现或短时间频繁出现爆炸性气体、蒸气或薄雾的危险区域。

b.1区：指正常运行时，可能出现爆炸性气体、蒸气或薄雾的危险区域。

c.2区：指正常运行时，不出现爆炸性气体、蒸气或薄雾，即使出现也仅可能是短时间存在的区域。

② 非爆炸危险区域。凡符合下列条件之一时，可划分为非爆炸危险区域。

a.没有释放源，且不可能有易燃物质侵入的区域。

b.易燃物质可能出现的最大体积浓度不超过爆炸下限的10%的区域。

c.在生产过程中，使用明火的设备附近，或使用表面温度超过该区域易燃物质引燃温度的设备附近。

d.在生产装置区外，露天或敞开安装的输送爆炸危险物质的架空管道地带。

12.5.3 燃烧和爆炸

火灾和爆炸（这里指的是化学爆炸）都是同燃烧直接联系的。燃烧一般具备以下三个条件：

① 有着火源存在。凡能引起可燃物质燃烧的热能源即为着火源，如明火、电火花、灼热的物体等。

② 有助燃物质存在。凡能帮助燃烧的物质称为助燃物质，如氧气、氯酸钾、高锰酸钾等。

③ 有固体、液体和气体可燃物质存在。凡是能与空气中的氧气发生强烈氧化作用的物质都属于可燃物，如木材、纸张、钠、镁、汽油、乙醇、乙炔、氢气等。

大部分可燃物质，不论是液体还是固体，其燃烧往往是在蒸气或气体状态下进行的，燃烧时产生火焰。但有的物质不能转变成气态燃烧，如焦炭的燃烧是呈灼热状态的燃烧，燃烧时不产生火焰。就燃烧速度而言，气体最快，液体次之，固体最慢。

爆炸是和燃烧密切联系的。凡是发生瞬间的燃烧，同时生成大量的热和气体，并以很大的压力向四周扩散的现象，都叫作爆炸。爆炸分为物理性爆炸和化学性爆炸。

物理性爆炸是由于液体（固体）变成蒸气或气体，体积膨胀，压力急剧增加，大大超过容器所能承受的极限压力而发生的爆炸。如蒸汽锅炉、压缩和液化气瓶等爆炸，都属于物理性爆炸，物理性爆炸能间接引起火灾。

化学性爆炸是爆炸性物质本身发生了化学反应，产生大量气体和较高温度的爆炸。如可燃气体、可燃蒸气、粉尘与空气形成混合物的爆炸都属于化学性爆炸。化学性爆炸能直接造成火灾。

12.5.4 电气火灾和爆炸原因

电气火灾火势凶猛，如不及时扑灭，势必迅速蔓延。为了防止电气火灾和爆炸，首先应当了解电气火灾和爆炸的原因。在运行中，电流的热量和电流的火花或电弧是引起电气火灾和爆炸的直接原因。

（1）危险温度

危险温度是电气设备过热引起的，而电气设备过热主要是由电流的热量造成的。导体的电阻虽然很小，但其电阻总是客观存在的，因此，电流通过导体时要消耗一定的电能，这部分电能以发热的形式消耗掉。应当指出，对于电动机和变压器等带有铁磁材料的电气设备，除电流通过导体产生热量外，交变电流的交变磁场还会在铁磁材料中产生热量。可见，这类电气设备的铁芯也是一个重要的热源。有机械运动的电气设备，工作中会由于轴承摩擦、电刷摩擦等引起发热，使温度升高。此外，当电气设备的绝缘性能下降时，通过绝缘材料的泄漏电流增加，可能导致绝缘材料温度升高。由以上说明可知，电气设备运行时总是要发热的。但是，正确设计、正确施工以及正确运行的电气设备，其最高温度与周围环境之差不会超过某一允许范围。这就是说，电气设备正常的发热是允许的。当电气设备的正常运行遭到破坏时，发热量增加，温度升高，在一定条件下可以引起火灾。

引起电气设备过度发热的不正常运行有以下几种情况：

① 短路。线路中电流过大，产生的热量又和电流的平方成正比，若温度达到可燃物的自燃点，即引起燃烧，从而导致火灾。

② 过载。

a.设计、选用线路和设备不合理。

b.使用不合理。

c.设备故障运行。

③ 接触不良。导线接头、控制器触点等接触不良是诱发电气火灾的重要原因。所谓"接触不良"，其本质是接触点电阻变大引起功耗增大。

④ 铁芯发热。变压器绕组和铁芯在运行中会发热，其发热的主要因素是铜损和铁损。

⑤ 散热不良。指电气设备散热通风措施遭到破坏，使散热不良，造成电气设备过热。

（2）电火花和电弧

电火花是电极间的击穿放电；电弧是由大量的电火花汇集成的。在生产和生活中，电火花是经常见到的。电火花包括工作火花和事故火花两类。

工作火花是指电气设备正常工作时或正常操作过程中产生的火花。事故火花是线路或设备发生故障时出现的火花。以下情况可能引起空间爆炸：

① 周围空间有爆炸性混合物，在危险温度或电火花作用下引起空间爆炸。

② 充油设备的绝缘油在电弧作用下分解和汽化，喷出大量油雾和可燃气体，引起空间爆炸。

③ 发电机氢冷装置漏气、酸性蓄电池排出氢气等，形成爆炸性混合物，引起空间爆炸。

12.5.5 防爆电气设备

① 隔爆型（标志d）：是一种具有隔爆外壳的电气设备，其外壳能承受内部爆炸性气体混合物的爆炸压力并阻止内部的爆炸向外壳周围爆炸性混合物传播。适用于爆炸危险场所的任何地点。

② 增安型（标志e）：在正常运行条件下不会产生电弧、电火花，也不会产生足以点燃爆炸性混合物的高温。在结构上采取种种措施来提高安全程度，以避免在正常和认可的过载条件下产生电弧、电火花和高温。

③ 本质安全型（标志ia、ib）：在正常工作或规定的故障状态下产生的电火花和热效应均不能点燃规定的爆炸性混合物。这种电气设备按使用场所和安全程度分为ia和ib两个等级。ia等级设备在正常工作、一个故障和两个故障时均不能点燃爆炸性气体混合物。ib

等级设备在正常工作和一个故障时不能点燃爆炸性气体混合物。

④ 正压型（标志p）：它具有正压外壳，可以保持内部保护气体压力，即新鲜空气或惰性气体的压力高于周围爆炸性环境的压力，阻止外部混合物进入外壳。

⑤ 充油型（标志o）：它是将电气设备全部或部分部件浸在油内，使设备不能点燃油面以上的或外壳外的爆炸性混合物。如高压油开关即属此类。

⑥ 充砂型（标志q）：在外壳内充填砂粒材料，使其在一定使用条件下壳内产生的电弧、传播的火焰、外壳壁或砂粒材料表面的过热均不能点燃周围爆炸性混合物。

⑦ 无火花型（标志n）：正常运行条件下，不会点燃周围爆炸性混合物，且一般不会发生有点燃作用的故障。这类设备的正常运行是指不应产生电弧或电火花。电气设备的热表面或灼热点也不应超过相应温度组别的最高温度。

⑧ 特殊型（标志s）：指结构上不属于上述任何一类，而采取其他特殊防爆措施的电气设备。如填充石英砂型的设备即属此列。

12.5.6 防爆场所电气线路敷设

① 选用的防爆电气设备的级别、组别，不应该低于爆炸危险场所内爆炸性混合物的级别和组别。

② 防爆电气设备应该有标志Ex（Explosion），铭牌上应该有防爆等级标志、防爆合格证书编号。

③ 电气线路应尽量在远离释放源的地方或者爆炸危险性较小的环境内敷设。

④ 铺设电气线路的沟道、电缆或钢管，所穿过的不同区域之间或楼板处的孔洞，应该采用非燃性材料严密堵塞。

⑤ 在爆炸危险场所选用导线或者电缆（单芯）的截面积：0区，本质安全型用0.5mm²；1区：控制通信、照明用1.5mm²，动力用2.5mm²；2区：可用1.5mm²。移动设备1、2区都要用2.5mm²，且要用重型合成橡胶电缆。

⑥ 电气线路敷设应该尽量避免有中间接头。必须分路或者接头时，可以用防爆接线盒。

⑦ 爆炸危险场所的配线方法：在0区，只允许本质安全设备配线；在1区，可用镀锌钢管配线或者用低压电缆配线，不准用高压电缆配线；在2区，允许用低压电缆配线，低压可用钢管和电缆配线。

⑧ 电缆敷设时，电力电缆与通信、信号电缆分开，高压电缆与低压、控制电缆分开。

⑨ 输电架空线不允许跨越爆炸危险场所，距离爆炸危险场所的距离不应小于1.5倍的电杆高度。

⑩ 本质安全型电路用的电缆或导线需是蓝色。

⑪ 本质安全型电路和非本质安全型电路在同一接线箱内接线时，需要由绝缘隔板分

隔，距离至少50mm。

⑫ 本质安全型和非本质安全型电路配线，不应该发生混触，要避免发生静电感应和电磁感应现象。

⑬ 本质安全型电路和非本质安全型电路或其他电路不允许用同一根电缆，也不应在同一根钢管里铺设。

⑭ 接地：

a.凡在爆炸危险场所里的防爆电气设备、金属构架、金属配线钢管、电缆金属护套均应接地。

b.如果防爆电气设备是固定在金属构架上，电气设备仍然需要单独接地。

c.接地线应单独与接地干线相连。

d.接地线的截面积和绝缘等级应与相线相同。

e.接地电阻不大于4Ω。

f.本质安全型电源的屏蔽层应在非爆炸危险场所一头接地。

g.防爆电气设备如由主腔和接线腔组成，需要内外接地。

h.防爆电气设备的安装固定螺栓不能认为是接地螺栓。

⑮ 电气线路钢管敷设时，无特殊要求，可不设置金属跨接线。

⑯ 隔爆型电气设备的隔爆接合面应无砂眼、机械伤痕、锈蚀，严禁涂油漆。

⑰ 隔爆接线盒内壁应涂耐弧漆。

⑱ 隔爆电动机和风机的轴和轴孔、风扇与端罩之间在正常工作状态下，不应该产生摩擦。

⑲ 隔爆插销，一定要有断电后才能插入或者拔出插头的联锁装置。

⑳ 除了本质安全型设备外，都应有切断电源后开启的警告牌。

㉑ 正压型防爆电气设备的取风口应该在非危险场所。

㉒ 电气线路进入防爆电气设备应该注意下列要求：

a.电气线路可以用电缆或导线配线，进入电气设备时必须配相应的橡胶密封圈。

b.电缆的外径和密封圈内径相配合，误差小于1mm，导线的根数必须与密封圈的孔数相同，配合尺寸误差小于0.5mm。

c.电气设备的电缆引入装置，安装密封圈处，不应有螺纹，它与电缆引入装置内孔相配合，误差小于1mm。

d.必须保证安装完毕后，电缆的外护套和导线的绝缘都在密封圈内。

12.5.7 电气防火防爆措施

（1）消除或减少爆炸性混合物

这项措施属于一般性防火防爆措施。在爆炸危险场所，如有良好的通风装置，能降低爆炸性混合物的浓度，场所危险等级可以考虑降低。蓄电池室可能有氢气排出，应有良好的通风。变压器室一般采用自然通风。通风系统应用非燃烧性材料制作，结构应坚固，连接应紧密；通风系统不应有阻碍气流的死角；电气设备应与通风系统联锁，运行前必须先通风。进入电气设备和通风系统内的气体不应含有爆炸危险物质或其他有害物质。

（2）隔离间距

隔离是将电气设备分室安装，并在隔墙上采取封堵措施，以防止爆炸性混合物流入。变、配电室与爆炸危险场所或火灾场所毗邻时，隔墙应是非燃烧材料制成的。毗邻变、配电室的门、窗应向外开，通向无火灾和无爆炸危险的场所。变、配电室是工业和企业的枢纽，电气设备较多，而且有些设备工作时产生电火花和较高温度，其防火防爆要求比较严格。

（3）消除引燃源

为了防止出现电气引燃源，应根据危险场所特征和级别选用相应种类和级别的电气设备和电气线路，并应保持电气设备和电气线路安全运行。保持设备清洁有利于防火。在爆炸危险场所，应尽量少用便携式电气设备，应尽量少装插销座和局部照明灯。

（4）危险场所接地和接零

危险场所的接地、接零比一般场所要求高。

① 接地、接零实施范围。除生产上有特殊要求以外，一般场所不要求接地（或接零）的部分仍应接地（或接零）。

② 整体性连接。在爆炸危险场所，必须将所有设备的金属部分、金属管道，以及建筑物的金属结构全部接地（或接零），并连接成连续整体，以保持电流途径不中断。

③ 保护导线。单相设备的工作零线应与保护零线分开，相线和工作零线均应装设短路保护装置，并装设双极开关同时操作相线和工作零线。

④ 保护方式。在不接地电网中，必须装设一相接地或严重漏电时能自动切断电源的保护装置或能发出声、光双重信号的报警装置。

（5）保持电气设备正常运行

电气设备运行中产生的电火花和危险温度是引起火灾的重要原因。保持电压、电流、温升等不超过允许值是为了防止电气设备过热。

在有爆炸性气体或蒸气混合物的爆炸危险场所，根据自燃点的组别，选择电气设备的极限温升。必须保持电气设备绝缘良好。在运行中，应保持各导电部分连接可靠，接触良好。保持良好的导电性能。保持设备清洁有利于防火。

（6）消防供电

为了保证消防设备的不间断供电，应考虑建筑物的性质、火灾危险性、疏散和火灾扑救难度等因素。在室内高度超过24m的公共场所和高度超过50m的可燃物品场所，以及超过4000个座位的体育馆、超过2500个座位的会场等大型公共建筑，其消防设备应采取一级负荷供电。室外消防用水量大于0.03m³/s的工厂、仓库，或室外消防用水量大于0.035m³/s的易燃材料堆、油罐、可燃气体储罐，以及室外消防用水量大于0.025m³/s的公共建筑，应专线供电。消防水泵、消防电梯、火灾事故照明、防烟、排烟等消防用电设备在火灾时必须确保运行，以保障安全和方便使用。

（7）其他防火防爆措施

为了防火防爆，必须采取包括组织措施在内的综合措施。要保证堵塞危险漏洞。采用耐火设施对现场防火有很重要的作用。变配电室、酸性蓄电池室、电容器室应为耐火建筑，临近室外变、配电装置的建筑物外墙也应耐火。密封也是一种防爆措施。密封有两个含义：一是把危险物质尽量装在密闭容器内，限制爆炸性物质的产生和散逸；二是把电气设备或电气设备可能引爆的部件密封起来，消除引爆的因素。

12.6 低压配电系统的基本要求及规章规范

12.6.1 低压配电室的安全要求

① 低压配电室必须封闭管理，设专人负责，落实岗位责任制。

② 配电室室内必须配备安全防护用品并定期检验，配电室至少每月要清扫一次。

③ 低压配电装置运行、维护、管理必须遵守下列规定：

a.低压配电装置的有关设备，应定期清扫和检测绝缘电阻。检测时应用500V兆欧表测量母线、断路器、接触器和互感器的绝缘电阻，以及二次回路的对地绝缘电阻等。

b.低压断路器因故障跳闸后，在查明及消除跳闸原因后，方可合闸。

c.对频繁操作的功率补偿电容用交流接触器，每3个月检测一次。

d.经常检查熔断器的熔体与实际负荷是否相匹配，各连接点接触是否良好，有无烧损现象。

e.对配电室内漏电保护器每月按跳闸按钮一次进行跳闸保护试验，不合格则更换。

④ 要经常对配电室进行检查和维护，及时发现问题和消除隐患。

⑤ 配电室内各种形式的检查、检测应做好记录，并保存三年。

⑥ 配电室操作电工必须严格遵守相关各项安全操作规程。非持证人员严禁上岗操作。无关人员严禁进入配电室，如需进入，必须经领导同意方可进入。

⑦ 工作前，必须检查工具、防护用具是否完好。

⑧ 任何电气设备未经验电，一律视为有电，不准用手触及。

⑨ 维修电气设备时须断电操作，并挂上"禁止合闸，有人工作"标示牌，验明无电后方可进行工作。

⑩ 室内检修，如需停电，应一人监护一人操作，先断低压电各分路开关，后断低压

电总开关,再断高压电开关,并分别挂停电指示牌,封挂地线,确认停电无误方可检修。

⑪ 电气设备的金属外壳必须接地,接地线要符合标准。有电设备不准断开外壳接地线。

⑫ 动力配电盘、配电箱、开关、变压器等各种电气设备附近,不准堆放各种易燃易爆、潮湿和其他影响操作的物件。

⑬ 电气设备发生火灾时,要立即切断电源,并使用四氯化碳或二氧化碳灭火,严禁用水灭火。

⑭ 高压送电操作:

a.先合室外高压电隔离开关。

b.合室内高压柜总进线开关。

c.合室内高压柜变压器出线开关给变压器送电。

⑮ 室内低压送电操作:

a.拆除停电指示牌,检查检修工具。

b.先合低压柜总开关,再合各分路开关。

c.监视电压电流情况,发现问题及时反馈处理。

⑯ 电气设备停电后,在未拉闸和未做好安全措施以前应视为有电,不得触及设备和进入遮栏,以防突然来电。

⑰ 工作人员进行各项操作检修时,必须按规定穿戴合格的防护用品。

12.6.2 配电盘的安装与安全要求

① 配电盘安装稳固。盘内设备与各构件间连接牢固。

② 配电盘、柜的接地应牢固良好。装有电器的可开启的盘、柜门,应以软导线与接地的金属构架可靠连接。

③ 配电盘内端子箱安装应牢固,封闭良好,安装位置应便于检查,成列安装时,应排列整齐。

④ 配电盘内布线要横平竖直,螺钉不能有松动,线头接触良好。

⑤ 配电盘内各元件固定可靠、无松动,触点无氧化、无毛刺。

⑥ 配电盘内二次回路的连接件均应采用铜质制品。接线的具体要求如下:

a.电气回路的连接(螺栓连接、插接、焊接等)应牢固可靠。

b.电缆芯线和所配导线的端部均应标明其回路编号;编号应正确,字迹应清晰且不易脱色。

c.配线整齐、清晰、美观;导线绝缘良好,无损伤。

d.盘、柜内的导线不应有接头。

e.每个端子板的每侧接线一般为一根,不得超过两根。

⑦ 400V及以下的二次回路的带电体之间或带电体与接地间，电气间隙应符合规范和设计要求。

⑧ 用于连接可动部位（门上电器、控制台板等）的导线应符合下列要求：

a.应采用多股软导线，敷设时应有适当余量。

b.线束应有加强绝缘层（如外套塑料管等）。

c.与电器连接时，端部应绞紧，不得松散、断股。

d.在可动部位两端，应用卡子固定。

⑨ 引进配电盘、柜内的控制电缆及其芯线应符合下列要求：

a.引进盘、柜的电缆应排列整齐，避免交叉，并应固定牢固，不使所接的端子板受到机械应力。

b.铠装电缆的钢带不应进入盘、柜内，铠装钢带切断处的端部应扎紧。

c.用于晶体管保护、控制等逻辑回路的控制电缆，当采用屏蔽电缆时，其屏蔽层应予接地；如不采用屏蔽电缆，则其备用芯线应有一根接地。

d.橡胶绝缘芯线应有外套绝缘管保护。

e.配电盘、柜内的电缆芯线，应按垂直或水平方向有规律地配置，不得任意歪斜交叉连接；备用芯线应留有适当余量。

⑩ 在绝缘导线可能遭到油类污蚀的地方，应采用耐油的绝缘导线，或采取防油措施。

12.6.3 电动机的安装与安全要求

（1）电动机的安装环境要求

通风良好、灰尘少、操作和维护方便、不潮湿（绝缘电阻降低，漏电可能性增大；生锈腐蚀易导致金属间接触不良，接地回路电阻增大甚至断开，威胁电动机安全运行）。

（2）安装基础要求

较强机械强度，不易变形；固定牢靠，保持电动机在规定位置而不产生位移。

（3）启动前的检查

① 熟记与电动机性能有关的数据，如电动机额定转速、额定功率、额定电压、额定电流等。

② 确认电动机能满足所传动的工作机械的性能要求，如转速、启动电流、电压等。

③ 检查安装情况、周围环境状况是否适合启动。

④ 确认进入出线盒的电源线连接可靠，电动机外壳处的接地线接触良好。

⑤ 检查电源开关、隔离开关、测量仪表、保护装置、启动柜等是否处于正常状态。

⑥ 检查电动机的冷却系统是否达到了说明书的要求。

⑦ 如有必要，应检查绝缘电阻是否达到规定要求。如有必要应确认电动机的旋转方向。

（4）启动后的检查

① 检查电动机的旋转方向。

② 检查电动机在启动和加速时有无异常声响和振动。

③ 检查启动电流是否正常，电源的电压降是否过大。

④ 检查启动时间是否正常。

⑤ 检查启动后的负载电流是否正常（应低于铭牌上标记的额定电流），三相电压、电流是否平衡。

⑥ 检查启动装置在启动过程中是否正常。

（5）运行中的检查和维护

① 电动机运转是否正常，可以从电动机发出的声响、转速、温度、工作电流等进行判断。如运行中的电动机发生漏电、转速突然降低、发生剧烈振动、有异常声响、过热冒烟或控制电器接点打火冒烟这些现象之一时，应立即断电停机检修。

② 听电动机运转时发出的声响，如果发现有较大的"嗡嗡"声，不是电流大就是缺相运行。如出现异常的摩擦声，可能是轴承损坏有扫膛现象。如有轻度的异声，可用木棍或长杆改锥一端顶到电动机轴承部位，另一端贴近耳朵，仔细分辨发出的声响是否异常。如有异常声响，说明轴承有问题，应及时更换，以免使轴承保持架损坏，造成转子与定子摩擦扫膛，烧毁电动机定子绕组。

③ 观察控制电器接点及电动机接线点是否有松动、异常升温或打火，绝缘有没有老化，接触器有没有异常的振动或声响，触点吸合后是否打火。如发现这些问题，应尽早处理解决，以免酿成事故。

12.7 电气设备设置、安装安全要求与防护

12.7.1 电气设备设置安全要求

① 电气设备要采取保护接地或保护接零。

② 在电气设备系统上和有关工作场所装设安全标志。

③ 设备的带电部分对地和带电部分之间应保持一定的安全距离。

④ 对地面裸露的带电设备要采取可靠的防护措施。

⑤ 采用可靠的触电保安器及漏电保护开关。

⑥ 定期对电气设备进行绝缘试验。

⑦ 低压电力系统要装设保护性中性线。

⑧ 对某些电气设备和电动工具采取特殊的安全措施。

12.7.2 电气设备安装的安全要求

① 电气设备的金属外壳，可能由于绝缘损坏而带电的，安装时必须根据技术条件采

取保护接地或保护接零措施。

② 行灯的电压不能超过36V，在金属容器内或者潮湿处所不能超过12V。

③ 手电钻、角磨机、电锤等手持电动工具，在使用前必须采取保护接地或保护接零措施。

④ 产生大量蒸气、气体、粉尘的工作场所，要使用密闭式电气设备；有爆炸危险的气体或者粉尘的工作场所，要使用防爆型电气设备。

⑤ 电气设备和线路都要符合安全规格，电气设备安装完毕后的运行过程中应该定期检修。

⑥ 电气设备必须设有可熔保险器或者自动空气开关。

⑦ 电气设备和线路的绝缘必须良好。裸露的带电导体应该安装于碰不着的位置，否则必须设置安全遮栏和明显的警告标示。

⑧ 电气设备的开关应该由设备操作者专人管理。

12.7.3 电气设备的安全防护要求

① 电气设备的金属外壳要采取保护接地或保护接零。

② 安装带漏电保护功能的自动断电装置。

③ 尽可能采用安全电压。

④ 保证电气设备具有良好的绝缘性能。

⑤ 采用电气安全用具。

⑥ 设立屏护装置。

⑦ 保证人或物与带电体的安全距离。

⑧ 易产生过电压的电力系统，应有避雷针、避雷线、避雷器、保护间隙等过电压保护装置。

⑨ 在电气设备的安装地点应设安全标志。

⑩ 对各种高压用电设备，应采取装设高压熔断器和断路器等不同类型的保护措施；对低压用电设备，应采取相应的低压电器保护措施。

⑪ 定期检查用电设备。

12.8 电力系统的电气火灾

12.8.1 造成电气火灾的原因

（1）短路火灾

电气线路中的裸导线或绝缘导线的绝缘体破损后，火线与零线及火线与地线在某一处碰在一起，引起电流突然增大很多倍的现象叫短路，俗称连电。由于短路时电阻突然减少，电流突然增大，其瞬间的发热量很大，大大超过了线路正常工作时的发热量，并在短路点产生强烈的电火花和电弧，不仅能使绝缘层迅速燃烧，而且能使金属熔化，引起附近的可燃物燃烧，造成火灾。

（2）超负荷火灾

当导线中通过的电流量超过了安全载流量时，导线的温度不断升高，这种现象就叫导线超负荷。当导线超负荷时，加快了导线绝缘层老化变质。当严重超负荷时，导线的温度会不断升高，甚至会引起导线的绝缘发生燃烧，并能引燃导线附近的可燃物，从而造成火灾。

（3）接触电阻过大火灾

导线与导线，导线与开关、熔断器、仪表、电气设备等连接的地方都有接头，在接头的接触面上形成的电阻称为接触电阻。当有电流通过接头时会发热，这是正常现象。如果接头处理良好，接触电阻不大，则接头点的发热就很少，可以保持正常温度。如果接头中有杂质、连接不牢靠或其他原因使接头接触不良，造成接触部位的局部电阻过大，当电流通过接头时，就会在此处产生大量的热，形成高温。在有较大电流通过的电气线路上，如果在某处出现接触电阻过大现象，就会在接触电阻过大的局部范围内产生极大的热量，使金属变色甚至熔化，引起导线的绝缘层发生燃烧，并引燃附近的可燃物，从而造成火灾。

（4）漏电火灾

所谓漏电，就是线路的某个地方因为某种原因（自然原因或人为原因，如潮湿、高温、碰压、划破、摩擦、腐蚀等）使电线的绝缘或支架材料的绝缘能力下降，导致电线与电线之间（通过损坏的绝缘、支架等）、导线与大地之间有一部分电流通过。当漏电发生时，漏泄的电流在流入大地途中遇电阻较大的部位，会产生局部高温，致使附近的可燃物燃烧，从而引起火灾。此外，在漏电点产生的漏电火花同样也会引起火灾。

12.8.2 防止电气火灾的措施

（1）防止电气火灾的预防措施

① 对用电线路进行巡视，以便及时发现问题。

② 严禁乱接乱拉导线。安装线路时，要根据用电设备负荷情况合理选用相应截面的导线。导线与导线之间，导线与建筑构件之间及固定导线用的绝缘子之间应符合规程要求的间距。

③ 检查线路上所有连接点是否牢固可靠，要求附近不得存放可燃物品。

④ 安装线路和施工过程中，要防止划伤、磨损、碰压导线绝缘，并注意导线连接接头质量及绝缘包扎质量。

⑤ 在潮湿、高温或有腐蚀性物质的场所，严禁绝缘导线明敷，应采用套管布线。在多尘场所，线路和绝缘子要经常打扫。

⑥ 在设计和安装电气线路时，导线和电缆的绝缘强度要满足网络的额定电压，绝缘

子也要根据电源的不同电压进行选配。

⑦ 定期检查线路熔断器，选用合适的保险丝，不得随意调粗保险丝，更不准用铝线和铜线等代替保险丝。

（2）重视电气火灾的前兆

电气火灾前都有种前兆，要特别引起重视，就是电线因过热首先会烧焦绝缘外皮，散发出一种烧胶皮、烧塑料的难闻气味。所以，当闻到此气味时，应首先想到可能是电气方面原因引起的，如查不到其他原因，应立即拉闸停电，直到查明原因、妥善处理后，才能合闸送电。万一发生了火灾，不管是否是电气方面引起的，首先要想办法迅速切断火灾范围内的电源。因为如果火灾是电气方面引起的，切断了电源，也就切断了起火的火源；如果火灾不是电气方面引起的，也会烧坏电线的绝缘，若不切断电源，烧坏的电线会造成碰线短路，引起更大范围的电线着火。发生电气火灾时，应盖土、盖沙或使用灭火器灭火，但决不能使用泡沫灭火器，因为此种灭火器的灭火剂是导电的。

12.8.3 电气火灾的扑救

在处理电气火灾的时候，一定要以保障自身安全为前提，要按照以下步骤进行。

① 要设法迅速切断电源，防止救火过程中导致人身触电事故。

② 如需切断电线时，必须在不同部位剪断不同相线。剪断空中电线时，剪断位置最好选在电源方向支持物附近，对已落下来的电线应设置警戒区域。

③ 充油电气设备着火时应立即切断电源再灭火。备有事故储油池的，必要时设法将油放入池内。地面上的油火不能用水喷射，因为油火漂浮水面会蔓延火情，只能用消防干砂来灭地面上的油火。

④ 带电灭火切记要采用不导电的灭火剂，如二氧化碳、四氯化碳、2111、干粉等都是不导电的。泡沫灭火器的灭火剂有导电性能，只能用来扑灭明火，不能用于带电灭火。带电灭火人员应与带电体保持安全距离。

⑤ 切断电源的地点要选择适当，在拉闸时最好使用绝缘工具操作。

⑥ 为了及时扑救电气火灾，现场必须备有常用的消防器材和带电灭火器材，并且平时定期检查器材是否完好、灭火器是否在有效期。

⑦ 当火势很大、自备消防器材难以扑灭时，应立即通知消防部门，千万不能耽误灭火最佳时期。

12.8.4 电气灭火的安全要求

① 选择适当的灭火器。二氧化碳、四氯化碳、1211、干粉等灭火器的灭火剂都是不导电的，可用于带电灭火。泡沫灭火剂（水溶液）有一定的导电性，而且对电气设备的绝缘有影响，不宜用于带电灭火。

② 人体与带电体之间要保持必要的安全距离。用水灭火时，水枪喷嘴至带电体的距

离：电压110kV及以下者不应小于3m，220kV及以上者不应小于5m。用二氧化碳等不导电灭火剂的灭火器时，喷嘴至带电体的最小距离：10kV者不应小于0.4m，36kV者不应小于0.6m。

③ 对高空设备灭火时，人体与带电体之间的仰角不应大于45°，并应站在设备外侧，以防坠落造成伤害。

④ 高压电气设备及线路发生火灾时，救援人员必须穿绝缘靴、戴绝缘手套。

⑤ 使用喷雾水枪灭火时，应穿绝缘靴、戴绝缘手套，未穿绝缘靴的扑救人员，要防止因地面水渍导电而触电。可以将水枪喷嘴接地。除让灭火人员穿戴绝缘手套和绝缘靴外，还可以穿均压服。

⑥ 如遇带电导线跌落地面，要划出一定的警戒区，防止跨步电压伤人。

⑦ 充油电气设备灭火。充油设备的油闪点多在130～140℃之间，有较大的危险性。如果只在设备外部起火，可用二氧化碳、二氟一氯一溴甲烷、干粉等灭火器带电灭火。如火势较大，应切断电源，并用水灭火。如油箱破坏、喷油燃烧，火势很大时，除切断电源外，有事故储油池的应设法将油放进储油池，池内和地上的油火可用泡沫扑灭。发电机和电动机等旋转电机起火，用喷雾水灭火，并使其冷却，也可用二氧化碳、二氟一氯一溴甲烷或蒸汽灭火，但不宜用干粉、沙子或泥土灭火，以免损伤电气设备的绝缘。

12.9 触电急救的方法与措施

随着社会的发展，电气设备和家用电器的应用越来越广，人们发生触电事故的概率也相应增大。人触电后，电流可能直接流过人体的器官，导致心脏、呼吸系统和中枢神经系统机能紊乱，形成电击；或者电流的热效应、化学效应和机械效应对人体表造成电伤。无论是电击还是电伤，都会带来严重的伤害，甚至危及生命。因此，触电的现场急救方法是大家必须熟练掌握的急救技术。

12.9.1 触电事故的特点

① 电压越高，危险性越大。

② 有一定的季节性，每年的二、三季度因天气潮湿、炎热，触电事故较多。

③ 低压设备触电事故较多。原因是作业现场低压设备较多，又被多数人直接使用。

④ 发生在便携式设备和移动式设备上的触电事故多。

⑤ 在潮湿、高温、混乱或金属设备多的现场中触电事故多。

⑥ 因违章操作和无知操作而触电的事故占绝大多数。

12.9.2 触电急救的要点

触电急救的要点是抢救迅速与救护得法。即用最快的速度现场采取积极措施，保护触电人员生命，减轻伤情，减少痛苦，并根据伤情迅速联系医疗部门救治。即使触电者失去

知觉、心跳停止，也不能轻率地认定触电者死亡，而应看作是"假死"继续急救。

发现有人触电时，首先要尽快使其脱离电源，然后根据具体情况，迅速对症救护。有人触电后经5h连续抢救而成功获救，这说明触电急救对于减小触电死亡率是有效的。但因急救无效死亡者甚多，其原因除了发现过晚外，主要是救护人员没有掌握触电急救方法。因此，掌握触电急救方法十分重要。我国《电业安全工作规程》将紧急救护法列为电气工作人员必须掌握的技能之一。

12.9.3 使触电者脱离电源的方法

触电急救的第一步是使触电者迅速脱离电源，因为电流对人体的作用时间越长，对生命的威胁越大。具体方法如下。

（1）脱离低压电源的方法

脱离低压电源可用"拉""切""挑""垫""拽"五个字来概括。

拉：指就近拉开电源开关、拔出插头或瓷插熔断器。

切：当电源开关、插座或瓷插熔断器距离触电现场较远时，可用带有绝缘柄的利器切断电源线。切断时应防止带电导线断落触及周围的人。多芯绞合线应分相切断，以防短路伤人。

挑：如果导线搭落在触电者身上或压在身下，这时可用干燥的木棒、竹竿等挑开导线；或用干燥的绝缘绳套拉导线或触电者，使触电者脱离电源。

垫：如果触电者由于痉挛，手指紧握导线，或导线缠在身上，可先用干燥的木板塞进触电者身下，使其与大地绝缘，然后再采取其他办法把电源切断。

拽：救护人员可戴上绝缘手套或在手上包缠干燥的衣服等绝缘物品拖拽触电者，使之脱离电源。如果触电者的衣裤是干燥的，又没有紧缠在身上，救护人员可直接用一只手抓住触电者不贴身的衣裤将其拉离电源。但要注意，拖拽时切勿接触触电者的皮肤。也可站在干燥的木板、橡胶垫等绝缘物品上，用一只手拖拽触电者离开电源。

（2）脱离高压电源的方法

由于电源的电压等级高，一般绝缘物品不能保证救护人员的安全，而且高压电源开关距离现场较远、不便拉闸，因此，使触电者脱离高压电源的方法与脱离低压电源的方法有所不同。通常的做法是：

① 立即打电话通知有关供电部门拉闸停电。

② 如果电源开关离触电现场不太远，则可戴上绝缘手套，穿上绝缘靴，拉开高压断路器，或用绝缘棒拉开高压跌落熔断器以切断电源。

③ 往架空线路抛挂裸金属软导线，人为造成线路短路，迫使继电器保护装置动作，从而使电源开关跳闸。抛挂前，将短路线的一端先固定在铁塔或接地引下线上，另一端系重物。抛掷短路线时，应注意防止电弧伤人或断线危及人员安全，也要防止重物砸伤人。

④ 如果触电者触及断落在地上的带电高压导线，且尚未确认线路无电时，救护人员不可进入断线落地点8～10m的范围内，以防止跨步电压触电。进入该范围的救护人员应穿上绝缘靴或临时双脚并拢跳跃地接近触电者。触电者脱离带电导线后应迅速将其带至8～10m以外，立即开始触电急救。只有在确认线路已经无电时，才可在触电者离开导线后就地急救。

12.9.4 使触电者脱离电源的注意事项

① 救护人员不得采用金属和其他潮湿物品作为救护工具。

② 未采取绝缘措施前，救护人员不得直接触及触电者的皮肤和潮湿的衣服。

③ 在拉触电者脱离电源的过程中，救护人员宜用单手操作，这样比较安全。

④ 当触电者位于高位时，应采取措施预防触电者在脱离电源后坠地。

⑤ 夜间发生触电事故时，应考虑切断电源后的临时照明问题，以利救护。

12.9.5 现场救护

触电急救的第二步是现场救护。抢救触电者首先应使其迅速脱离电源，然后立即就地抢救。关键是"区别情况与对症救护"，同时派人通知医务人员到现场。对触电者的检查如图12-13所示。

瞳孔放大　　　正常

（a）检查瞳孔　　　　　　　（b）检查呼吸和心跳

图12-13　现场救护人员对触电者的检查

根据触电者受伤害的轻重程度，现场救护有以下几种措施。

（1）触电者未失去知觉的救护措施

如果触电者所受的伤害不太严重，神志尚清醒，只是心悸、头晕、出冷汗、恶心、呕吐、四肢发麻、全身乏力，甚至一度昏迷但未失去知觉，则可先让触电者在通风、暖和的地方静卧休息，并派人严密观察，同时请医生前来或送往医院救治。

（2）触电者已失去知觉的急救措施

如果触电者已失去知觉，但呼吸和心跳尚正常，则应使其舒适地平卧着，解开衣服以利呼吸，四周不要围人，保持空气流通，冷天应注意保暖，同时立即请医生前来或送往医院诊治。若发现触电者呼吸困难或心跳失常，应立即施行人工呼吸或胸外心脏按压。

（3）对"假死"者的急救措施

如果触电者呈现"假死"现象，则可能有三种临床症状：一是心跳停止，但尚能呼吸；二是呼吸停止，但心跳尚存（脉搏很弱）；三是呼吸和心跳均已停止。"假死"症状的判定方法是"看""听""试"。"看"是观察触电者的胸部、腹部有无起伏；"听"是用耳贴近触电者的口鼻处，听有无呼气声音；"试"是用手或小纸条测试口鼻有无呼吸的气流，再用两手指轻压一侧喉结旁凹陷处的颈动脉"试"有无搏动。"听""试"的操作方法如图12-14所示。

（a）听 （b）试

图12-14 判断"假死"的"听""试"

12.9.6 抢救触电者生命的心肺复苏法

当判定触电者呼吸和心跳停止时，应立即按心肺复苏法就地抢救。所谓心肺复苏法，就是支持生命的三项基本措施，即通畅气道、口对口（鼻）人工呼吸、胸外按压。

（1）通畅气道

若触电者呼吸停止，应采取措施始终确保气道通畅，其操作要领如下。

① 清除口中异物：使触电者仰面躺在平硬的地方，迅速解开其领口、围巾、紧身衣和裤带等。如发现触电者口内有食物、假牙、血块等异物，可将其身体及头部同时侧转，迅速将一根手指或两根手指交叉从口角处插入取出异物。要注意防止将异物推到咽喉深处。

② 采用仰头抬颌法（图12-15）通畅气道：一只手放在触电者前额，另一只手的手指将其颌骨向上抬起，气道即可通畅，如图12-16（b）所示。为使触电者头部后仰，可在

(a)气道闭合

(b)气道开启

图12-15 仰头抬颌法 图12-16 气道状况

其颈部下方垫适量厚度的物品，但严禁垫在头下，因为头部抬高前倾会阻塞气道，还会使施行胸外按压时流向胸部的血量减少，甚至完全消失。

（2）口对口（鼻）人工呼吸

救护人员在完成通畅气道的操作后，应立即对触电者施行口对口或口对鼻人工呼吸。口对鼻人工呼吸适用于触电者嘴巴紧闭的情况。人工呼吸的操作要领如下。

① 先大口吹气刺激起搏：救护人员蹲跪在触电者一侧，用放在其额上的手指捏住其鼻翼，另一只手的食指和中指轻轻托住其下巴；救护人员深吸气后，与触电者口对口，先连续大口吹气两次，每次1～1.5s；然后用手指测试其颈动脉是否有搏动，如仍无搏动，可判断心跳已停止，在实施人工呼吸的同时，应进行胸外按压。

② 正常口对口人工呼吸：大口吹气两次测试搏动后，立即转入正常的人工呼吸阶段。正常的吹气频率是每分钟约12次（对儿童则每分钟20次，吹气量宜小些，以免肺泡破裂）。救护人员换气时，应将触电者的口或鼻放松，让其借自己胸部的弹性自动吐气。吹气和放松时要注意触电者胸部有无起伏的呼吸动作。吹气时如有较大的阻力，可能是头部后仰不够，应及时纠正，使气道保持畅通。如图12-17所示。

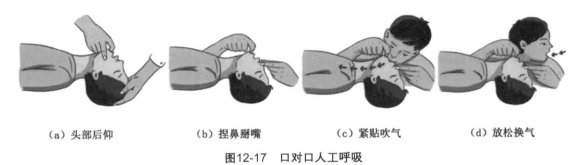

| （a）头部后仰 | （b）捏鼻掰嘴 | （c）紧贴吹气 | （d）放松换气 |

图12-17　口对口人工呼吸

③ 口对鼻人工呼吸：触电者如牙关紧闭，可改成口对鼻人工呼吸。吹气时要使其嘴唇紧闭，防止漏气。

（3）胸外按压

胸外按压是借助人力使触电者恢复心脏跳动的急救方法。其有效性在于选择正确的按压位置和采取正确的按压姿势。如图12-18所示，胸外按压的操作要领如下。

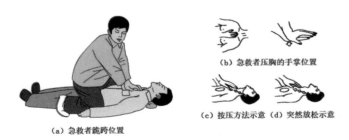

（b）急救者压胸的手掌位置

（c）按压方法示意 （d）突然放松示意

（a）急救者跪跨位置

图12-18　胸外按压

① 确定正确的按压位置。

a.右手的食指和中指沿触电者的右侧肋弓下缘向上，找到肋骨和胸骨接合处的中点。

b.右手的手指并齐，中指放在切迹中点（剑突底部），食指平放在胸骨下部，另一只手的掌根紧挨食指上缘，置于胸骨上，掌根处即为正确按压位置。如图12-19所示。

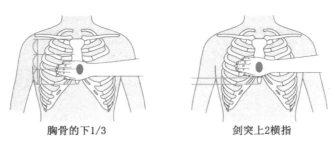

胸骨的下1/3　　　　　　　　　剑突上2横指

图12-19　正确的按压位置

② 正确的按压姿势。

a.使触电者仰面躺在平硬的地方并解开其衣服。仰卧姿势与口对口人工呼吸法相同。

b.救护人员立或跪在触电者一侧肩旁，两肩位于其胸骨正上方，两臂伸直，肘关节固定不动，两手掌相叠，手指翘起，不接触其胸壁。

c.以髋关节为支点，利用上身的重力，垂直将正常成人胸骨压陷3～5cm（儿童和瘦弱者酌减）。

d.压至要求程度后，立即全部放松，但救护人员的掌根不得离开触电者的胸腔。按压姿势与用力方法如图12-20所示。按压有效的标志是在按压过程中可以触到颈动脉搏动。

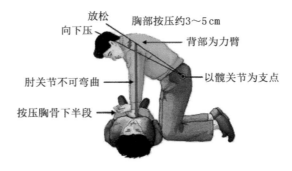

放松
向下压　　胸部按压约3～5 cm
　　　　　　　　　背部为力臂
肘关节不可弯曲　　　以髋关节为支点
按压胸骨下半段

图12-20　按压姿势与用力方法

③ 恰当的按压频率。

a.胸外按压要以均匀速度进行。操作频率以每分钟80次为宜。

b.当胸外按压与口对口（鼻）人工呼吸同时进行时，操作的节奏为：单人救护时，每按压15次后吹气2次（15:2），反复进行；双人救护时，每按压5次后由另一人吹气1次（5:1），反复进行。

12.9.7 现场救护中的注意事项

（1）抢救过程中应适时对触电者进行再判定

判定方法如下：

① 按压吹气1min后（相当于单人抢救时做了4个15:2循环），应采用"看""听""试"的方法在5～7s内完成对触电者是否恢复自然呼吸和心跳的再判断。

② 若判定触电者已有颈动脉搏动，但仍无呼吸，则可暂停胸外按压，再进行两次口对口人工呼吸，接着每隔5s吹气一次（相当于每分钟12次）。如果脉搏和呼吸仍未能恢复，则继续坚持进行心肺复苏法抢救。

③ 抢救过程中，要每隔数分钟再判定触电者的呼吸和脉搏情况，每次判定时间不得超过5～7s。在医务人员未接替抢救之前，现场人员不得放弃现场抢救。

（2）抢救过程中移送触电伤员时的注意事项

① 心肺复苏法应在现场就地坚持进行，不要图方便而随意移动伤员。如确有需要移动时，抢救中断时间不应超过30s。

② 移动触电伤员或送往医院，应使用担架，并在其背部垫以木板，不可让伤员身体蜷曲着进行搬运。移送途中应继续抢救，在医务人员未接替救治前不可中断抢救。

③ 应创造条件，用装有冰屑的塑料袋做成帽状包绕在伤员头部，露出眼睛，使脑部温度降低，争取触电者心、肺、脑能复苏。

（3）伤员好转后的处理

如果伤员的心跳和呼吸经抢救后均已恢复，可暂停心肺复苏法操作。但心跳呼吸恢复早期仍可能再次骤停，救护人应严密监护，不可麻痹，要随时准备再次抢救。触电伤员恢复之初，往往神志不清、精神恍惚或情绪躁动不安，应设法使其安静下来。

（4）慎用药物

首先要明确，任何药物都不能代替人工呼吸和胸外按压。必须强调的是，对触电者用药或注射针剂，应由有经验的医生诊断确定，慎重使用。例如肾上腺素有使心脏恢复跳动的作用，但也可使心脏由跳动微弱转为心室颤动，从而导致触电者心跳停止而死亡。因此，如没有准确诊断和足够的把握，不得乱用此类药物。在医院抢救时，则由医务人员根据医疗仪器诊断的结果决定是否采用药物。

此外，禁止采取冷水浇淋、猛烈摇晃、大声呼喊或架着触电者跑步等"土"办法。因为人体触电后，心脏会发生颤动，脉搏微弱，血流混乱，在这种情况下用上述办法刺激心脏，会使伤员因急性心力衰弱而死亡。

（5）触电者死亡的认定

对于触电后失去知觉，呼吸、心跳停止的触电者，在未经心肺复苏急救之前，只能视为"假死"。任何在事故现场的人员都有责任及时、不间断地进行抢救。抢救时间应坚持6h以上，直到救活或医生做出临床死亡的认定为止。只有医生才有权认定触电者经抢救无效死亡。

第 13 章

可编程控制器（PLC）的接线与应用

13.1 S7-200 SMART PLC硬件组成与编程基础

13.1.1 S7-200 SMART PLC概述与控制系统硬件组成

（1）S7-200 SMART PLC概述

西门子S7-200 SMART PLC是在S7-200 PLC基础上发展起来的全新自动化控制产品。该产品的以下特点使其成为经济型自动化系统的理想选择。

① 机型丰富，选择更多。

该产品可以提供不同类型、I/O点数丰富的CPU模块，产品配置灵活，在满足不同需求的同时，又可以最大限度地控制成本，是小型自动化系统的理想选择。

② 选件扩展，配置灵活。

S7-200 SMART PLC新颖的信号板设计，在不额外占用控制柜空间的前提下，可实现通信端口、数字量通道、模拟量通道的扩展，其配置更加灵活。

③ 以太互动，便捷经济。

CPU模块的本身集成了以太网接口，用一根以太网线便可以实现程序的下载和监控，省去了购买专用编程电缆的费用，经济便捷。同时，强大的以太网功能可以实现与其他CPU模块、触摸屏和计算机的通信和组网。

④ 软件友好，编程高效。

STEP 7-Micro/WIN SMART编程软件融入了新颖的带状菜单和移动式窗口设计，先进的程序结构和强大的向导功能，使编程效率更高。

⑤ 运动控制，功能强大。

S7-200 SMART PLC的CPU模块本体最多集成3路高速脉冲输出，支持PWM/PTO输出方式以及多种运动模式，配以方便易用的向导设置功能，快速实现设备调速和定位。

⑥ 完美整合，无缝集成。

S7-200 SMART PLC、Smart Line系列触摸屏和SINAMICS V20变频器完美结合，可以满足用户人机互动、控制和驱动的全方位需求。

（2）S7-200 SMART PLC硬件系统组成

S7-200 SMART PLC硬件系统由CPU模块、数字量扩展模块、模拟量扩展模块、热电偶与热电阻模块和相关设备组成。CPU模块、信号板及扩展模块，如图13-1所示。

① CPU模块　CPU模块又称基本模块和主机，它由CPU单元、存储器单元、输入输出接口单元以及电源组成。CPU模块（这里说的CPU模块指的是S7-200 SMART PLC基本模块的型号，不是中央微处理器CPU的型号）是一个完整的控制系统，它可以单独完成一定的控

图13-1　S7-200 SMART PLC CPU模块、信号板及扩展模块

制任务，主要功能是采集输入信号、执行程序、发出输出信号和驱动外部负载。CPU模块有经济型和标准型两种。经济型CPU模块有两种，分别为CPU CR40和CPU CR60。经济型CPU模块价格便宜，但不具有扩展能力。标准型CPU模块有8种，分别为CPU SR20、CPU ST20、CPU SR30、CPU ST30、CPU SR40、CPU ST40、CPU SR60和CPU ST60，具有扩展能力。

标准型CPU模块具体技术参数如表13-1所示。

表13-1　标准型CPU模块技术参数

特征	CPU SR20/ST20	CPU SR30/ST30	CPU SR40/ST40	CPU SR60/ST60
外形尺寸/ (mm×mm×mm)	90×100×81	110×100×81	125×100×81	175×100×81
程序存储器/KB	12	18	24	30
数据存储器/KB	8	12	16	20
本机数字量I/O	12入/8出	18入/12出	24入/16出	36入/24出
数字量I/O映像区	256位入/256位出	256位入/256位出	256位入/256位出	256位入/256位出
模拟映像区	56字入/56字出	56字入/56字出	56字入/56字出	56字入/56字出
高速计数器	6路	6路	6路	6路
单相高速计数器	4路200kHz	4路200kHz	4路200kHz	4路200kHz
正交相位	2路100kHz	2路100kHz	2路100kHz	2路100kHz
高速脉冲输出	2路100kHz （仅限DC输出）	3路100kHz （仅限DC输出）	3路100kHz （仅限DC输出）	3路20kHz （仅限DC输出）
DC24V电源CPU输入 电流/最大负载	430mA/160mA	365mA/624mA	300mA/680mA	300mA/220mA
AC240V电源CPU输入 电流/最大负载	120mA/60mA	52mA/72mA	150mA/190mA	300mA/710mA

② 数字量扩展模块　当CPU模块数字量I/O点数不能满足控制系统的需求时，用户可根据实际的需求对数字量I/O点数进行扩展。数字量扩展模块不能单独使用，需要通过自带的连接器插在CPU模块上。数字量扩展模块通常有3类，分别为数字量输入模块、数字量输出模块和数字量输入/输出混合模块。数字量输入模块有1个，型号为EM DE08，8点输入。数字量输出模块有2个，型号为EM DR08和EM DT08。EM DR08模块为8点继电器输出型，每点额定电流2A；EM DT08模块为8点晶体管输出型，每点额定电流0.75A。

数字量输入/输出模块有4个，型号有EM DR16、EM DT16、EM DR32和EM DT32。EM DR16/DT16模块为8点输入/8点输出继电器/晶体管输出型，每点额定电流2A/0.75A；EM DR32/DT32模块为16点输入/16点输出继电器/晶体管输出型，每点额定电流2A/0.75A。

③ 信号板　S7-200 SMART PLC有5种信号板，分别为模拟量输入信号板、模拟量输出信号板、数字量输入/输出信号板、电池板和RS-485/RS-232信号板。

模拟量输出信号板型号为SB AQ01，1点模拟量输出，输出量程为-10～10V或0～20mA，对应数字量值为-27648～27648或0～27648。

数字量输入/输出信号板型号为SB DT04，为2点输入/2点输出晶体管输出型，输出端子每点最大额定电流为0.5A。RS-485/RS-232信号板型号为SB CM01，可以组态RS-485或RS-232通信接口。电池板为BA01，为PLC断电后提供内部电源。

④ 模拟量扩展模块　模拟量扩展模块为主机提供了模拟量输入/输出功能，适用于复杂控制场合。它通过自带连接器与主机相连，并且可以直接连接变送器和执行器。模拟量扩展模块通常可以分为3类，分别为模拟量输入模块、模拟量输出模块和模拟量输入/输出混合模块。

4路模拟量输入模块型号为EM AE04，量程有4种，分别为-10～10V、-5～5V、-2.5～2.5V和0～20mA。其中，电压型的分辨率为11位+符号位，满量程输入对应的数字量范围为-27648～27648，输入阻抗≥9MΩ；电流型的分辨率为11位，满量程输入对应的数字量范围为0～27648，输入阻抗为250Ω。

2路模拟量输出模块型号为EM AQ02，量程有2种，分别为-10～10V和0～20mA。其中，电压型的分辨率为10位+符号位，满量程输入对应的数字量范围为-27648～27648；电流型的分辨率为10位，满量程输入对应的数字量范围为0～27648。

4路模拟量输入/2路模拟量输出模块型号为EM AM06，实际上就是模拟量输入模块EM AE04与模拟量输出模块EM AQ02的叠加，故不再赘述。

热电阻或热电偶扩展模块是模拟量模块的特殊形式，可直接连接热电偶或热电阻测量温度。热电阻或热电偶扩展模块可以支持多种热电阻或热电偶。热电阻扩展模块型号为EM AR02，温度测量分辨率为0.1℃/0.1℉，电阻测量精度为15位+符号位；热电偶扩展模块型号为EM AT04，温度测量分辨率和电阻测量精度与热电阻相同。

⑤ 相关设备　相关设备是为了充分和方便地利用系统硬件和软件资源而开发和使用的一些设备，主要有编程设备、人机操作界面等。

编程设备主要用来进行用户程序的编制、存储和管理等，并将用户程序送入PLC中，在调试过程中，进行监控和故障检测。S7-200 SMART PLC的编程软件为STEP 7-Micro/WIN SMART。

人机操作界面主要指专用操作员界面。常见的如触摸面板、文本显示器等，用户可以通过该设备轻松地完成各种调整和控制任务。

13.1.2 S7-200 SMART PLC外部结构及外部接线

（1）S7-200 SMART PLC的外部结构

S7-200 SMART PLC的外部结构如图13-2所示，其CPU单元、存储器单元、输入/输出单元及电源集中封装在同一塑料机壳内。当系统需要扩展时，可选用需要的扩展模块与主机连接。

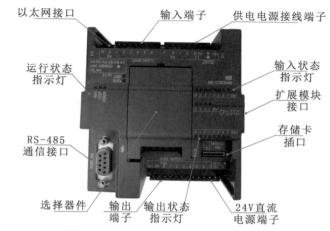

图13-2　S7-200 SMART PLC的外部结构

① 输入端子　输入端子是外部输入与PLC连接的接线端子，在顶部端盖下面。此外，顶部端盖下面还有输入公共端子和PLC工作电源接线端子。

② 输出端子　输出端子是外部负载与PLC连接的接线端子，在底部端盖下面。此外，底部端盖下面还有输出公共端子和24V直流电源端子。24V直流电源为传感器和光电开关等提供能量。

③ 输入状态指示灯（LED）　输入状态指示灯用于显示是否有输入控制信号接入PLC。当指示灯亮时，表示有控制信号接入PLC；当指示灯不亮时，表示没有控制信号接入PLC。

④ 输出状态指示灯（LED）　输出状态指示灯用于显示是否有输出信号驱动执行设备。当指示灯亮时，表示有输出信号驱动外部设备；当指示灯不亮时，表示没有输出信号驱动外部设备。

⑤ 运行状态指示灯　运行状态指示灯有RUN、STOP、ERROR 3个，其中RUN、STOP指示灯用于显示当前工作方式。当RUN指示灯亮时，表示运行状态；当STOP指示灯亮时，表示停止状态；当ERROR指示灯亮时，表示系统故障，PLC停止工作。

⑥ 存储卡插口　该插口插入Micro SD卡，可以下载程序和进行PLC固件版本更新。

⑦ 扩展模块接口　用于连接扩展模块，采用插针式连接，使模块连接更加紧密。

⑧ 选择器件　可以选择信号板或通信板，实现精确化配置的同时，又可以节省控制柜的安装空间。

⑨ RS-485通信接口　可以实现PLC与计算机之间、PLC与PLC之间、PLC与其他设备之间的通信。

⑩ 以太网接口　用于程序下载和设备组态。程序下载时，只需要1根以太网线即可，无须购买专用的程序下载线。

（2）S7-200 SMART PLC外部接线图

外部接线设计也是PLC控制系统设计的重要组成部分之一。由于CPU模块、输出类型和外部电源供电方式的不同，PLC外部接线也不尽相同。鉴于PLC的外部接线与输入输出点数等诸多因素有关，本书给出了S7-200 SMART PLC标准型CPU模块的I/O点数及相关参数，具体情况如表13-2所示。

表13-2　S7-200 SMART PLC标准型CPU模块的I/O点数及相关参数

CPU模块型号	输入输出点数	电源供电方式	公共端		输入类型	输出类型
CPU ST20	12输入 8输出	DC20.4～28.8V 电源	输入端I0.0～I1.3共用1M；输出端Q0.0～Q0.7 共用2L+、2M		DC24V 输入	晶体管 输出
CPU SR20	12输入 8输出	AC85～264V 电源	输入端I0.0～I1.3共用1M；输出端Q0.0～Q0.3 共用1L，Q0.4～Q0.7共用2L		DC24V 输入	继电器 输出
CPU ST30	18输入 12输出	DC20.4～28.8V 电源	输入端I0.0～I2.1共用1M；输出端Q0.0～Q0.7 共用2L+、2M，Q1.0～Q1.3共用3L+、3M		DC24V 输入	晶体管 输出
CPU SR30	18输入 12输出	AC85～264V 电源	输入端I0.0～I2.1共用1M；输出端Q0.0～Q0.3 共用1L，Q0.4～Q0.7共用2L，Q1.0～Q1.3共用 3L		DC24V 输入	继电器 输出
CPU ST40	24输入 16输出	DC20.4～28.8V 电源	输入端I0.0～I2.7共用1M；输出端Q0.0～Q0.7 共用2L+、2M，Q1.0～Q1.7共用3L+、3M		DC24V 输入	晶体管 输出
CPU SR40	24输入 16输出	AC85～264V 电源	输入端I0.0～I2.7共用1M；输出端Q0.0～Q0.3 共用1L，Q0.4～Q0.7共用2L，Q1.0～Q1.3共用 3L，Q1.4～Q1.7共用4L		DC24V 输入	继电器 输出
CPU ST60	36输入 24输出	DC20.4～28.8V 电源	输入端I0.0～I4.3共用1M；输出端Q0.0～Q0.7 共用2L+、2M，Q1.0～Q1.7共用3L+、3M， Q2.0～Q2.7共用4L+、4M		DC24V 输入	晶体管 输出
CPU SR60	36输入 24输出	AC85～264V 电源	输入端I0.0～I4.3共用1M；输出端Q0.0～Q0.7 共用2L+、2M，Q1.0～Q1.7共用3L+、3M， Q2.0～Q2.7共用4L+、4M		DC24V 输入	继电器 输出

本节仅给出CPU SR20和CPU ST20的接线情况，其余类型的接线鉴于形式相似，这里不再赘述。

13.1.3　CPU SR20的电气接线

（1）CPU SR20的接线（继电器型）

如图13-3所示。

① 电源端子　CPU SR20中L1、N端子接交流电源，电压允许范围为85～264V。L+、M为PLC向外输出的24V/300mA直流电源，L+为电源正，M为电源负。该电源可作为输入端电源使用，也可作为传感器供电电源。

② 输入端子　CPU SR20共有12点输入，端子编号采用八进制。输入端子I0.0～I1.3，

公共端为1M。

③ 输出端子　CPU SR20共有8点输出，端子编号也采用八进制。输出端子共分2组：Q0.0 ~ Q0.3为一组，公共端为1L；Q0.4 ~ Q0.7为另一组，公共端为2L。

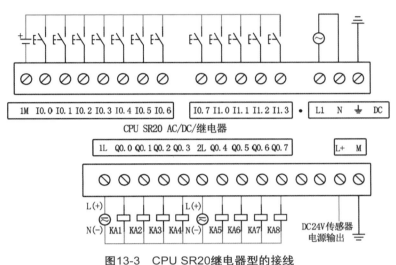

图13-3　CPU SR20继电器型的接线

（2）CPU ST20接线（晶体管型）

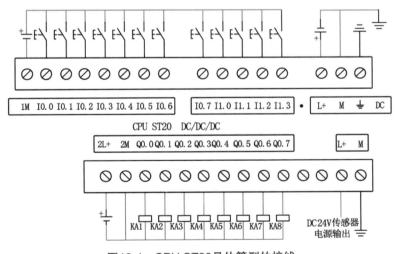

图13-4　CPU ST20晶体管型的接线

① 电源端子　CPU ST20中右上方L+、M端子接直流电源24V，右下方L+、M为PLC向外输出的24V/300mA直流电源，L+为电源正，M为电源负。该电源可作为输入端电源使用，也可作为传感器供电电源。

② 输入端子　CPU ST20共有12点输入，端子编号采用八进制。输入端子I0.0 ~ I1.3，公共端为1M。

③ 输出端子　CPU ST20共有8点输出，端子编号也采用八进制。输出端子Q0.0 ~ Q0.7为一组，输出为高电平。

13.1.4 **S7-200 SMART PLC实物接线图**

（1）CPU ST20 DC/DC/DC电源接线（晶体管型）

如图13-5所示。

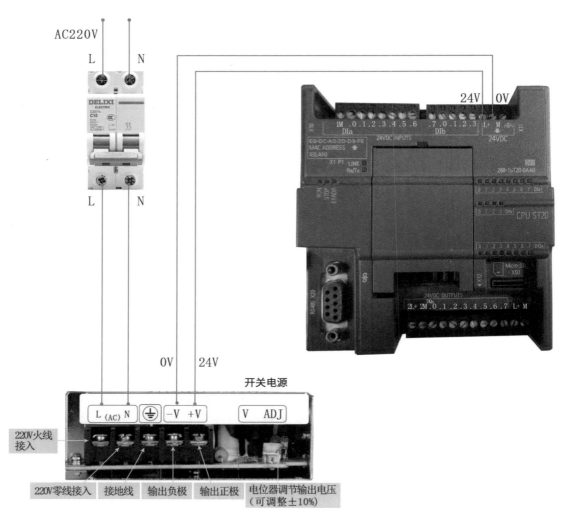

图13-5　CPU ST20 DC/DC/DC电源接线

　　开关电源：L接火线，N接零线。通过开关电源把AC220V转换为DC24V。V+为24V，V−为0V。

　　电源接线：S7-200 SMART PLC电源接线柱L+接开关电源V+(24V)端，接线柱M接开关电源V−(0V)端。

（2）CPU SR20 AC/DC/RLY电源接线（继电器型）

如图13-6所示。

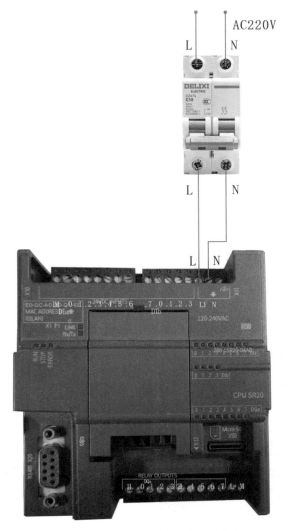

图13-6　CPU SR20 AC/DC/RLY电源接线

电源接线：S7-200 SMART PLC电源接线柱L1接断路器的出线端的火线L，S7-200 SMART PLC电源接线柱N接断路器的出线端的零线N。断路器的进线端分别接一根火线和零线，L为火线，N为零线。

（3）CPU ST20 DC/DC/DC输入接线（晶体管型）

如图13-7所示。

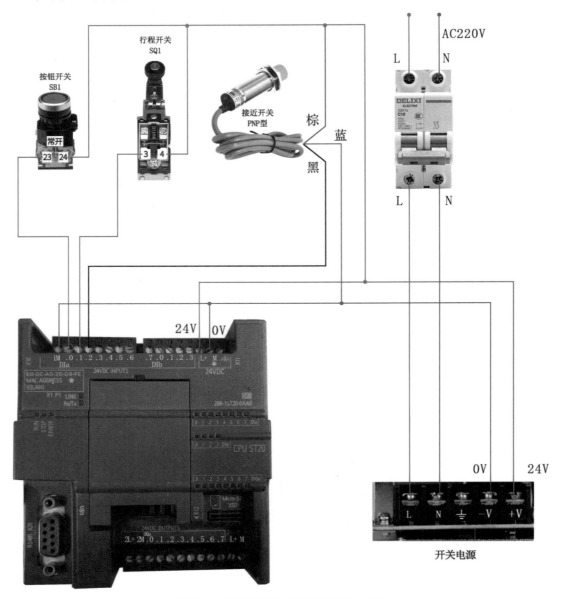

图13-7　CPU ST20 DC/DC/DC输入接线

电源接线：S7-200 SMART PLC电源接线柱L+接开关电源V+(24V)端，接线柱M接开关电源V-(0V)端。

输入接线：输入公共端1M短接到开关电源的-V；按钮开关SB1常开触点24接24V，23接端子I0.0；行程开关SQ1常开触点4接24V，3接端子I0.1；PNP型接近开关的棕色电源线接24V，蓝色线接0V，黑色信号线接端子I0.2。

（4）CPU SR20 AC/DC/RLY输入接线（继电器型）

如图13-8所示。

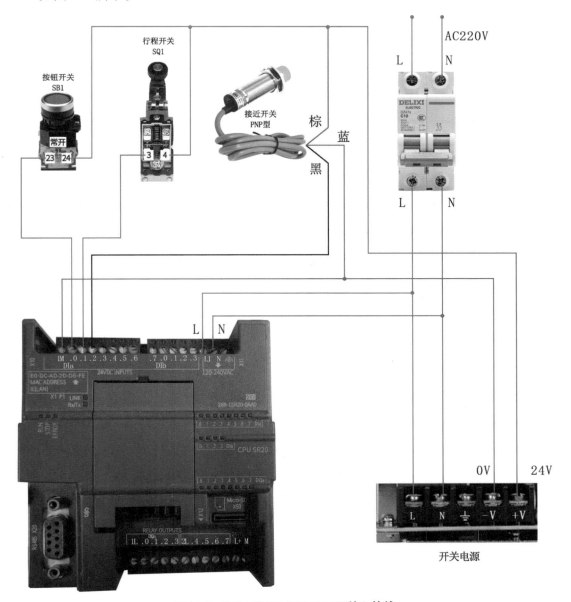

图13-8　CPU SR20 AC/DC/RLY输入接线

电源接线：S7-200 SMART PLC电源接线柱L1接开关电源L端，接线柱N接开关电源N端。

输入接线：输入公共端1M短接到开关电源的−V；按钮开关SB1常开触点24接24V，23接端子I0.0；行程开关SQ1常开触点4接24V，3接端子I0.1；PNP型接近开关的棕色电源线接24V，蓝色线接0V，黑色信号线接端子I0.2。

（5）CPU ST20 DC/DC/DC输出接线（晶体管型）

如图13-9所示。

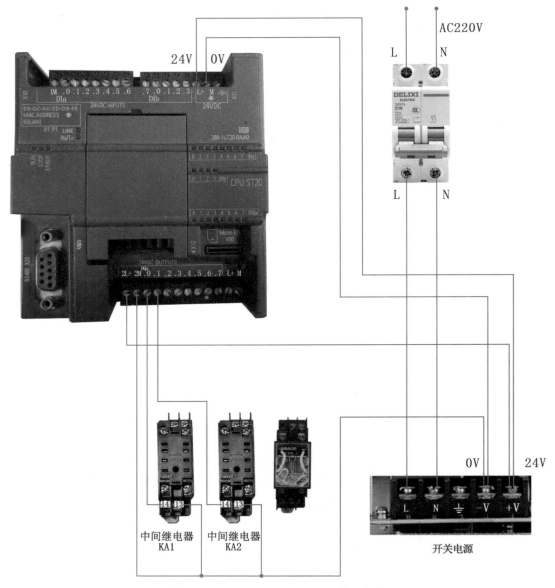

图13-9 CPU ST20 DC/DC/DC输出接线

电源接线：S7-200 SMART PLC电源接线柱L+接开关电源V+(24V)，接线柱M接开关电源V-(0V)。PLC的2L+接V+，2M接V-。

输出接线：2L+接V+，2M接V-。中间继电器KA1线圈的14端子接PLC的输出端子Q0.0，13端子接M端（0V）。中间继电器KA2线圈的14端子接PLC的输出端子Q0.1，13端子接M端（0V）。

（6）CPU SR20 AC/DC/RLY输出接线（继电器型）

如图13-10所示。

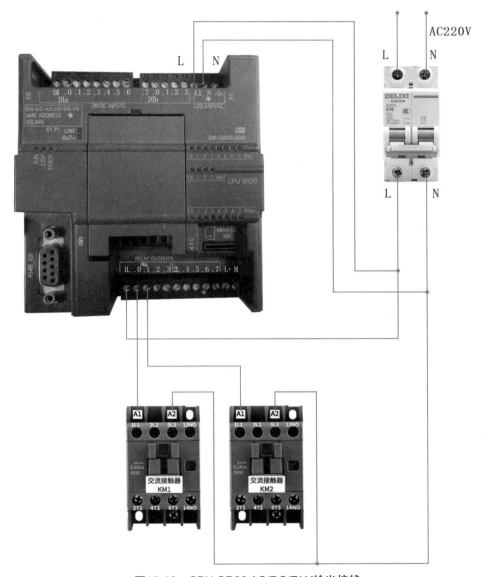

图13-10　CPU SR20 AC/DC/RLY输出接线

电源接线：S7-200 SMART PLC电源接线柱L1接断路器的出线端的火线L，接线柱N接断路器的出线端的零线N。断路器的进线端分别接一根火线和零线。

输出接线：输出公共端1L接断路器L。交流接触器KM1线圈端子A1接PLC的输出端子Q0.0，交流接触器KM1端子A2接断路器的出线端的零线N。交流接触器KM2线圈端子A1接PLC的输出端子Q0.1，交流接触器KM1端子A2接断路器的出线端的零线N。

（7）CPU ST20 DC/DC/DC输入和输出接线

如图13-11所示。

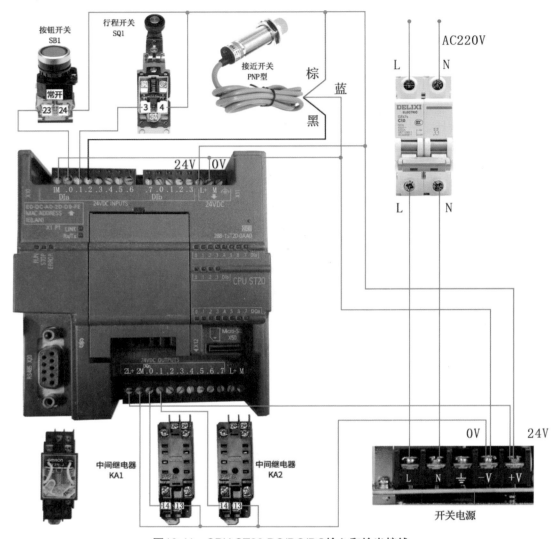

图13-11　CPU ST20 DC/DC/DC输入和输出接线

电源接线：S7-200 SMART PLC电源接线柱L+接开关电源+V，接线柱M接开关电源-V。PLC的2L+接+V，2M接-V。

输入接线：输入公共端1M短接到开关电源的-V；按钮开关SB1常开触点24接24V，23接端子I0.0；行程开关SQ1常开触点4接24V，3接端子I0.1；PNP型接近开关的棕色电源线接24V，蓝色线接0V，黑色信号线接端子I0.2。

输出接线：输出公共端2M短接到PLC电源M端，输出公共端2L+短接到PLC电源L+端。中间继电器KA1线圈的14端子接PLC的输出端子Q0.0，13端子接M端（0V）。中间继电器KA2线圈的14端子接PLC的输出端子Q0.1，13端子接M端（0V）。

（8）CPU SR20 AC/DC/RLY输入和输出接线

如图13-12所示。

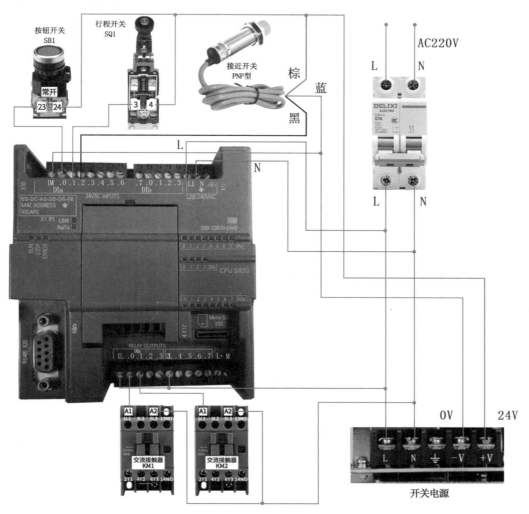

图13-12　CPU SR20 AC/DC/RLY输入和输出接线

电源接线：S7-200 SMART PLC电源接线柱L1接断路器的出线端的火线L，接线柱N接断路器的出线端的零线N。断路器的进线端分别接一根火线和零线。

输入接线：输入公共端1M短接到开关电源的-V；按钮开关SB1常开触点24接24V，23接端子I0.0；行程开关SQ1常开触点4接24V，3接端子I0.1；PNP型接近开关的棕色电源线接24V，蓝色线接0V，黑色信号线接端子I0.2。

输出接线：输出公共端1L短接到PLC电源L。交流接触器KM1线圈端子A1接PLC的输出端子Q0.0，交流接触器KM1端子A2接断路器的出线端的零线N。交流接触器KM2线圈端子A1接PLC的输出端子Q0.1，交流接触器KM2端子A2接断路器的出线端的零线N。

13.1.5 **S7-200 SMART PLC电源需求与计算**

（1）电源需求与计算概述

S7-200 SMART PLC CPU模块有内部电源，为CPU模块、扩展模块和信号板正常工作供电。当有扩展模块时，CPU模块通过总线为扩展模块提供DC5V电源，因此，要求所有的扩展模块消耗的DC5V不得超出CPU模块本身的供电能力。

每个CPU模块都有1个DC24V电源（L+、M），它可以为本机和扩展模块的输入点和输出回路继电器线圈提供DC24V电源，因此，要求所有输入点和输出回路继电器线圈耗电不得超出CPU模块本身DC24V电源的供电能力。

基于以上两点考虑，在设计PLC控制系统时，有必要对S7-200 SMART PLC电源需求进行计算。计算的理论依据是CPU供电能力表格和扩展模块的耗电情况表格，如表13-3、表13-4所示。

表13-3　CPU供电能力

CPU型号	电流供应	
	DC5V	DC24V（传感器电源）
CPU SR20	740mA	300mA
CPU ST20	740mA	300mA
CPU SR30	740mA	300mA
CPU ST30	740mA	300mA
CPU SR40	740mA	300mA
CPU ST40	740mA	300mA
CPU SR60	740mA	300mA
CPU ST60	740mA	300mA

表13-4　扩展模块的耗电情况

模块类型	型号	电流供应	
		DC5V	DC24V（传感器电源）
数字量扩展模块	EM DE08	105mA	$8 \times 4mA$
	EM DT08	120mA	—
	EM DR08	120mA	$8 \times 11mA$
	EM DT16	145mA	输入：$8 \times 4mA$；输出：—
	EM DR16	145mA	输入：$8 \times 4mA$；输出：$8 \times 11mA$
	EM DT32	185mA	输入：$16 \times 4mA$；输出：—
	EM DR32	185mA	输入：$16 \times 4mA$；输出：$16 \times 11mA$
模拟量扩展模块	EM AE04	80mA	40mA（无负载）
	EM AQ02	80mA	50mA（无负载）
	EM AM06	80mA	60mA（无负载）
热电阻扩展模块	EM AR02	80mA	40mA
信号板	SB AQ01	15mA	40mA（无负载）
	SB DT04	50mA	$2 \times 4mA$
	SB CM01	50mA	不适用

（2）电源需求与计算举例

某系统有CPU SR20模块1台，2个数字量输出模块EM DR08，3个数字量输入模块EM DE08，1个模拟量输入模块EM AE04，试计算电流消耗，看是否能用传感器电源DC24V供电。

解：计算过程如表13-5所示。

表13-5　某系统扩展模块耗电计算

CPU型号	电流供应		
	DC5V/mA	DC24V（传感器电源）/mA	备注
CPU SR20	740	300	
EM DR08	120	88	8×11mA
EM DR08	120	88	8×11mA
EM DE08	105	32	8×4mA
EM DE08	105	32	8×4mA
EM DE08	105	32	8×4mA
EM AE04	80	40	
电流差额	105.00	−12.00	

经计算，DC5V电流差额=105mA>0mA，DC24V电流差额=−12mA<0mA，5V CPU模块提供的电量够用，24V CPU模块提供的电量不足，因此这种情况下24V供电需外接直流电源。实际工程中干脆由外接24V直流电源供电，就不用CPU模块上的传感器电源（DC24V）了，以免出现扩展模块不能正常工作的情况。

13.2 STEP 7-Micro/WIN SMART位逻辑指令

13.2.1 位逻辑指令

位逻辑指令针对触点和线圈进行运算操作，触点及线圈指令是应用最多的指令。使用时要弄清指令的逻辑含义以及指令的梯形图表达形式。指令示例如图13-13所示。

13.2.2 常开、常闭指令

常开、常闭指令的梯形图、功能说明及操作数如表13-6所示。

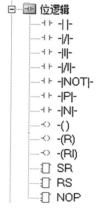

图13-13　位逻辑指令示例

表13-6　常开、常闭指令的梯形图、功能说明及操作数

指令名称	梯形图	功能说明	操作数
常开触点	┤├	当位等于1时，通常常开触点为1 当位等于0时，通常常开触点为0	I、Q、V、M、SM、S、T、C、L
常闭触点	┤/├	当位等于0时，通常常闭触点为1 当位等于1时，通常常闭触点为0	I、Q、V、M、SM、S、T、C、L

（1）指令说明

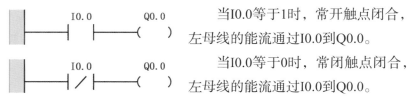

当I0.0等于1时，常开触点闭合，左母线的能流通过I0.0到Q0.0。

当I0.0等于0时，常闭触点闭合，左母线的能流通过I0.0到Q0.0。

常开触点和常闭触点称为标准触点，其操作数为I、Q、V、M、SM、S、T、C、L等。

（2）程序编写

以电动机的启动/停止的启-保-停电路为例，介绍输出线圈指令，如图13-14所示。

当I0.0接通时，Q0.0输出，I0.1接通时，Q0.0断开，Q0.0的常开触点自锁构成保持

图13-14　输出线圈指令程序示例

13.2.3 输出线圈指令

输出线圈指令梯形图、功能说明及操作数如表13-7所示。

表13-7　输出线圈指令梯形图、功能说明及操作数

指令名称	梯形图	功能说明	操作数
输出线圈	——（　）	将运算结果输出到继电器	I、Q、V、M、SM、S、T、C、L

13.2.4 取反指令

取反指令梯形图、功能说明及操作数如表13-8所示。

表13-8　取反指令梯形图、功能说明及操作数

指令名称	梯形图	功能说明	操作数
取反指令	—┤ NOT ├—	当使能位到达NOT（取反）触点时即停止。当使能位未到达NOT（取反）触点时，则供给使能位	I、Q、V、M、SM、S、T、C、L

（1）指令说明

取反指令将它左边电路的逻辑运算结果取反，逻辑运算结果为1则变为0输出，为0则变1输出。

（2）程序编写

取反指令示例如图13-15所示。

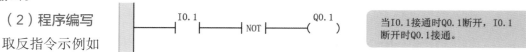

当I0.1接通时Q0.1断开，I0.1断开时Q0.1接通。

图13-15　取反指令示例

13.2.5 置位、复位线圈指令

置位、复位线圈指令梯形图、功能说明及操作数如表13-9所示。

表13-9　置位、复位线圈指令梯形图、功能说明及操作数

指令名称	梯形图	功能说明	操作数
置位线圈指令	bit ─(S) N	把操作数（bit）从指定的地址开始的N个点都置1并保持	bit：通常为Q、M、V N：范围为1～255
复位线圈指令	bit ─(R) N	把操作数（bit）从指定的地址开始的N个点都复位清0并保持	

（1）指令说明

① 执行置位线圈指令时，若相关工作条件被满足，从指定的位地址开始的N个位地址都被置位（变为1），N=1～255。工作条件失去后，这些位仍保持置1。

② 复位需用复位线圈指令。执行复位线圈指令时，从指定的位地址开始的N个位地址都被复位（变为0），N=1～255。

（2）程序编写

如图13-16所示，按下I0.3，置位Q0.1并保持信号为1状态。按下I0.4，复位Q0.1并保持信号为0状态。

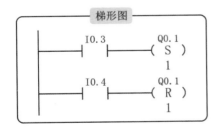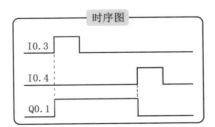

图13-16　置位、复位线圈指令梯形图与时序图

13.2.6 SR、RS触发器指令

SR、RS触发器指令梯形图、功能说明及操作数如表13-10所示。

表13-10　SR、RS触发器指令梯形图、功能说明及操作数

指令名称	梯形图	功能说明	操作数
置位优先（SR）触发器指令	bit S1 OUT SR R	如果设置（S1）和复原（R）信号均为1，则输出（OUT）为1	I、Q、V、M、SM、S、T、C、L
复位优先（RS）触发器指令	bit S OUT RS R1	如果设置（S）和复原（R1）信号均为1，则输出（OUT）为0	

（1）指令说明

SR和RS触发器指令真值表分别如表13-11和表13-12所示。

① 置位优先触发器：当置位信号（S1）为真时，输出为真。

② 复位优先触发器：当复位信号（R1）为真时，输出为假。

③ bit参数用于指定被置位或者复位的位变量。可选的输出反映位变量的信号状态。

表13-11　SR触发器指令真值表

指令	S1	R	OUT(bit)
置位优先（SR）触发器指令	0	0	保持前一状态
	0	1	0
	1	0	1
	1	1	1

表13-12　RS触发器指令真值表

指令	S	R1	OUT(bit)
复位优先（RS）触发器指令	0	0	保持前一状态
	0	1	0
	1	0	1
	1	1	0

（2）程序编写

SR、RS触发器指令梯形图与时序图如图13-17所示。

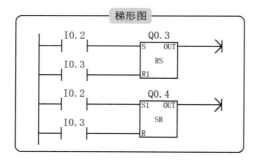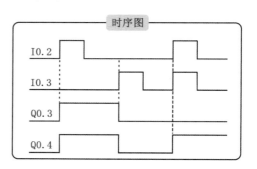

图13-17　SR、RS触发器指令梯形图与时序图

（3）程序解释

① 按下I0.2，Q0.3和Q0.4置位。

② 按下I0.3，Q0.3和Q0.4复位。

③ 同时按下I0.2和I0.3，RS复位优先，则执行复位Q0.3，SR置位优先，则执行置位Q0.4。

13.2.7　跳变指令上升沿、下降沿

跳变指令上升沿、下降沿梯形图和功能说明如表13-13所示。

表13-13　跳变指令上升沿、下降沿梯形图和功能说明

指令名称	梯形图	功能说明
上升沿	─┤ P ├─	由OFF→ON正跳变（上升沿），产生一个宽度为一个扫描周期的脉冲，驱动后面的输出线圈
下降沿	─┤ N ├─	由ON→OFF负跳变（下降沿），产生一个宽度为一个扫描周期的脉冲，驱动后面的输出线圈

（1）指令说明

上升沿、下降沿信号波形如图13-18所示。

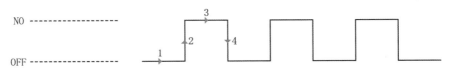

图13-18　上升沿、下降沿信号波形

如图13-18所示的信号波形图，一个周期由四个过程组合而成。

过程1：断开状态。

过程2：接通的瞬间状态，即由断开到接通的瞬间，为脉冲上升沿（P）。

过程3：接通状态。

过程4：断开的瞬间状态，即由接通到断开的瞬间，为脉冲下降沿（N）。

（2）程序编写

上升沿、下降沿程序示例如图13-19所示。

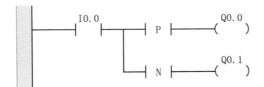

当按下I0.0（由0到1）时产生上升沿P，Q0.0会接通一个扫描周期。当松开I0.0（由1到0）时产生下降沿N，Q0.1会接通一个扫描周期。

图13-19　上升沿、下降沿程序示例

13.2.8 空操作指令

空操作（NOP）指令梯形图和功能说明如表13-14所示。

表13-14　空操作指令梯形图和功能说明

指令名称	梯形图	功能说明
空操作指令	N NOP	空操作指令的功能是让程序不执行任何操作。N=0～255，执行一次NOP指令需要的时间约为0.22μs，执行N次NOP指令的时间约为0.22×Nμs

（1）指令说明

空操作指令的功能是让程序不执行任何操作。由于该指令执行时需要一定时间，故可延长程序执行周期。

（2）程序编写

空操作指令梯形图程序示例如图13-20所示。

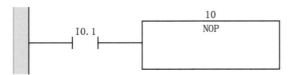

当I0.1接通时，执行空操作指令10次，延缓程序2.2 μs再执行。

图13-20　空操作指令梯形图程序示例

13.2.9 定时器指令

（1）定时器指令概述

定时器指令如图13-21所示。

① 定时器指令用来规定定时器的功能，S7-200 SMART PLC提供了256个定时器，共有三种类型：接通延时定时器（TON）、有记忆接通延

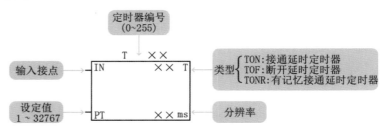

图13-21　定时器指令

时定时器（TONR）和断开延时定时器（TOF）。

② 定时器对时间间隔计数，时间间隔称为分辨率，又称为时基。S7-200 SMART PLC定时器有三种分辨率：1ms、10ms和100ms。

定时器分类及特征如表13-15所示。

表13-15　定时器分类（定时器编号）及特征

定时器类型	分辨率/ms	最长定时值/s	定时器编号
TONR	1	32.767	T0, T64
	10	327.67	T1～T4, T65～T68
	100	3276.7	T5～T31, T69～T95
TON、TOF	1	32.767	T32, T96
	10	327.67	T33～T36, T97～T100
	100	3276.7	T37～T63, T101～T255

定时器的定时时间计算公式如下：

$$T=PT×分辨率$$

式中　　　PT——设定值，范围为1～32767；

　　　分辨率——选择定时器编号时，PLC按照定时器特征分配1ms、10ms、100ms中的一种分辨率。

例如，TON指令使用T37的定时器，设定值为10，则时间$T=10×100ms=1s$。

定时器指令的数据类型及有效操作数如表13-16所示。

表13-16　定时器指令的数据类型及有效操作数

输入/输出	数据类型	操作数
T××	字（Word）	常数（T0~T255）
IN	布尔（Bool）	I、Q、V、M、SM、S、T、L、能流
PT	字（Word）	IW、QW、VW、MW、SMW、T、C、LW、AC、AIW、常数

（2）接通延时定时器TON

接通延时定时器指令及其有效操作数分别如图13-22和表13-17所示。

图13-22　接通延时定时器TON

表13-17　接通延时定时器指令的数据类型及有效操作数

输入/输出	数据类型	操作数
T××	字（Word）	1ms：T32、T96 10ms：T33~T36、T97~T100 100ms：T37~T63、T101~T255
IN	布尔（Bool）	I、Q、V、M、SM、S、T、L、能流
PT	字（Word）	IW、QW、VW、MW、SMW、T、C、LW、AC、AIW、常数

① 指令说明

a.首次扫描时，定时器位为OFF，当前值为0。

b.当使能输入（IN）接通时，定时器TON从0开始计时。

c.当前值大于等于设定值时，定时器被置位，即定时器状态位为ON，定时器动合触点闭合，动断触点断开。

d.定时器累计值达到设定值后继续计数，达到最大值32767后不再增加。

e.当使能输入（IN）断开时，定时器复位，即定时器状态位为OFF，当前值为0，也可用复位指令对定时器复位。

② 程序编写　接通延时定时器梯形图与时序如图13-23所示。

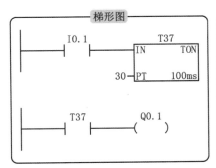
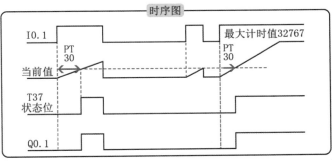

图13-23　接通延时定时器梯形图与时序图

③ 程序解释　当I0.1接通时，使能端（IN）输入有效，定时器T37开始计时，当前值从0开始递增，当当前值大于等于预置值30时，定时器对应的常开触点T37闭合，驱动线圈Q0.1吸合。

当I0.1断开时，使能端（IN）输出无效，T37复位清零，定时器常开触点T37断开，线圈Q0.1断开。

若使能端输入一直有效，计时值到达预置值以后，当前值仍然增加，直至达到32767，在此期间定时器T37输出状态仍为1，线圈Q0.1仍处于吸合状态。

（3）有记忆接通延时定时器TONR

有记忆接通延时定时器TONR指令及其有效操作数分别如图13-24和表13-18所示。

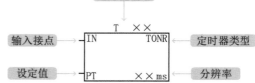

图13-24　有记忆接通延时定时器TONR

表13-18　有记忆接通延时定时器指令的数据类型及有效操作数

输入/输出	数据类型	操作数
T××	字(Word)	1ms：T0、T64 10ms：T1~T4、T65~T68 100ms：T5~T31、T69~T95
IN	布尔(Bool)	I、Q、V、M、SM、S、T、L、能流
PT	字(Word)	IW、QW、VW、MW、SMW、T、C、LW、AC、AIW、常数

① 指令说明

a.首次扫描时，定时器位为OFF，当前值保持断电前的值。

b.当IN接通时，定时器位为OFF，TONR从0开始计时。

c.当前值大于等于设定值时，定时器位为ON。

d.定时器累计值达到设定值后继续计数，至达到最大值32767时停止增加。

e.当IN断开时，定时器的当前值被保持，定时器状态位不变。

f.当IN再次接通时，定时器的当前值从原保持值开始向上增加，因此可累计多次输入信号的接通时间。

g.此定时器必须用复位（R）指令清除当前值。

② 程序编写　有记忆接通延时定时器指令梯形图与时序图如图13-25所示。

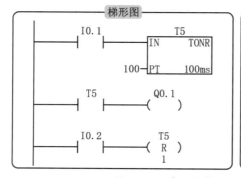
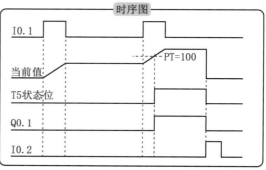

图13-25　有记忆接通延时定时器指令梯形图与时序图

③ 程序解释

a.当I0.1接通时，使能输入（IN）有效，定时器开始计时。

b.当I0.1断开时，使能输入无效，但当前值仍然保持并不复位。当使能输入再次有效时，当前值在原来的基础上开始递增，当当前值大于等于预置值时，定时器T5常开触点导通，线圈Q0.1有输出，此后当使能输入无效时，定时器T5状态位仍然为1。

④ 当I0.2闭合，线圈复位（T5）指令进行复位操作时，定时器T5状态位被清0，定时器T5常开触点断开，线圈Q0.1断电。

（4）断开延时定时器TOF

断开延时定时器TOF指令及其有效操作数分别如图13-26和表13-19所示。

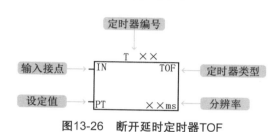

图13-26　断开延时定时器TOF

表13-19　断开延时定时器指令的数据类型及有效操作数

输入/输出	数据类型	操作数
T××	字（Word）	1ms：T32、T96 10ms：T33～T36、T97～T100 100ms：T37～T63、T101～T255
IN	布尔（Bool）	I、Q、V、M、SM、S、T、L、能流
PT	字（Word）	IW、QW、VW、MW、SMW、T、C、LW、AC、AIW、常数

① 指令说明

a.首次扫描时，定时器位为OFF，当前值为0。

b.当IN接通时，定时器位即被置为ON，当前值为0。

c.当输入端由接通到断开时，定时器开始计时。

d.当前值等于设定值时，定时器状态位为OFF，当前值保持设定值，并停止计时。

e.可用R指令将定时器复位，复位后，定时器位为OFF，当前值为0。

f.定时器复位后，当输入端IN从ON转到OFF时，定时器可再次启动。

② 程序编写　断开延时定时器指令梯形图与时序图如图13-27所示。

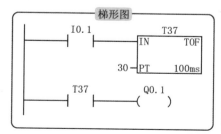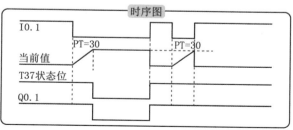

图13-27　断开延时定时器指令梯形图与时序图

275

③ 程序解释

a.当I0.1接通时，使能端（IN）输入有效，当前值为0，定时器T37输出状态为1，常开触点导通，驱动线圈Q0.1有输出。

b.当I0.1断开时，使能端输入无效，T37开始计时，当前值从0开始递增。当当前值达到预置值时，定时器T37复位为0，线圈Q0.1无输出，但当前值保持。

c.当I0.1再次接通时，当前值复位清零。

13.3 西门子PLC程序案例讲解

13.3.1 PLC控制三相异步电动机的启-保-停

（1）案例要求

当按下启动按钮时，电动机接通并保持输出；当按下停止按钮时，电动机断开。如图13-28所示。

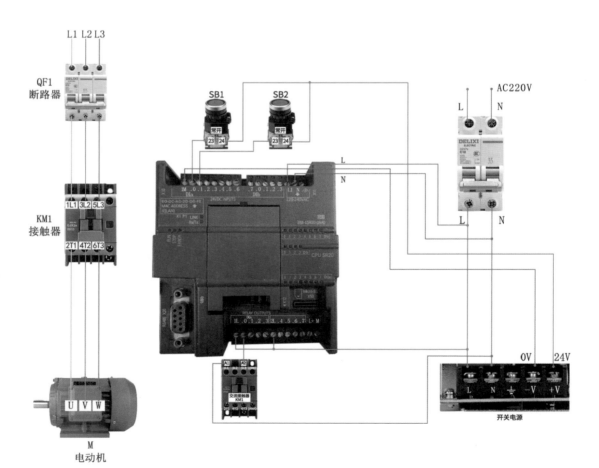

图13-28　启-保-停PLC实物接线

PLC I/O表见表13-20。

表13-20　启-保-停程序I/O表

输入量		输出量	
I0.0	电动机启动按钮	Q0.0	电动机输出
I0.1	电动机停止按钮		

（2）案例分析

由I/O分配表看，I0.0为启动按钮，I0.1为停止按钮，Q0.0控制交流接触器线圈。按下启动按钮，I0.0接通，Q0.0线圈得电，此时松开启动按钮，Q0.0线圈自锁，构成保持。当按下停止按钮，I0.1得电，Q0.0线圈失电。

（3）程序编写

PLC程序如图13-29所示。

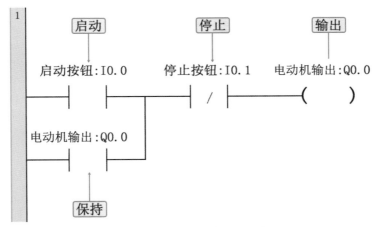

图13-29　启-保-停PLC程序

（4）调试说明

① 三相电380V通过L1、L2、L3引入断路器QF1上端端子，下端端子出线引入交流接触器主触点1、3、5，主触点下端端子2、4、6出线接电动机三相U、V、W。

② 按下I0.0按钮，Q0.0线圈得电，交流接触器KM1线圈吸合，电动机启动。在程序中Q0.0并联在I0.0的下端，实现自锁。

③ 按下I0.1停止按钮，I0.1得电，Q0.0失电，交流接触器线圈失电，三相电动机停止运行。

13.3.2 PLC控制三相异步电动机的正反转

（1）案例要求

在实际工作中，经常要对电动机进行正反转控制。要求按下正转启动按钮，电动机正向连续运转；按下反转启动按钮，电动机反向连续运转；按下停止按钮后，电动机停止转动。如图13-30所示。

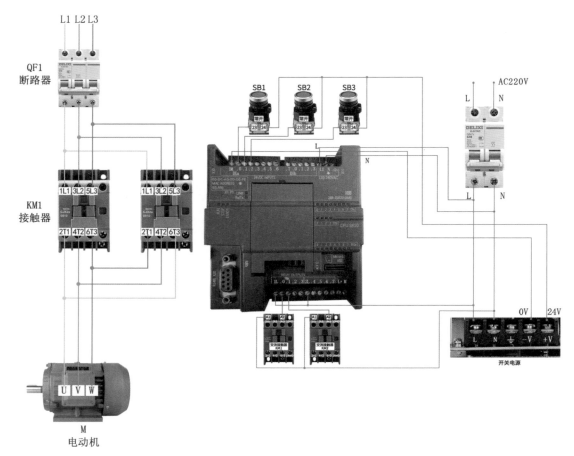

图13-30 正反转PLC实物接线

PLC I/O表见表13-21。

表13-21 正反转程序I/O表

输入量		输出量	
I0.0	正转启动按钮	Q0.0	电动机正转
I0.1	停止按钮	Q0.1	电动机反转
I0.2	反转启动按钮		

（2）案例分析

由I/O分配表看，I0.0为正转启动按钮，I0.1为停止按钮，I0.2为反转启动按钮，Q0.0和Q0.1为电动机正反转接触器。实现电动机正转，需按下正转启动按钮，同时反转接触器失电，此时Q0.0输出。Q0.0通过线圈得电自锁，构成保持。按下I0.1，Q0.0输出断开。实现电动机反转，需按下反转启动按钮I0.2，同时Q0.0线圈失电，此时Q0.1输出。Q0.1通过线圈得电自锁，构成保持。按下I0.1断开Q0.1。

（3）程序编写

PLC程序如图13-31所示。

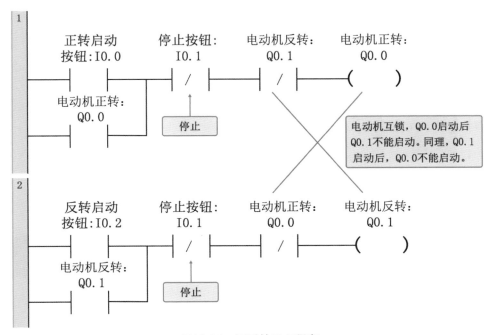

图13-31　正反转PLC程序

（4）调试说明

① 三相电380V通过L1、L2、L3引入断路器QF1上端端子，下端端子出线引入KM1主触点1、3、5，KM1主触点2、4、6接电动机三相U、V、W，KM1主触点1、3、5与KM2主触点1、3、5相连，KM1主触点2、4、6与KM2主触点6、4、2相连。

② 按下I0.0按钮，Q0.0线圈得电，接触器线圈KM1吸合，三相电动机正转运行。在程序中Q0.0并在I0.0的下端，实现自锁。按下I0.1按钮，Q0.0线圈失电，电动机停止正转。

③ 按下I0.2反转按钮，I0.2得电，Q0.1线圈得电，反转交流接触器得电，三相电动机反转运行。按下I0.1停止按钮，Q0.1线圈失电，反转接触器失电，电动机停止反转。

13.3.3 PLC控制三相异步电动机的延时停止

（1）案例要求

电动机的延时停止：按下启动按钮，电动机立刻启动运行，5s后电动机停止。按下停止按钮，电动机立即停止工作。如图13-32所示。

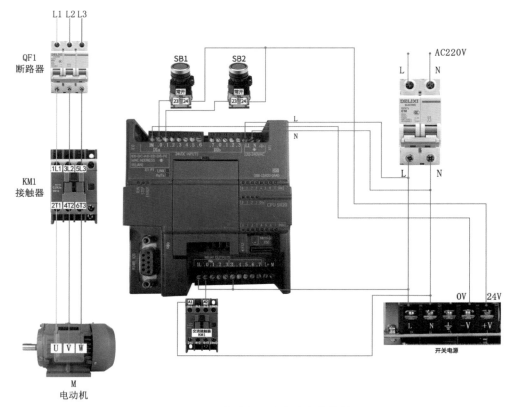

图13-32 电动机延时停止实物接线

PLC I/O表见表13-22。

表13-22 延时停止程序I/O表

输入量		输出量	
I0.0	启动按钮	Q0.0	电动机运行
I0.1	停止按钮		

（2）案例分析

由I/O分配表看，I0.0为启动按钮，I0.1为停止按钮，Q0.0为交流接触器线圈。按下启动按钮I0.0，Q0.0导通并自锁。Q0.0常开触点用来保持I0.0的信号，能够让定时器持续工作。定时器到达设定的时间5s，常闭触点断开，Q0.0线圈断开。按下停止按钮I0.1，Q0.0线圈断开，电动机停止工作，同时定时器清零。

（3）程序编写

PLC程序如图13-33所示。

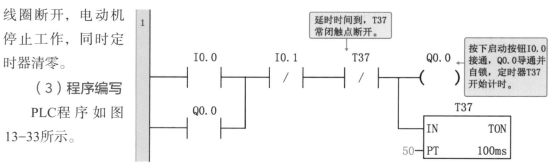

图13-33 延时停止PLC程序

（4）调试说明

① 三相电380V通过L1、L2、L3引入断路器QF1上端端子，下端端子出线引入交流接触器主触点1、3、5，主触点下端端子2、4、6出线接电动机三相U、V、W。

② 按下I0.0按钮，Q0.0线圈得电，交流接触器线圈KM1吸合，三相电动机运行。在程序中Q0.0并在I0.0的下端，实现自锁。

③ 按下I0.1停止按钮，Q0.0线圈失电，交流接触器断开，三相电动机停止运行，定时器清零。

13.3.4 PLC控制三相异步电动机的延时启动

（1）案例要求

电动机的延时启动：按下启动按钮，电动机过5s才启动运行。按下停止，电动机立即停止工作。如图13-34所示。

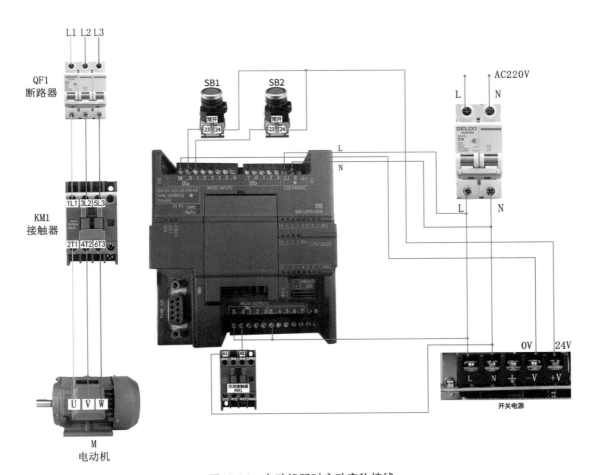

图13-34 电动机延时启动实物接线

PLC I/O表见表13-23所示。

表13-23　延时启动程序I/O表

输入量		输出量	
I0.0	启动按钮	Q0.0	电动机运行
I0.1	停止按钮		

（2）案例分析

由I/O分配表看，I0.0为启动按钮，I0.1为停止按钮，Q0.0为电动机运行。按下启动按钮I0.0，电动机需要延时5s才可以启动，这时候可借助于中间继电器M0.0作辅助位过渡，并且能够让定时器持续工作。定时器到达设定的时间5s，常开触点接通，Q0.0线圈得电。按下停止按钮I0.1，Q0.0线圈断开，电动机停止工作，同时定时器清零。

（3）程序编写

PLC程序如图13-35所示。

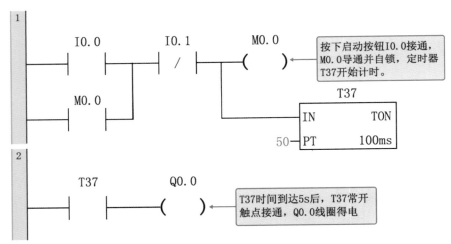

图13-35　延时启动PLC程序

（4）调试说明

① 三相电380V通过L1、L2、L3引入断路器QF1上端端子，下端端子出线引入交流接触器主触点1、3、5，主触点下端端子2、4、6出线接电动机三相U、V、W。

② 按下I0.0按钮，中间继电器M0.0线圈得电，定时器开始定时，在程序中M0.0并在I0.0的下端，实现自锁。定时时间5s到，Q0.0线圈得电，交流接触器线圈吸合，电动机运行。

③ 按下I0.1停止按钮，I0.1得电，定时器清零，定时器常开触点断开，交流接触器失电，三相电动机停止。

13.3.5 PLC控制三相异步电动机的星-三角启动

（1）案例要求

一般大于7.5kW的交流异步电动机，在启动时常采用Y-△降压启动。本实例要求按下启动按钮后，电动机先进行星形连接启动，经延时一段时间后，自动切换成三角形连接进行转动；按下停止按钮后，电动机停止运行。如图13-36所示。

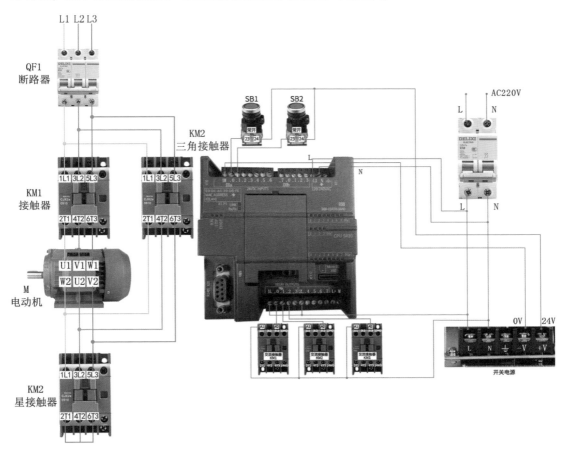

图13-36　星-三角启动实物接线

PLC I/O表见表13-24所示。

表13-24　星-三角启动程序I/O表

输入量		输出量	
I0.0	启动按钮	Q0.0	主接触器线圈
I0.1	停止按钮	Q0.1	星接触器线圈
		Q0.2	角接触器线圈

（2）案例分析

由I/O分配表可知，I0.0为启动按钮，I0.1为停止按钮。按下启动按钮，主接触器吸合，主接触器吸合后，同时星接触器吸合，4s后三角接触器吸合，星接触器和三角接触器不能同时吸合，所以必须用双方的触点进行互锁。

（3）程序编写

PLC程序如图13-37所示。

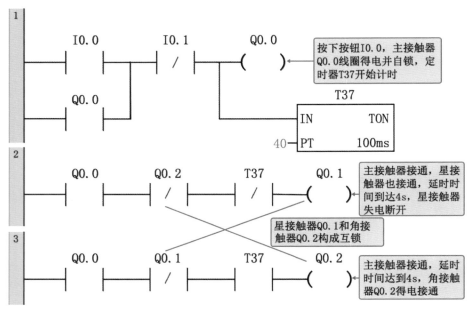

图13-37 星-三角PLC程序

（4）调试说明

① 三相电380V通过L1、L2、L3引入断路器QF1上端端子，下端端子出线引入交流接触器KM1主触点1、3、5，主触点下端端子2、4、6出线接电动机三相U1、V1、W1，同时到角接触器的输入端，角接触器的2、4、6接电动机的W2、U2、V2，星接触器1、3、5接W2、U2、V2，星接触器2、4、6进行封星，即进行短接。

② 按下I0.0按钮，Q0.0线圈得电，接触器线圈KM1吸合，同时星接触器吸合，4s后角接触器吸合。

③ 按下I0.1停止按钮，I0.1得电，Q0.0线圈失电，交流接触器失电，三相电动机停止运行。

第 14 章

考试实训台的应用

14.1 考试实训台

14.1.1 电工专用实验台

电工专用实验台是根据人力资源和社会保障部颁发的维修电工初、中级考核培训技能内容所要求的电气控制线路和实用电子线路而研发的实训装

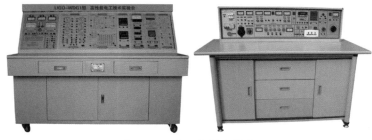

图14-1　电工专用实验台

置。通过实训操作，能快速掌握实用技术与操作技能，具有针对性、实用性、科学性和先进性。但是，实验台造价较高，一般是培训学校或技能鉴定所等单位用于学习、考核的设备。实验台外形如图14-1所示。

控制屏为实验提供交流电源、高压直流电源、低压直流电源及各种测试仪表等。具体功能如下。

（1）主控功能板

① 三相四线电源输入，经漏电保护器后，经过总开关，由接触器通过启、停按钮进行操作。

② 设有450V指针式交流电压表三块，指示电源输入的三相电压。

③ 定时器兼报警记录仪（服务管理器），平时作为时钟使用，具有设定实验时间、定时报警、切断电源等功能；还可以自动记录由于接线或操作错误所造成的漏电报警、仪表超量程报警的总次数，为学生实验技能的考核提供一个统一的标准。

（2）交、直流电源

① 励磁电源：直流220V/0.5A，具有短路保护。

② 电枢电源：直流0～220V/2A连续可调电源一路，具有短路保护。

③ 直流稳压电源：±12V/0.5A两路，5V/0.5A一路，具有短路软截止自动恢复保护功能。

④ 交流电源：

a.设有一组变压器，变压器原边根据不同的接线可加220V交流电源，也可以加380V交流电源，合上开关后，变压器副边即可输出110V、36V、20V、12V、6.3V的交流电压；

b.设有一组单相调压器，可得到交流0～250V可调电压；

c.控制屏设有单相三极220V电源插座及三相四极380V电源插座。

（3）交、直流仪表

① 交流电压表：0～500V带镜面交流电压表一块，精度1.0级。

② 交流电流表：0～5A带镜面交流电流表一块，精度1.0级，具有超量程报警、指示、切断总电源等功能。

③ 功率表、功率因数表：由微处理器、高精度A/D转换芯片和全数显电路构成，通过键控、数显窗口实现人机对话功能控制模式。为了提高测量范围和测试精度，在软、硬件上均分八挡区域，自动判断、自动换挡。功率测量精度1.0级，电压、电流量程分别为0～450V，0～5A。测量功率因数时还能自动判断负载性质（感性显示"L"，容性显示"C"，纯电阻不显示），可储存15组数据，以供随时查阅。

④ 直流电压表：直流数字电压表1块，测量范围0～300V，三位半数显，输入阻抗为10MΩ，精度0.5级。

⑤ 直流电流表：直流数字电流表1块，测量范围为0～5A，三位半数显，精度0.5级，具有超量程报警、指示、切断总电源等功能。

（4）实验挂箱

挂箱上安装有熔断器、钮子开关、交流接触器、时间继电器、直流接触器、按钮开关、信号指示灯、热继电器等，通过走线槽走线，进行工艺布线训练。实验挂箱如图14-2所示。

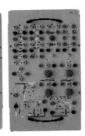

图14-2 实验挂箱

（5）电工专用实验台常见的实验项目

电工专用实验台常见的实验项目有：三相异步电动机直接启动控制电路；三相异步电动机接触器点动控制电路；三相异步电动机接触器自锁控制电路；具有过载保护的正转控制电路；按钮联锁的三相异步电动机接触器正反转控制电路；三相异步电动机的顺序控制电路；三相异步电动机的多地控制电路；接触器控制Y-△降压启动控制电路；时间继电器控制Y-△降压启动控制电路；通电延时带直流能耗制动Y-△启动控制电路；接触器联锁的正、反转控制电路；按钮接触器复合联锁电动机正、反转控制电路；接触器控制串联电阻降压启动控制电路；时间继电器控制串联电阻降压启动控制电路；工作台自动往返控制电路；半波整流能耗制动控制电路；单相运行反接制动控制电路；C620型车床的接线、故障与维修；Z3040型摇臂钻床接线、故障与维修；数字步进电动机电路；光控开关和报警电路；电压上、下限报警电路（全自动冰箱保护器）；数字钟电路等。

不同的电工专用实验台实训项目有所不同，但电动机常用电路接线都是有的，因此读者在学习时可以在实验台上多做电路实验。

14.1.2 电工实验板与器件

由于实验台比较昂贵，学习者可采用电工实验板进行实训。电工实验板是以一块配电盘板为样板，根据电路所需选择实验器件组装各种电路，比起实验台更加方便灵活。根据所用器件不同，可以组装调试和维修多种电路，学习者在单位或家中即可组装实验电路。考核单位和学校实习时，考生和学员比

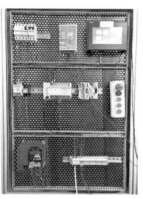

图14-3 电工实验板与器件

较多，实验台不够用的时候也会采用实验板进行考核和实训。如图14-3所示。

无论是实验台还是实验板，不仅可供学生实训操作，也是各劳动职业技能鉴定部门、大中专院校、职校、技校等初、中级维修电工技能考核的理想器材。

14.2 配电箱的空间布局及布线要求

实验台布线和配电箱、配电柜的布线过程是相同的，在电工专用实验台上练习布线就是配电箱的布线过程。需要注意的是，在实验台或实验板上布线时，多数线都不用走线槽，这样比较方便并节省时间。

在组装配电盘时，根据原理图和设计需要，选择合适的电气布线后，需要选择一款合适的配电箱，当配电箱达不到要求时还需要自己改造，如安装部分压板、在需要安装器件的位置开孔等。整体配电箱如图14-4所示。

在安装配电箱时，简单的配

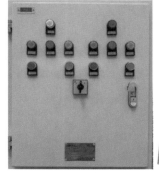

图14-4 整体配电箱

电箱可以使用硬导线直接安装，线要用不同的颜色分开，零线为黑色、地线为黄绿色、相线为红绿蓝或红绿黄。线材长短要合适，不能过长和过短，配线时一般要求横平竖直，进线与出线分开安装，配线后要用绑扎带或卡子将线整形固定，如图14-5所示，后配线要

在穿线孔处安装绝缘层（一般使用绝缘胶圈），如图14-6所示，在后配线的背板后面也应对导线整形固定，必要时使用走线槽或走线管。

如果配电箱中软硬线都有，则需要使用线槽走线，门与板之间的连接线应用螺旋管缠绕固定，当电路复杂、引线多时，为防止接线错误和便于检修，应在端子上套标号线管，所有端子都要安装标记号，如图14-7所示。

图14-5 用绑扎带或卡子整形固定线　图14-6 后配线形式的配电箱　图14-7 使用线槽的配电箱

线槽布线的缺点是线路只能按照线槽方向走，比较浪费电源线，电路线间干扰增大。优点是线路在线槽中经过，不用整理，节约时间，盖好线槽后，只看到电气元件，看不到电源线和控制线，美观。

电气线路的线槽布线要求：

① 线槽应平整、无扭曲变形，内壁应光滑、无毛刺。

② 同一回路的所有相线、中性线和保护线（如果有保护线），应敷设在同一线槽内；同一路径没有防干扰要求的线路，可敷设于同一线槽内。

③ 电线或电缆在线槽内不宜有接头，电线、电缆和分支接头的总截面积（包括外护层）不应超过该点线槽内截面积的75%。

14.3 电工基本识图知识

一个复杂的电气控制线路要想转换成实际接线，对于初学者来说有时会感觉遥不可及，但是只要掌握了方法和技巧，就会轻松学会原理图到接线图的转换。

对于原理图转换为实际接线，一般要经过如图14-8所示步骤。

图14-8 原理图转换为接线图步骤

下面以电动机正、反转控制电路为例，介绍电动机控制电路原理图转换为实际接线的方法技巧。

① 根据电气原理图绘制接线平面图。当拿到一张电气原理图（图14-9），准备接线前应对电气控制箱内元器件进行布局，绘制出电气控制柜或配电箱电气平面图。

根据图14-10绘制出元器件的布局平面图，并画出原理图电气元件的符号，绘制过程中可以按照元器件的结构依次绘制，也可以按照原理图进行绘制（绘图时元器件可用方框带接点代替）。

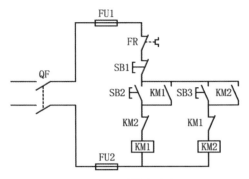

图14-9　正、反转控制电气原理图

布局平面图中的元器件符号应根据电气原理图进行标注，不能标错。引线位置应按实物标注，上下或左右，总之尽可能与实际电路中元件保持一致。当熟练后，可以不绘制原理图，直接绘制成图14-11所示的平面图。

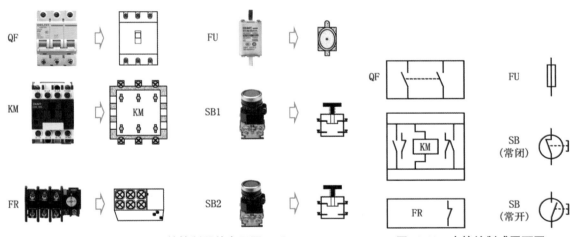

图14-10　正、反转控制器件布局平面图　　　　图14-11　直接绘制成平面图

② 在电气原理图上编号。首先对原理图上的接线点进行编号，每个编号和元器件实物上的编号保持一致。在编号时，可以从上到下，每编完一列再由上到下编下一列，这样可保证不会有漏编的元件。如图14-12所示。

③ 在布局平面图上编号。根据原理图上的编号，对布局平面图进行编号，如图14-13所示就是将图14-12的编号填入平面图中，注意不能填写错误。如KM的常开触点是13、14号，KM1、KM2两个线圈的一端都是A2号等。填号时要注意区分常开触点和常闭触点（动断触点）不能编错，填号时不分上下左右，填对即可。

④ 接线。平面图上的编号整理好后，在实际的电气柜（配电箱）中将元器件摆放好并固定，就可以根据编号接线了（将对应的编号用导线连起来）。需要注意的是，对于复

杂的电路，最好用不同的颜色线进行接线，如主电路用粗红绿蓝（红黄蓝）色线，零线用黑色线，其他路用细的不同颜色的线等，一是防止接错，二是便于后续维修查线。

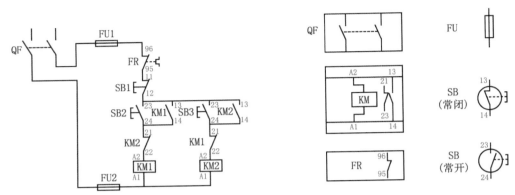

图14-12 在电气原理图上编号　　　　图14-13 原理的编号填入平面图

14.4 考试常用的电气线路及调试与检修

本节中所介绍的电路接线是常用的电工电路，同时也是在考试中经常用到的电工实操电路。读者可自行采购元器件，在实验板上组装，多加练习，即可快速掌握电气线路的组装、配线、调试和维修。

14.4.1 三相电动机正、反转电路

（1）三相电动机正、反转电路所需元器件

所需元器件见表14-1。

表14-1 三相电动机正、反转电路元器件

名称	符号	元器件外形	元器件作用
断路器	QF		主回路过流保护
熔断器	FU		当线路大负荷超载或短路电流增大时熔断器熔断，起到切断电流、保护电路的作用
按钮开关	SB		启动控制的设备
	SB		停止控制的设备

续表

名称	符号	元器件外形	元器件作用
热继电器	FR		用于电动机或其他电气设备、电气线路的过载保护
接线端子			将屏内设备和屏外设备的线路相连接，使信号（电流、电压）传输
交流接触器	KM		快速切断交流主回路的电源，开启或停止设备的工作（注意在本电路中两个交流接触器型号不同）
电动机	M（M 3~）		拖动、运行

注：对于元器件的选择，电气参数要符合要求，具体元器件的型号和外形要根据现场要求和实际配电箱结构选择。

（2）三相电动机正、反转电路的接线

实际接线如图14-14所示。

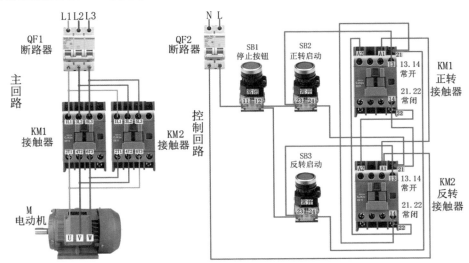

图14-14　三相电动机正、反转电路的接线

（3）电路调试与检修

接通电源，按动正转启动按钮开关，正转接触器应吸合，电动机能够旋转。按动停止按钮开关，再按动反转启动按钮开关，反转接触器应工作，电动机能够旋转。如果不能正常正转启动，检查正转接触器是否毁坏，如果毁坏则进行更换；同样，如果不能进行反转启动，检查反转接触器是否毁坏，如果没有毁坏，看按钮开关是否毁坏，如果没有毁坏，

说明是电动机出现了故障。无论是正转启动还是反转启动，电动机能够启动运行，都说明电动机没有故障，是交流接触器和它相对应的按钮开关出现了故障，应进行更换。

14.4.2 三相电动机制动电路

（1）三相电动机制动电路所需元器件

所需元器件见表14-2。

表14-2　三相电动机制动电路元器件

名称	符号	元器件外形	元器件作用
断路器	QF		主回路过流保护
熔断器	FU		当线路大负荷超载或短路电流增大时熔断器熔断，起到切断电流、保护电路的作用
按钮开关	SB		停止控制的设备
	SB		启动控制的设备
变压器	B		利用电磁感应原理来改变交流电压
整流器	UR		把交流电转换成直流电
变阻器	RP		起到保护作用，防止接通电路的时候电流大，烧毁电子元器件；而后慢慢调小电阻，使电子元器件进入正常工作环境
时间继电器	KT		当电器或机械给出输入信号时，在预定的时间后输出电气关闭或电气接通信号
交流接触器	KM		快速切断交流主回路的电源，实现开启或停止设备的工作

续表

名称	符号	元器件外形	元器件作用
热继电器	FR		保护电动机不会因为长时间过载而烧毁
接线端子			将屏内设备和屏外设备的线路相连接，使信号（电流、电压）传输
电动机	M / M 3~		拖动、运行

注：对于元器件的选择，电气参数要符合要求，具体元器件的型号和外形要根据现场要求和实际配电箱结构选择。

（2）三相电动机制动电路的接线

实际接线如图14-15所示。

（3）电路调试与检修

组装完成后，首先检查连接线是否正确，当确认连接线无误后，闭合总开关QF，按动启动按钮开关SB2，此时电动机应能启动。若不能启动，检查KM1的线圈是否毁坏，按钮开关SB2、SB1是否能正常工作，时间继电器是否毁坏，KM2的触点是否接通。当KM1的线圈通路良好时，接通电源以后按动SB2，电动机应该能够运转。当断电时不能制动，主要检查KM2和时间继电器的触点及线圈是否毁

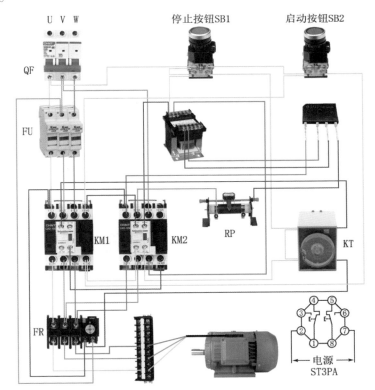

图14-15　三相电动机制动电路的接线

坏。当KM2和时间继电器的线圈没有毁坏时，检查变压器是否能正常工作，用万用表检测变压器的初级线圈和变压器的次级线圈是否有断路现象。如果变压器初级、次级电压正常，应该检查整个电路是否正常工作，如果整个电路中的整流元件没有毁坏，检查制动电

阻RP是否毁坏，若制动电阻RP毁坏，应该更换RP。整流器如果毁坏，应该用同型号、同电压值的整流器更换，注意极性不能接反。

14.4.3 三相电动机Y-△降压启动电路接线

（1）三相电动机Y-△降压启动电路所需元器件

所需元器件见表14-3。

表14-3 三相电动机Y-△降压启动电路元器件

名称	符号	元器件外形	元器件作用
断路器	QF 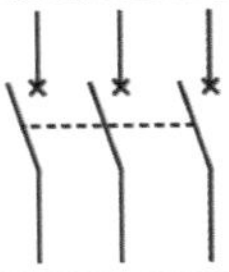		主回路过流保护
熔断器	FU 		当线路大负荷超载或短路电流增大时熔断器熔断，起到切断电流、保护电路的作用
按钮开关	SB 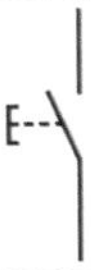		启动控制的设备
	SB 		停止控制的设备
热继电器	FR 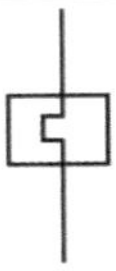	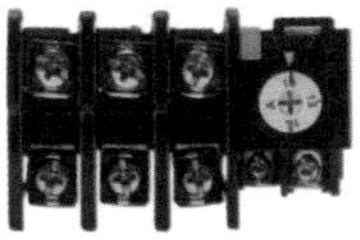	电动机或其他电气设备、电气线路的过载保护
接线端子	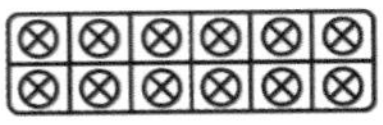		将屏内设备和屏外设备的线路相连接，使信号（电流、电压）传输
时间继电器	KT 		当电器或机械给出输入信号时，在预定的时间后输出电气关闭或电气接通信号
交流接触器	KM 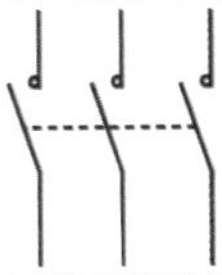	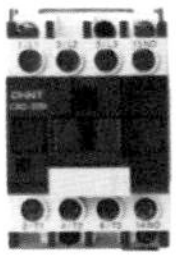	快速切断交流主回路的电源，实现开启或停止设备的工作
电动机	M 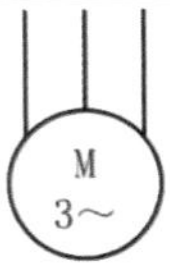 M 3~		拖动、运行

注：对于元器件的选择，电气参数要符合要求，具体元器件的型号和外形要根据现场要求和实际配电箱结构选择。

（2）三相电动机Y-△降压启动电路的接线

三个交流接触器控制Y-△降压启动电路接线如图14-16所示。

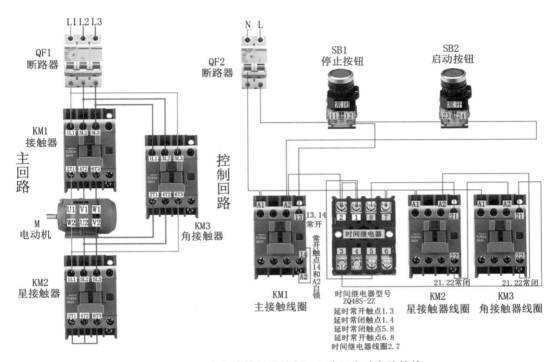

图14-16　三个交流接触器控制Y-△降压启动电路接线

（3）电路调试与检修

图14-16是用三个交流接触器来控制的Y-△降压启动电路，是在小功率电路当中应用最多的控制电路。接通电源后，若电动机不能正常旋转，首先检查断路器上下电压是否一致，若断路器入线有电压，闭合断路器，后面电压为0，则说明断路器坏了，需更换断路器。然后用万用表电阻挡直接检查三个交流接触器的线圈是否毁坏，如有毁坏应进行更换。时间继电器可以用代换法进行检查。若上述元器件均无故障，属于电动机的故障，可以维修或更换电动机。在检修交流接触器Y-△降压启动电路的时候，判断出交流接触器毁坏，在更换交流接触器时应注意用原型号的交流接触器进行代换，同时它的接线不要接错。

14.4.4　单相双直电容电动机正、反转控制启动运行电路

（1）单相双直电容电动机正、反转控制启动运行电路所需元器件

所需元器件见表14-4。

表14-4　单相双直电容电动机正、反转控制启动运行电路元器件

名称	符号	元器件外形	元器件作用
断路器	QF		主回路过流保护
倒顺开关	QS		连通、断开电源或负载，可以使电动机正转或反转，主要是给单相、三相电动机做正、反转控制用的元器件
电容器	C		为电动机提供启动或运行移相交流电压
单相电动机	M		拖动、运行

注：对于元器件的选择，电气参数要符合要求，具体元器件的型号和外形要根据现场要求和实际配电箱结构选择。

（2）单相双直电容电动机正、反转控制启动运行电路的接线

实际接线如图14-17所示。

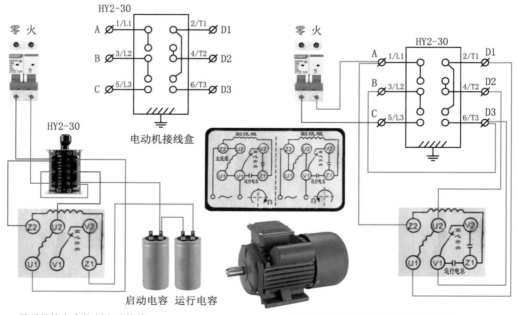

图14-17　单相双直电容电动机正、反转控制电路的接线

14.4.5 三相380V进380V输出变频器电动机启动控制电路

（1）三相380V进380V输出变频器电动机启动控制电路所需元器件

所需元器件见表14-5。

表14-5 三相380V进380V输出变频器电动机启动控制电路元器件

名称	符号	元器件外形	元器件作用
断路器	QF		主回路过流保护
变频器	BP f_1/f_2		应用变频技术与微电子技术，通过改变电动机工作电源频率来控制交流电动机
电动机	M 3~		拖动、运行

注：对于元器件的选择，电气参数要符合要求，具体元器件的型号和外形要根据现场要求和实际配电箱结构选择。

（2）三相380V进380V输出变频器电动机启动控制电路接线

三相380V进380V输出变频器电动机启动控制电路实际组装接线图如图14-18所示。

（3）电路调试与检修

接好电路后，三相电接入空气开关，接入变频器的接线端子，通过内部变频器变频为正确的参数设定，由输出端子输出到电动机。当此电路不能工作时，应检查空开的下端是否有电，变频器的输入端、输出端是否有电。当检查输出端有电时，电动机不能按照正常设定运转，应该通过调整这些输出按钮开关进行测量，因为不按照正确的参数设定，端子可能没有对应功能控制输出，这是应该注意的。如果输出端子有输出，电动机不能正常旋转，说明电动机出现故障，应更换或维修电动机。如果变频器输入电压显示正常，进行正确的参数设定或输入不能设定

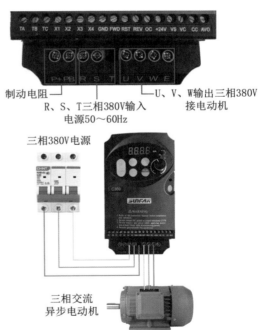

制动电阻
R、S、T三相380V输入电源50~60Hz
U、V、W输出三相380V接电动机

三相380V电源

三相交流异步电动机

图14-18 三相380V进380V输出变频器电动机启动控制电路实际组装接线

的参数时，输出端没有输出，说明变频器毁坏，应该更换或维修变频器。

14.4.6 单相电度表与漏电保护器的接线实操

（1）接线原理

选好单相电度表后，应进行检查、安装和接线。如图14-19所示，1、3为进线，2、4接负载，接线柱1要接相线（即火线），漏电保护器多接在电度表后端。这种电度表接线目前在我国应用最多。

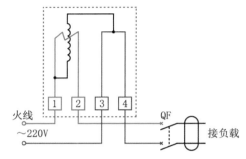

图14-19　电度表接线原理

（2）电气线路元器件与作用

电气线路元器件及作用如表14-6所示。

表14-6　电气线路元器件及作用

名称	符号	元器件外形	元器件作用
电度表	kW·h		计量电气设备所消耗的电能，具有累计功能
漏电保护器	QF		在用电设备发生漏电故障时，对有致命危险的人身触电进行保护，具有过载和短路保护功能

注：对于元器件的选择，电气参数要符合要求，具体元器件的型号和外形要根据现场要求和实际配电箱结构选择。

（3）电路接线实操

电路实际接线如图14-20所示。

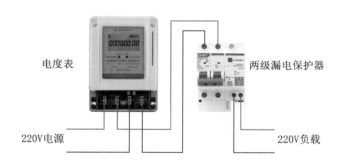

电度表　　两级漏电保护器

220V电源　　　　　　　　220V负载

图14-20　电度表实际接线

14.4.7 三相四线制交流电度表的接线实操

（1）接线原理

三相四线制交流电度表共有11个接线端子，其中1、4、7端子分别接电源相线，3、

6、9是相线出线端子，10、11分别是中性线（零线）进、出线接线端子，而2、5、8为电度表三个电压线圈接线端子，电度表电源接上后，通过连接片按照图14-21三相四线制交流电度表的接线示意接入电度表三个电压线圈，电度表才能正常工作。

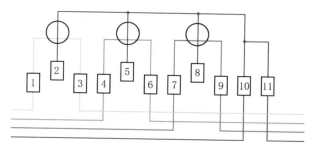

图14-21　三相四线制交流电度表的接线示意图

（2）电气线路元器件与作用

电气线路元器件及作用如表14-7所示。

表14-7　电气线路元器件及作用

名称	符号	元器件外形	元器件作用
电度表	kW·h		计量电气设备所消耗的电能，具有累计功能
漏电保护器	QF		在用电设备发生漏电故障时，对有致命危险的人身触电进行保护，具有过载和短路保护功能

注：对于元器件的选择，电气参数要符合要求，具体元器件的型号和外形要根据现场要求和实际配电箱结构选择。

（3）电路接线实操

三相四线制交流电度表的接线电路如图14-22所示。

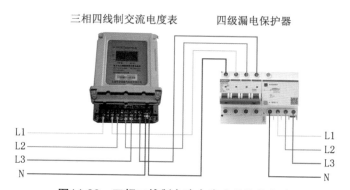

图14-22　三相四线制交流电度表的接线电路

14.4.8 双联开关控制一只灯电路实操

（1）接线原理图

双联开关控制一只灯电路接线原理图如图14-23所示。此电路主要用于两地控制。

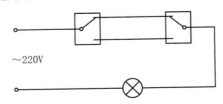

图14-23 双联开关控制一只灯电路接线原理图

（2）电气线路元器件与作用

电气线路元器件及作用如表14-8所示。

表14-8 电气线路元器件及作用

名称	符号	元器件外形	元器件作用
吸顶灯			通电后发光
单开双控面板开关	SA		控制灯的开和关

注：对于元器件的选择，电气参数要符合要求，具体元器件的型号和外形要根据现场要求和实际配电箱结构选择。

（3）电路接线实操

双联开关控制一只灯电路接线如图14-24所示。注意：在操作中要先断开电源控制漏电开关，其次把零线接好，再接面板端子线，最后接火线。禁止带电操作。

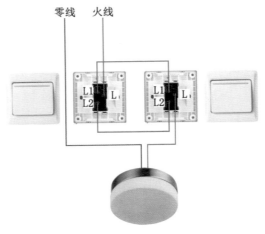

图14-24 双联开关控制一只灯电路接线

　　为方便读者学习，提高效率，结合内容特点，附录部分我们做成了电子版。电子版内容如下：

一、电工常用公式及定律

▶ 扫 码 阅 读 ◀

二、电工考证之实操试题题库

▶ 扫 码 阅 读 ◀

三、电工考证之判断题题库

▶ 扫 码 阅 读 ◀

四、电工考证之选择题题库

▶ 扫 码 阅 读 ◀

二维码视频讲解

万用表介绍	万用表测电阻	万用表测直流电压	万用表测交流电压	万用表测电容	万用表测二极管
钳形表介绍	钳形表测电阻	钳形表测二极管	钳形表测交流电压	钳形表测通断	钳形表测电流
钳形表测直流电压	断路器	热继电器	中间继电器	交流接触器	时间继电器
光电开关	按钮开关	指示灯	行程开关	开关电源	单控灯
双控灯	点动控制电路	自锁电路	点动机联动控制	互锁电路	电动机正反转电路
三相电机制动电路	面板控制	三段速控制	模拟量控制		